伦理学研究书系·经济伦理

丛书主编：李建华

XIANDAI
JINGRONG DE LUNLI WEIDU

现代金融的伦理维度

丁瑞莲 著

本书对各层次金融伦理的作用机理进行了跨学科研究，并结合我国金融发展实际，
提出了综合运用价值引导机制、制度强制机制、文化提升机制和
教育疏导机制优化金融伦理秩序的现实路径

人民出版社

《伦理学研究书系》
总　序

　　伦理学作为经典的人文科学在现代社会具有不可替代的地位和独特的社会功能。

　　伦理学的价值不在于提供物质财富或实用工具与技术,而是为人类构建一个意义的世界,守护一个精神的家园,使人类的心灵有所安顿、有所归依,使人格高尚起来。

　　伦理学也可以推动社会经济技术的进步,因为它能提供有实用性的人文知识,能营造一个有助于经济技术发展的人文环境。不过,为人类的经济与技术行为匡定终极意义或规范价值取向,为人类生存构建一个理想精神世界,却是伦理学更为重要的使命。

　　伦理学对人的价值、人的尊严的关怀,对人的精神理想的守护,对精神彼岸世界的不懈追求,使它与社会中占居主导地位的政治、经济或科技力量保持一定的距离或独立性,从而可以形成一种对社会发展进程起校正、平衡、弥补功能的人文精神力量。这样一种具有超越性和理想性的人文精神力量,将有助于保证经济的增长和科技的进步符合人类的要求和造福于人类,从而避免它们异化为人类的对立物去支配或奴役人类自身。

　　在人类经济高度发展、科技急速飞跃的今天,在人类的精神上守护这样一种理想,在文化上保持这样一种超越性的力量是十分必要的。伦理学以构建和更新人类文化价值体系,唤起人类的理性与良知,提高人的精神境界,开发人的心性资源,开拓更博大的人道主义和人格力量等方式来推动历史发展和人类进步。

中南大学伦理学学科始建于 20 世纪 70 年代末,由我国著名伦理学家曾钊新先生所开创。1990 年获伦理学专业硕士学位授予权,2002 年获伦理学专业博士点;同年在基础医学一级学科博士点下自主设置生命伦理学二级学科博士点;2006 年成为湖南省重点学科,2007 年获博士后科研流动站,2008 年中南大学应用伦理学研究中心成为湖南省哲学社会科学重点研究基地,2008 年"伦理文化与社会治理"研究基地成为国家"985"三期哲学社会科学重点研究基地,2008 年成立了中南大学宗教文化与道德建设研究中心,目前已经成为我国伦理学研究和伦理学人才培养的重要基地之一。中南大学伦理学开创了道德心理学与伦理社会学研究,形成了伦理学基础理论、传统伦理思想及比较、应用伦理学、生命伦理学四个稳定而有特色的研究方向,曾组织出版"负面文化研究丛书"、"走出误区丛书"、"伦理新视野丛书"等大型学术研究丛书,编辑出版有《伦理学与公共事务》大型学术年刊。目前希望在核心价值体系建设、政治伦理、科技伦理、公共伦理、心智伦理、传统伦理文化等领域有所作为。

《伦理学研究书系》正是基于我们对伦理学事业的挚爱与追求而组织的反映中南大学伦理学学科建设的大型学术研究丛书,初步拟定为《导师文论》、《博士论丛》、《文本课堂》、《经典译丛》、《核心价值体系》、《公共伦理》、《经济伦理》、《政治伦理》、《道德心理》、《传统伦理》、《生命伦理》等系列。它既是对过去研究成果的总结,也是对新的研究领域的拓展;既是研究者个体智慧的体现,也是师生共同劳作的结晶。

书系不是一种学术体系的宣示,仅仅是一种研究组合;书系没有框定的思维和统一的风格,相反充满着研究者个性的光彩;书系没有不可一世的盛气,只有对先人和大家的无限敬仰;书系是中国伦理学百花园中的一片绿叶,追求的是关爱与忠诚、祈盼的是尊重与宽容。

丛书主编　李建华

二〇〇八年二月十八日

序

王小锡

李建华教授主编的《伦理学研究书系·经济伦理》丛书 6 册即将出版,我有幸在丛书出版之际较早拜读书稿,在饱览丛书独特研究进路和创新理念之时,我由衷地敬佩建华教授的学术境界和学术谋略。自从他治伦理学以来,建华教授在伦理学领域涉猎广泛,成就卓著,尤其是他对法律伦理、政治伦理、德性伦理等的研究多有建树,在学界形成了广泛的学术影响。现在,在他的主持下,富有创意和特色的经济伦理学丛书也即将出版,真可谓大家学术手笔。建华教授是学界奇才,他的学术战略及其成就在一定意义上是我国当代伦理学学科发展样态的缩影。

我认识建华教授时间并不长,但对他为人的坦荡与诚恳、为学的睿智与深邃、为事的韧劲与干练,我深有感触,我们也在"神交"中结下了深厚的友谊。这次承蒙建华教授看重,约我为他主编的经济伦理学丛书作序,我深感我学术分量不够,但他的一句"为经济伦理学丛书作序理当是你老兄"的话语激励我要为经济伦理学学科事业的发展说几句话。

改革开放以来,尤其是 20 世纪 80 年代末 90 年代初以来,顺应改革开放和经济建设发展的需要,作为"显学之显学"的经济伦理学在我国的伦理学学科中发展迅猛,凯歌高进,成绩不凡。经济伦理学的学科体系从无到有,研究视阈逐渐拓展,研究问题逐步深入,形成了学科自身对理论和应用问题研究的独特的学科特色,在伦理学分支学科中一枝独秀,展现了一道最为亮丽的学术风景线。

　　经济伦理研究始终伴随着我国改革开放的进程,并随着改革开放的发展而不断深入。研究的热点是关于经济伦理学学科的基本问题、关于经济与伦理、经济与道德的关系问题、关于经济伦理范畴问题、关于道德的经济作用即道德资本与道德生产力问题、关于经济信用和经济诚信的问题、关于经济正义和公平的问题、关于企业伦理与社会责任问题、关于生态经济伦理问题、关于消费伦理问题等。围绕这些问题的探讨与争鸣,逐步形成了中国经济伦理学特有的学术术语、概念范式和理论命题。从学术层面来讲,可以毫不夸张地说,这无疑是对经济伦理学研究的进一步发展提供了重要的理论资源和学术平台,启发我们对于现实经济实践问题的理论思考和学术解答。同样,经济伦理学的形成和发展可以启发或促进伦理学研究尤其是元伦理学和应用伦理学研究的"实"、"论"结合与互补,并进而推动各学科的理念创新与理论重构。而从实践层面来讲,经济伦理学的一些基本理论观点已经成为现实经济实践指导或应用理念,其中令人感到欣慰的是,一些企业已经清楚地认识到道德是企业发展的无形资产和精神资本,是企业的"安身立命"之根本,"无德"企业无以行天下,进而在生产与经营过程中摈弃"非道德经营"的传统企业哲学,转而恪守"道德经营"的企业哲学,企业家的确在"流淌着道德血液"(温家宝语),企业在承担着必要的社会责任。

　　尽管30年的经济伦理学研究取得了累累硕果,但与国家与社会期待相比,与合理解答现实经济问题的要求相比,其间差距显而易见。也许我们可以找出许多理由来为经济伦理学发展中的"不足"进行辩护,但一些突出的问题乃至难题需要引起我们的关注。概括起来,我国经济伦理学研究的主要问题大体有二:其一是理论研究尚没有充分凸显"显学"的地位。不管是先构建体系还是先研究问题(其实这是伪命题或伪问题,因为任何理论研究都只能是构建体系与研究问题同时并举,互为促进),理论的研究和发展始终是前提,唯有特色学科理论的完善和发展,才有学科应有的地位;其二是"问题意识"的淡漠。"面向实践"（恩德勒语）的应用研究尚需进一步强化、深入。简言之，经济伦理学研究"上不去"（抽象思辨平台不高）与"下不来"（实际应用的普适性程度不高）的尴尬格局仍然困扰着广大经济伦理学人，其产生的研究后果势必是要么自说自话，无病呻吟，要么软弱无力，浮光掠影。这一"学术困窘"从反面印证了一个道理：越是"形而上"的研究越离不开"形而下"的依据或基础，而越是"形而下"的研究越离不开"形而上"之关照与启迪。离开应用或没有应用价值、忽视当今社会或不能观照当今社会的所谓理论研究，忽视理论分析或没有理论支撑的所谓应用研究，都必将背离学术研究的本真理路和运思进路。事实上，真正的学术创新永远是"形而上"和"形而下"的自觉结合的产物。

鉴于此，中国经济伦理学研究今后应该也能够别开生面，倾力开拓"形而上"与"形而下"结合之研究趋向，进一步揭示经济领域的客观规律，诠释伦理道德之于经济生活的无可替代之价值。在坚持马克思主义主导地位的基础上，推动经济伦理学哲学层面的理论抽象、西文译著的文本解读与实践层面的田野调查这三辆拉动未来中国经济伦理学腾飞的"三驾马车"的快速前进，推进中国经济伦理学研究的实质性进步，是为时代赋予我们广大伦理学人的历史使命。

敢于承担历史使命的是可敬的，也是值得学习和借鉴的。由建华教授主持编著的这套《伦理学研究书系·经济伦理》丛书，立足中国，立足应用，实为难能可贵。她是"形而上"和"形而下"的自觉结合的最新成果，这可以说是经济伦理学乃至伦理学研究的一大令人欣喜之事。丛书立意高远，富有伦理抱负，直面现实生活尤其是企业发展中的迫切需要学术理论来加以解决的经济热点问题，其学术境界堪称学界之标杆。由是观之，该套丛书之所以成功，绝不仅仅在于其强烈的现实针对性和"实践感"（布迪厄语），更在于其理论抽象层面的分析、阐述鞭辟入里，切中要害，逻辑谨严，环环相扣。离开了前者或后者，学术研究必然会陷入低水平徘徊的泥淖之中，失去其逻辑力量。可以想象，《伦理学研究书系·经济伦理》丛书的强烈的现实意识、问题意识与深刻的学术视阈的契合，一定能发挥重大的理论功能，并在我国经济伦理学乃至伦理学的发展史上留下深刻的学术记忆。

　　我相信《伦理学研究书系·经济伦理》丛书出版一定会受到学界同仁关注和欢迎,我也真诚地希望建华教授及其所领导的学术团队在我国伦理学学科建设中再接再厉,再创辉煌。

　　是为序。

2009 年 5 月于南京隽凤园

　　(作者为中国伦理学会副会长、南京师范大学公共管理学院教授、博士生导师)

目　录

第一章
导　论

　　曾任美国美洲银行执行副总裁的罗伯特·贝克在一次研讨会上讲
了这样一件事：美洲银行成立的时候只是一个很小的银行，当时人们只
不过是把一些暂时没用的小钱放在一起，聚拢变成大钱，然后去帮助那
些需要用钱的人和地方。所以，美洲银行后来的经营理念就是"钱是
用来帮助别人的"，并在这个理念下发展壮大起来。另外，穆罕默德·
尤努斯创办了孟加拉乡村银行（Grameen Bank，格莱珉银行），向穷人
提供贷款，从社会底层推动经济与社会发展。大量的事实和研究表明，
格莱珉银行不仅对穷人的收入、就业、消费和抵抗风险的能力等经济方
面产生了积极的影响，对穷人的健康、教育、妇女权利等社会方面发挥
了促进作用，而且银行自身也成功地从第一代发展到第二代，尤努斯本
人被誉为"穷人的银行家"，并获得2006年诺贝尔和平奖。

　　这些故事令人难忘，引人深思。难忘在于，当现代金融理论宣称金
融与价值无涉，资本的绝对规律就是流向最能增值的地方时，它给我们
展现了关于金钱和良心的另一幅图景。深思在于，金融学家所创设的
金融技术模型背后到底隐藏着什么秘密？我们为何着迷于那个没有良
心在场的金钱游戏，而一旦我们玩出祸害来又要追问良心何在？金融
的应有状态究竟是什么，又如何达成？总之一句话，拓展金融的伦理维
度，探求金融伦理秩序的必要性、可能性和可行性，已经成为我们无法
绕开的时代课题。

第一节　问题的提出

一、良心的遮蔽

金融是在货币和信用融合的基础上形成的。信用作为商品交换和货币流通速度的调节器,体现兑现承诺、合同、契约可靠程度和交换价值的手段,是人们经济生活中的一种客观关系,在简单的金融发展阶段,人们可以比较容易体认到诚信德性对这种信用关系的基础作用。但是,始于 20 世纪 50 年代的金融革命使金融发展的技术化趋势不断强化,"大多数的金融理论者都坚持,金融学是一门仅依赖于可视事实的客观科学,它不作任何关于伦理价值的判断。"①这种技术特征遮蔽了金融关系背后的良心。

1. 金融理论的数理模型化遮蔽了金融的价值取向

现代金融理论从 20 世纪 50 年代开始,逐渐摆脱了过去那种纯货币、银行理论占主导的状态,以微观经济分析为基础,运用数学分析工具来精确刻画金融活动,确立了资产定价在金融学中的核心地位,使金融理论从定性描述为主转向数理模型和计量分析。在这个过程中,具有标志性的"技术革命"是马科维茨(H. Markowitz)的证券组合理论和布莱克—斯科尔斯的期权定价理论。1952 年,马科维茨避开了一般经济均衡的理论框架,提出"均值—方差模型",通过均值方差分析来确定最有效的证券组合,解决一个投资者同时在许多种证券上投资,应如何选择各种证券的投资比例,使得投资收益最大、风险最小的问题,标志着现代金融理论的诞生。马科维茨不仅以均值、方差这两个数字特征来定量描述单一证券的收益和风险,而且通过考察投资组合收益率的均值和方差,发现了投资组合可以减小方差、分散风险的奥秘。之后,莫迪格里亚尼和米勒(Modigliani & Miller)运用无套利原理提出MM 定理,即一个公司的融资决策对公司价值的评估;夏普(Sharpe)和

---

① ［美］博特赖特:《金融伦理学》,静也译,北京大学出版社 2002 年版,第 7 页。

另一些金融经济学家,则进一步在一般均衡的框架下,假定所有投资者都按马科维茨的准则来决策,而得出全部市场的证券组合的收益率是有效的,并提出资本资产定价模型(CAPM),即所有资产的均衡价格都可以表示为无风险债券价格与市场组合市价的线性形式,这也是金融理论中第一个可以用计量方法检验的理论模型。

在莫迪格里亚尼和米勒的 MM 定理启发下,布莱克和斯科尔斯(Black & Scholes)以无套利假设作为出发点,即在一个完善的金融市场中,不存在确定的低买高卖的套利机会,于 1973 年提出了布莱克—斯科尔斯期权定价理论。由于该理论不考虑市场是否均衡而具有更大普遍性,并得到多次验证;布莱克—斯科尔斯公式也因此成为人类有史以来应用最频繁的一个数学公式,更为突出的是因该公式推导的复杂性而被人戏称为"火箭技术"。在这个发展过程中,套利定价理论(APT)、有效市场理论和非对称信息下的代理理论等也同样是依赖数学建立起来的。正如罗斯(Ross)所说,"金融理论的焦点是微观理论,在金融直觉中缺乏套利概念。要使鹦鹉变成有学识的金融经济学家,只需要学习一个词'套利交易'"[①]。据此,一些批评者认为,"现代金融(新金融)的根本问题在于,它将管理者们的注意力集中到他们工作中的某些方面,而将其他方面标为不相关的;从新金融的逻辑结论考虑,它产生了一种'管理虚无主义',管理者们的所作所为并无太大关系"[②]。这为现代金融市场疏于监管提供了理论上的误导,也使金融制度和金融活动背后的价值取向问题游离于监管者视野之外。

20 世纪 80 年代中期之后,行为金融理论(Behavior Finance)将实验经济学、心理学、社会学、行为科学甚至包括生命科学等学科的研究方法和研究范式有机地结合起来,从全新的角度对许多市场上的"异象"、投资者的行为理性偏误和市场的有效性等问题给出了新的解释。

① [英]安德里斯.R·普林多、比莫·普罗德安:《金融领域中的伦理冲突》,韦正翔译,中国社会科学出版社 2002 年版,第 5 页。
② [美]博特赖特:《金融伦理学》,静也译,北京大学出版社 2002 年版,第 133 页。

行为金融理论的意义在于肯定市场参与者的心理因素在决策、行为以及市场定价中的作用和地位,其 BSV 模型(从人们进行投资决策时存在的两种心理偏差出发,解释投资模式如何导致证券价格变化偏离效率市场假说)和 DHS 模型(将投资者分为有信息和无信息两类,其中无信息投资者不存在判断偏差,有信息投资者存在过度自信和过分偏爱这两种判断偏差,而证券价格由有信息者决定)能较好地解释金融市场的许多异常现象,如反向投资策略、公司股票报酬之谜和股票价格过度反应等。就行为金融理论而言,把投资者的感受和情绪纳入投资行为进行分析,只不过是把金融交易者的理性(Rational)模型转化为正常(Normal)模型而已,交易者仍然是追求利益最大化目标①。实际上,行为金融理论的技术化趋势并没有改变,其价值判断也依然隐含在理论的背后,而且,在影响投资者行为的心理因素中,也并没有考虑道德心理因素。

2. 金融机构和市场组织与现代科技的全面融合遮蔽了技术主体的德性

以电子计算机、通讯和网络技术等为代表的信息技术发展,为现代金融业的发展提供了有效的工具,成为传统金融业向现代金融业转化的强大技术支撑。正如美联储主席格林斯潘所说:"技术从根本上重建了金融产品的创新以及产品提供并被最终用户接受和使用的模式"②。科学技术及其创新与金融的全面融合使传统金融机构的组织结构、管理技术和金融市场交易形式、金融产品都发生了历史性的、实质性的变化。

首先,金融机构组织结构的技术延伸。在信息技术的作用下,金融机构的技术密集度明显提高,自动柜员机(ATM)、自动清算中心(ACH)和销售点终端(POS)、无人银行、家庭银行、企业银行、自助银

---

① Schwert, William, 1983. "Size and Stock Returns, and Other Empirical Regularities", *Journal of Financial Economics,* 12, pp. 3 – 12.

② 转引自冯云、吴冲锋:"论科技与金融在世界经济系统演变中的作用",《软科学》,2000 年第 2 期。

行和网络银行等,使传统金融机构的组织结构在技术上突破了时间和空间限制,组织效率将集中体现在前台业务受理和后台数据处理的一体化综合服务能力及其整合的技能上。网络技术对金融机构业务的整合不仅仅是利用互联网作为递送产品和服务的渠道,更重要的是如何利用互联网与客户进行沟通,并根据每个客户不同的金融和财务需求"量身定做"个人金融产品和业务服务。在这个过程中,金融机构依靠技术平台提供的详实信息进行流程运作和内部知识管理,形成专家支持系统,减少经营的不确定性,提高决策科学性;同时,用共享数据代替中间人来联系两个部门,减少业务交接数据,进而减低内部交易成本等。

其次,金融机构风险管理技术迅速发展。面对 20 世纪 70 年代的利率、汇率波动,市场风险成为金融机构风险环境中的重要因素;同时,由于管制放松和金融自由化的发展,信用风险和市场风险共同构成了现代金融机构风险管理的两个基本内容。金融机构风险管理的做法也因此持续地经历变革,越来越多的金融机构考虑到更多的风险因素,业务跨越了更广泛的产品线和区域,在整个机构范围内实行更为全面的风险管理,风险管理人员也在这一过程中更加注重科学有序地使用技术和高级定量方法。因而,大量的数学、统计学、系统工程,甚至物理学的理论和方法也被应用于风险管理的研究。20 世纪 90 年代 VaR 模型在市场风险衡量中的应用进一步推动了市场风险量化模型技术的发展,金融监管部门也加强了对金融机构承担市场风险的监管。巴塞尔银行监督管理委员会于 1996 年提出了三级资本(Tier3)的概念,以弥补 1988 年资本充足率监管条例只考虑信用风险,不能合理反映市场风险的缺陷。在"新资本协定"中,巴塞尔委员会提出了统一资本充足率监管框架中对利率风险的反映要求。

再次,电子金融市场开始形成。电子市场是通讯技术和计算机技术不断融合的产物,通过这些技术完成信息的循环运动,其优势在于给交易双方创造了一种更为有效的交易方式。在线电子(E)交易、移动(M)金融交易、算法交易等交易方式占金融交易的比率日益上升。据报道,纽约交易所的电子交易已占到日交易量的60%—70%,其中算法交易的比例将近半数,而场内交易商数量已逐步下降。在电子交易中,处理交易的两台计算机之间物理距离的增加会导致交易速度的延缓,而这种数据延迟可以通过高频算法交易系统使交易者与交易所的距离达到最短。算法交易系统每秒钟内会产生数千个委托订单,跟上价格变化的速度,进而获取利益;并降低了金融市场的不确定性。因为市场的反复无常正好是大宗买入或卖出的结果,而高频算法交易系统由于可对微小的价格波动迅疾做出反应,在一定程度上能有效地避免上述行为。从抽象的层面来看,数据延迟竞赛代表着全球金融市场的发展方向,旨在根除地理上、技术上乃至心理上的壁垒,从而有助于形成公平和透明的市场。

但是,技术不是万能的,它本身只是服务人类的工具,人类究竟如何使用它,则是受自由意志支配的。金融机构和市场组织对技术的过度依赖,只能解决现有技术条件下的越轨行为,却不能左右人们去发现和利用技术漏洞,甚至开发新的对抗技术,来损害他人利益和谋求自己的利益。而且,对技术的过分自信也往往使管理者忽视了金融制度建设问题和职业道德教育问题,而不公正的金融制度和金融从业人员对职业应当的无知正是导致技术不恰当使用的深层原因。

3. 金融工具的工程化遮蔽了金融的道德风险

20世纪70年代以来,外部市场环境的变化、科学技术的巨大进步和金融数学在金融领域的运用以及金融监管环境的变化催生了金融工程的发展。"金融工程包括新型工具与金融手段的设计、开发与实施,以及对金融问题给予创造性的解决。"[①]在本质上,金融工程是借用工程的概念、方法来描述新兴的金融活动,创造性地解决金融问题。金融工程的应用,一方面通过金融问题建模和金融数据的有效的分析帮助研究者对金融市场的实时数据进行复杂计算,提高大规模数据的演算

---

① Finnerty J. "Financial Engineering in Corporate Finance: An Overview." *Financial Management*, Vol. 17(4), 1988, pp. 14 – 33.

能力,从而拓展金融理论和分析技术,为复杂金融工具(产品)的开发和交易决策提供了技术支持;另一方面,金融工程以金融理论和数学工具为基础,以风险管理为主要目标,主要以定量的方法研究金融问题,可以按照客户的要求进行金融工具、金融方案的定价和设计,并创造性地利用现有金融工具,如远期利率协议、综合远期外汇协议、互换、期货、期权及其组合等多种金融工具进行风险管理,并将这些金融工具进行灵活而巧妙的拼装组合,设计开发具有不同功能的金融新产品来满足市场的需求,达到控制风险,获取回报的目标。

日益复杂的金融工程实际上成了被少数精英垄断的游戏工具,由此衍生的金融工具对大多数投资者来说,只不过是玄之又玄的东西,即使机构投资者也难以招架。据美国经济分析局的调查,美国次贷总额为 1.5 万美元,但在其基础上发行了近 2 万亿美元住房抵押贷款支持债权(MBS),进而衍生出超万亿美元的担保债务凭证(CDO)和数十万亿美元的信贷违约掉期(CDS)[1]。正是由于金融过度创新拉长了金融交易链条,金融衍生产品越变越复杂,使金融市场越来越缺乏透明度,金融市场的道德风险不断累计,才最终引发了次贷危机。可是,这种道德风险被遮蔽了,客观上给人们提供了一种这样的认知,金融服务和金融管理的主导因素是技术的,工程技术力量似乎使金融实践中的伦理问题都得到了解决。

二、良心的亵渎

在金融技术化趋势的掩盖下,金融的道德层面和伦理基础很难观察并引起重视,被遮蔽的良心缺少阳光雨露的滋润而渐渐霉变了,良心的亵渎也时常发生。在世界金融格局中,美国借助布雷顿森林体系所确立的世界金融霸主地位,不仅可以通过资本输出、世界贸易掠夺他国财富,而且又通过美元贬值、贸易保护等措施把次贷危机所造成的风险转嫁他国,使中国等外汇储备大国资产迅速缩水,国内出口依赖型产业遭受重创,甚至还招致汇率管制的谴责。2008 年世界金融危机爆发前

---

① 国纪平:"过度创新与金融风暴",《人民日报》,2008 年 11 月 5 日。

后,不断浮出水面的金融案,如花旗丑闻、法国兴业银行的信贷欺诈、麦道夫金融欺诈等;华尔街投资精英如雷曼兄弟、美林等所表现出来的贪婪;还有一些会计事务所、信用评估机构、咨询机构等的"合谋"和推波助澜;甚至投资者无所顾忌的投机等,无不暴露出国际金融领域的无序和良心的被亵渎。

在我国金融改革和发展过程中,虽然我们保持了金融的整体安全和国家稳定,但也存在诸如社会弱势群体融资难、金融腐败、上市公司财务信息造假、股票市场违规操作、企业逃废金融债务等伦理问题。为让问题的分析更贴近我们自己的生活,在这里,我们不妨对我国金融领域的一些事实数据和案例作一个大体描述。

1. 金融资源的区域分布与群体分配不平衡

到 2006 年年底,我国绝大部分金融资源集中在东部,其中东部地区存款占全国的 60%,贷款占 57%,而中部、西部和东北地区的贷款分别仅占 14.9%、16.4%、7.7%;商业银行大部分机构也集中在东部,中西部和东北地区网点覆盖率低、金融供给不足、竞争不充分的问题突出。

截至 2006 年 10 月,我国农村存贷款大约占全国总量 15% 左右,而城市占 85% 左右。从资金投入看,2005 年年末,全国银行业金融机构存贷比为 70% 左右,而县以下为 56%,比全国低 14 个百分点;农村地区人均贷款余额不足 5000 元,城市人均贷款余额超过 50000 元,相差 10 倍多;全国银行业金融机构贷款年均增长率 16%,而县以下不到 10%,相差 6 个百分点。从网点覆盖情况看,2005 年年末,全国银行业机构网点约 17.5 万个,平均每万人 1.34 个,而其中农村银行网点仅为 2.7 万个,平均每万人 0.36 个。全国平均每万人金融服务人数城市为 43 人,县及县以下为 11 人,行政村平均不到 1 人,农村地区金融资源严重不足①。

① 唐双宁:"银行业与经济社会的协调发展",下载网站:www.cbrc.gov.cn。

根据《2006年中国居民收入分配年度报告》①的调查数据,户均储蓄存款最多的20%的家庭拥有城市人民币和外币储蓄存款总额的比例分别为64.4%和88.1%,而在户均金融资产最少的20%的家庭中,拥有城市人民币和外币储蓄存款总额的比例分别仅为1.3%和0.3%。金融资产出现了向高收入家庭集中的趋势。城乡居民储蓄存款1978年相差1.87倍,1990年相差1.87倍,2005年扩大为3.73倍。到2005年年底,储蓄存款最多的广东、江苏、山东、浙江和北京五个省份占全国储蓄存款的40%;储蓄存款最少的西藏、青海、宁夏、海南和贵州五个省份,仅占全国储蓄的2%。城市居民、城乡居民、不同地区之间居民家庭的金融资产差别越来越大。

2. 金融需求主体及其金融资本之间不平等

我国金融改革选择了国家控制型融资制度,通过不断扩张国有金融产权边界,垄断金融资源在体制内支持国有经济增长,这对充分动员国民储蓄,促进国有经济的发展和经济的稳定增长起到了重要作用。但随着体制外非国有经济的快速发展,国有企业、民营企业、中小企业和农户的金融需求不平等现象凸显出来。在实践中,与国有企业、大企业相对应的金融产品供给充足,而与中小企业、乡镇企业、农户等弱势金融主体相对应的金融服务严重不足,极大地限制了它们的发展机会和金融自由,这是近年来讨论最为激烈的事实之一。同时,在金融市场化的进程中,既定收入和财富决定了不同群体公民进入金融市场的可能性。例如,我国居民获得金融资源的主要形式是抵押贷款,这就取决于居民拥有抵押品的价值,价值越高意味着其获得金融资源的数量就越多;进一步讲,还款能力又取决于其货币收入水平,收入水平越高,可以获得的金融资源也就越多。沿着这条路径,可以观察到国内诸多财富积累的神话。一个典型的案例是《福布斯》"2004 中国富豪榜"上榜富豪,河南华林塑料集团有限公司原董事长孙树华的财富泡沫就是金融和土地资源集中而制造出来的。可以想象,这种富豪的诞生对现代

---

① "2006 年中国居民收入分配年度报告",下载网站:www.cpirc.org.cn。

金融价值观的负面影响。

现有金融资本之间的不平等现象普遍存在。国有金融资本在法律上享有某种特权；与国内一般民营资本相比，外资在中国也享有特权地位，它们可以利用这种特殊的权利转化为资本的高利润。在转型过程中，行政权力始终保持着对一部分资源的控制权，一些民营资本为了扩张规模，甚至通过权钱交易购买特权，以牟取垄断租金。而普通民众的微薄资本，却常常遭到特权的歧视。现有金融资本的不平等，在一定程度上剥夺了普通公众发挥创造能力和改善自己境遇的机会，从而激化了劳动与资本之间的利益冲突。

3. 金融市场交易行为伦理缺失

金融市场交易活动涉及金融机构、中介机构、上市公司、自然人和监管者以及市场交易制度。"市场交易活动中存在的主要伦理问题一方面是由于不公平的交易所引起的，如涉嫌欺诈和操纵行为；另一方面是由于不平整的游戏广场而引起的，如不对称信息以及其他方面的不平等。……还包括长期合同关系……出现了相关的义务和责任问题。①"由于金融市场交易从本质上来说是一种资源、风险和财产价值的调整和分配关系，其运行的利益冲突和伦理问题是客观存在的。然而，在我国经济转型过程中，金融市场交易的利益冲突和伦理缺失更加严重，大致有以下几个层面：

从货币市场看，作为我国信用主体的银行信用，由于信用责任和义务的缺损在一定程度上影响到银行信贷交易的有序性、公正性和竞争性。例如，有些银行与企业内外勾结，骗取银行信用，致使银行信贷资金无法收回，形成巨额呆账和坏账；据《金融时报》2001年9月8日报道，中国人民银行在清理逃废金融债务案件的过程中查处了1240名违纪违规的商业银行负责人，他们都与企业逃废银行债务有关。至于银行信贷资金违规进入股市和房地产的案例已非少见；2007年6月18日中国银监会就对被企业挪用信贷资金的交通银行、北京银行、招商银

---

① [美]博特赖特：《金融伦理学》，静也译，北京大学出版社2002年版，第9页。

行、中国工商银行、中国银行、兴业银行、中信银行和深圳发展银行8家银行开出罚单,以惩罚他们贷给中国核工业建设集团公司和中国海运(集团)公司高达44.6亿元的信贷资金被违规用于证券市场和房地产等方面的投资。

从资本市场看,金融伦理缺失的事件更为大众所诟病。红光实业、蓝田股份、大庆联谊、东方锅炉、郑州百文等是欺诈上市的经典例子;上市公司随意改变募集资金的使用方向,统计资料显示,仅2004年,如期履约募股资金投向的上市公司还不到一半,按原计划实际投入金额的公司更为有限①;大股东或管理层可以利用各种手段来进行不道德交易,或利用MBO方式将上市公司占为己有,或通过内线交易侵吞上市公司资产或资金等已不是个别现象。

从中介机构来看,相关的律师事务所、会计师事务所、券商等为了业务需要,与上市公司联合造假的行为时有发生。普华永道、安永、毕马威、德勤等所谓的“四大”品牌事务所在国内的审计丑闻被频频曝光;有关证券公司违反证券法规行为的处罚决定也是举不胜举。中介机构参与金融市场的非伦理行为严重影响了金融市场的健康发展。

4. 金融职业道德水准跌落

在金融实践中,一部分金融从业人员,甚至高级管理人员的职业道德水平不高,缺乏责任感,滥用职权,以牺牲社会利益、国家利益和公众利益来换取个人利益或小团体的利益,甚至表现为严重的金融腐败和金融犯罪。据不完全统计,在2003—2004年的两年里,共有10位上市公司的高管外逃,卷走的资金或造成的资金黑洞达数百亿元;银行业的高级官员王雪冰、朱小华等事件更是让人触目惊心。基层业务员在服务中的职业操守颇为欠缺,他们为了个人的业务发展,进行不实的宣传,夸大有关金融产品的收益,等等。例如,中国银监会业务创新监管协作部主任李伏安就针对一些商业银行把理财产品卖给所有客户的做法提出批评。他说:“银行把理财产品卖给不合适的客户,是极端不负

---

① 丁岚、杨镇澜:“上市公司资金运用问题探析”,《财经科学》,2001年第2期。

责任的,也是没有职业操守的。"①

三、良心的呼唤

尤努斯认为,主流经济学家未能理解金融机构所具有的社会能量,现有的经济理论把金融机构看作一种为贸易、商业和工业提供服务的平滑组织;而在实践中,金融机构能够创造出迅速转化为社会能量的经济能量。例如,当贷款惠及某些特定的社会群体之后,这个群体的经济和社会状况就会得到明显的改善。如果银行只贷款给有钱人,结果是富人掌握了更多的金融资源去剥削穷人,最终造成富人更加富有,穷人更加贫穷的社会"马太效应"②。

实际上,随着经济金融化的不断深入和公众金融资产的不断增加,金融的社会属性日益明显。金融不仅关系公众的日常生活,更重要的是还制约着公民基本权利的实现和发展。当几乎所有的社会资源要通过金融的作用在社会各部门、各群体、各组织之间进行移转时,甚至人的生命(如人寿保险)、住房、医疗等也要纳入金融活动以后,人们把这种社会状态形象地称为"金融社会"。在金融社会中,人们对金融产生了更多的伦理诉求和良心的呼唤。

1. 金融应促进社会公平

金融作为现代社会最基本、最活跃的经济要素,是一种稀缺性资源,它既是资源配置的对象,又是配置其他资源的方式或者手段,对金融资源的占有在很大程度上就叩开了财富和机会的大门,正如拉古拉迈·拉詹和路易吉·津加莱斯所指出的,"当融资变得更加容易后,创造财富主要依靠技能、创新思想和努力工作,而不是已有的财富"③。因此,设计一套正义的金融制度以保障金融资源的公平配置,关乎整个社会公平的实现。否则,就有可能产生两种不良后果:

---

① 见《中国青年报》,2007 年 6 月 7 日。

② Bernasek, A: "Banking on social change: Grameen Bank lending to women", *International Journal of Politics, Culture and Society*, 2003, 116(3), pp. 369 – 385.

③ [美]拉古拉迈·拉詹、路易吉·津加莱斯:《从资本家手中拯救资本主义》,余江译,中信出版社 2004 年版,第Ⅶ页。

第一，金融资源的稀缺和垄断动摇金融发展的社会和经济基础。因为金融资源垄断和不均衡会导致中小金融机构放松内部控制、放大资产风险，甚至抵制改革；中小企业和金融消费者也会对金融体系产生信用危机，金融资源配置就不能适应经济结构和社会结构的现实要求，一部分有能力的金融需求者就不能获得金融资源，随着这种结果的积累，金融体系将制约经济和社会的协调发展，并最终影响金融的长期发展。

第二，金融资本的自然增值和垄断可能引起社会冲突。金融资本的自然增值能力非常巨大，百多年以前，西美尔将这种通过有钱就能获得较多优越地位的现象称为财富的自然增值现象。他指出："富人对财富的享受超过了用他的钱所能买到的那些乐趣。……当财富拥有者的周围环境可以为他对货币的使用提供更好的机会和更大的自由的时候，这种增长的幅度还会变得更大。"由于穷人的金钱收入只够用来满足最基本的生活需要，所以其货币的使用选择余地很小，而随着收入提高，这种余地会更大一些。结果是，"等量的金钱数额，作为一笔大宗财富的一部分与作为一小笔财富的一部分"①相比，能够带来更大的财富的自然增值。对此，西美尔无奈地说："当道德的逻辑表明应该把好处给予最需要者的时候，这个法令却把它给了那些已经富有的人。以财富的自然增值来达到如此反常的规定，并没有什么不正常的地方"②。占有金融财富的增值效应与转轨时期的多重利益关系相交叉，形成社会利益矛盾的凸显期。正如韦伯所说，由于社会转型期为权力、财富和声望等社会稀缺资源的重新分配提供了较大的机会和可能性，刺激和鼓噪起了社会成员对权力、财富和声望等的强烈欲求，加之权力、财富和声望的高度相关性及其垄断性与变动性的矛盾，常会引致社会冲突③。因此，"要把公平正义延伸到金融、经济领域，体

013

第一章 导论

---

① ［德］西美尔：《货币哲学》，陈戎女等译，华夏出版社2007年版，第148页。
② 同上书，第147页。
③ ［美］乔纳森.H·特纳：《社会学理论的结构》，吴曲辉等译，浙江人民出版社1987年版，第171—172页。

现社会公平正义、金融公平正义、机会平等均等，为一切有劳动能力、创业能力、发展能力的劳动者提供服务，使他们拥有平等的社会发展机会。"[①]

2. 金融应保障国家安全和社会稳定

与其他经济部门相比，金融业的一个突出特征是其风险累积性，主要表现为金融业的高负债性和高风险性以及金融对经济的广泛渗透性、金融信号的快速传播和传染性、金融体系内部协调配合的复杂性等。在现代经济体系中，"金融总是在经济中难以触及的层面发挥作用。正像管道系统那样，当它有效运转时经常是隐形的，但一个破裂的水管就可以导致一场灾难。"[②]因此，金融问题不单纯是一个部门、一个行业的问题，而是会影响经济发展和社会稳定全局的大问题。如果金融出问题，就可能会引发各个领域的连锁反应，危及社会稳定和国家安全。以银行危机的破坏性为例，根据 Hoggarth 等人对最近 20 年以来 24 次主要的银行危机的经验研究发现[③]：银行危机的社会成本相当高昂，包括重组金融体系的成本，如财政救助成本，为复兴金融体系的多种支出，给银行重新注资和对存款人存款损失的弥补支出，有些国家占到 GDP 的 50% 以上。例如，韩国在 1997—2000 年间为处置银行坏账所负担的财政支出相当于年 GDP 的 14.7%；印度尼西亚在最近的金融危机中为处置银行坏账而付出的财政支出在 1997—2000 年间高达当年 GDP 的 55%。银行危机的社会成本还包括危机给整个经济带来的福利损失，据 Hoggarth 等人的估计，危机时的实际产出和无危机条件下的产出比较，银行危机导致的产出损失占 GDP 的比重平均在 10% 以上，且银行危机一旦爆发，实际经济平均要花 3 年多一点的时间才能恢复增长趋势。"不管人们与银行破产有无关系，金融危机都不可避免

---

① 陈元："加快金融发展，服务和谐社会"，《人民日报》，2007 年 1 月 8 日第 14 版。

② ［美］查尔斯.R·莫里斯：《金钱、贪婪、欲望：金融危机的起因》，周晟译，经济科学出版社 2004 年版，第 1 页。

③ Hoggarth, G., Reis, R., Saporta, V., "Costs of Banking System Instability: Some Empirical Evidence." *Journal of Banking and Finance* 2002, 26, 825 – 855.

地影响到该国的每一个人。"①竞争和现代信息技术的发展加快了金融创新的步伐,"几乎在所有的情况下,金融体系都会针对人口、经济或者科技的发展动态,自发地做出回应。创新的思路经常能够迅速地解决眼下的难题,并为创新者带来惊人的利润,然而模仿者的蜂拥而至却将全新解决方法的运用延伸至极限,一场危机由此而悄然孕育。"②

因此,为避免金融动荡对经济和社会所造成的危害,如危机后金融体系的重组成本,资源的错误配置对经济持续增长所带来的损害,给大众带来的经济和社会风险等,金融监管政策承担着神圣的价值使命。一方面,金融监管作为一种公共产品应维护金融体系稳定、保护大众金融资产及其他相关人的利益;另一方面,随着金融的快速发展及其与信息技术的快速融合,金融创新活动加快、国际联系的普遍性增强,监管者需要将伦理要素作为评估金融机构的重要内容和监管指标,改变监管过程中主要关注个人特别是高管阶层、关键风险岗位人员道德监控的一般做法,积极推动金融机构法人层面的道德建设,扩展金融机构的道德承诺范围、提升道德标准,强化金融机构的社会责任及其对社会进步的贡献。

3. 金融应强化职业道德创新

金融体系是以信任和大量委托—代理关系支撑起来的社会交易系统。在现代信息技术的支持下,金融活动已成为一个大众广泛参与的活动,面对层出不穷的金融创新和金融风险复杂程度的日益加深,金融交易对伦理的要求更严格和苛刻。尽管现代金融体系建立了超越私人信任的庞大制度体系(Institution system),包括独立的审计和会计系统、独立的司法与法庭抗辩系统,信息披露制度以及自由契约制度等其他的有效制度。但是,金融体系本身的信息不对称程度比一般市场体系更加严重,这就决定了金融比其他领域更容易发生道德风险问题;同

第一章 导论

---

① [美]里查德.T·德·乔治:《经济伦理学》(第五版),李布译,北京大学出版社2002年版,第507页。

② [美]查尔斯.R·莫里斯:《金钱、贪婪、欲望:金融危机的起因》,周晟译,经济科学出版社2004年版,第226页。

时,所有的金融中介都是作为代理人管理着他人的钱(即经常说的OPM—Other People's Money),在这种委托—代理关系中,由于各种利益的驱动和信息的不完全,容易导致代理人对客户利益的故意侵害。进一步讲,金融行业是一个非常专业化的行业,在商业银行、保险机构、资本市场和货币市场中的很多交易以及各种合约具有很高的专业性,其专业术语和操作过程对于一般参与者而言,具有很高的知识壁垒,因此不具备一定专业素养的一般投资者很难识别(即使有能力识别,也存在很高的成本)代理人的欺诈行为。正如查尔斯.R·莫里斯所说,"金融交易涉及的巨额资金使得华尔街原本很脆弱的职业道德准则变得更加不堪一击。"①现代金融交易所依托的技术网络还形成了从业者与技术设备的所谓"人机对话"的新型道德关系,一旦网络系统损坏、病毒入侵等,就可能使这个网络系统中的所有个人受到利益损失。

所以,以现代信息技术为操作平台的现代金融体系,不仅在客观上对金融从业人员的专业知识和技术能力提出了全新的要求,而且制度体系的有效性更加依赖于制度执行者的道德水平,因而也就从职业道德层面上赋予了参与者更高的道德责任。对于普通金融从业者而言,他不仅需要保持和发扬在金融领域中的传统职业美德,而且要形成适应信息化环境下的新道德;对于高级金融管理者而言,因为他们掌握着金融机构的资产分配权和金融监管权,往往对金融资源的配置有很大的影响力,更应成为优秀组织道德的设计者和优良个体道德的实践者。

4. 金融应支持环境保护

环境问题已经成为 21 世纪乃至更长时期人类共同面临的难题之一。为解决全球气候变暖问题,世界各国加强了合作,1992 年联合国环境与发展大会在巴西召开,大会签署了《联合国气候变化框架公约》,公约确定的"最终目标"是把大气中的温室气体浓度控制在一个安全水平。为落实公约精神,1997 年 12 月,149 个国家和地区代表在

---

① [美]查尔斯.R·莫里斯:《金钱、贪婪、欲望:金融危机的起因》,周晟译,经济科学出版社 2004 年版,第 94 页。

日本京都召开会议。会议通过了旨在限制发达国家温室气体排放量以抑制全球气候变暖的《京都议定书》,其中规定 39 个工业国家在 2008 年到 2012 年之间,将温室气体排放量在 1990 年基础上减少 5.2%,其中欧盟国家减排指标为 8%,美国为 7%,日本为 6%。

但是,发达国家在本土实施减排目标困难很大。以日本为例,1990 年二氧化碳排量为 12.4 亿吨,按《京都议定书》规定,2008 年应减为 11.6 亿吨,但 2002 年已达 13.3 亿吨,不仅减排量没有减少,反而比基准年增加了 7.6%。之所以如此,在于减排成本高昂。据测算,如果通过国内能源结构调整、高耗能产业的技术改造和设备更新实现减排任务,则减排每吨碳成本为 100 美元。由于地球上任何地方实现的温室气体减排对全球气候变暖产生的作用是一样的,这就需要建立一套机制,把温室气体减排活动安排在成本相对较低的发展中国家。因此,《京都议定书》纳入了 CDM(清洁发展机制),这是一个在有减排责任的发达国家和暂无减排责任的发展中国家之间的互利机制。该机制允许发达国家企业通过协助发展中国家减排温室气体,换取"经核证的减排量"(CERS)以减抵本国的温室气体减排义务。这套机制简单理解,就是发达国家出钱买"排放权"。

可见,以金融手段促进环境保护已经是实践的客观需要。目前在世界金融市场上出现了与应对全球气候变暖直接相关的碳金融,据世界银行报告,2006 年国际碳金融市场交易额达 300 亿美元。但相对于治理全球气候变化对金融资源的需求来说还仅仅是一个开始。这就要求:

一方面,由于金融对社会资源和风险分配的特有杠杆作用,金融资源的流向必须符合可持续发展的要求,监管者要运用环境伦理标准探讨如何正当使用金融工具,引导信贷、资本市场向有利于社会经济可持续发展的领域投资,促使金融机构开展贷款、投资项目的环境评价,防止金融资源配置对环境的负面影响。

另一方面,经济、社会、环境的可持续性是金融体系安全稳健运行的前提条件。从国际金融业的发展趋势来看,对环境风险进行控制和管理已成为金融机构风险管理的重要内容。金融机构必须改变单一地对股东负责的理念,主动承担环境责任,以市场机制为基础,探讨提高环境质量、转移环境风险、促进环境保护的金融创新;通过有效的环境风险评估,捕捉越来越多的环境机会,开发出成功的环境金融产品,并形成合适的产品结构,使环境保护与金融创新彼此互动、协调发展,以更好地建立人与自然的和谐关系,推动经济社会可持续发展。

良心是一种可以对自己或他人的行为(或行为的意图)和人的品质或事物进行价值判断的内在依据。人类作为有自觉意识的主体,就应该对自己或他人的行为及其动机,对他人或自己的品质,作出是非善恶的判断,否则,人的存在就无异于其他动物了。所以,从此意义上说,金融领域无疑必须有良心在场。

第二节　国内外研究现状

随着现代金融理论的产生以及金融市场中的伦理冲突,特别是金融危机给社会、经济带来的负面影响,金融伦理作为应用伦理学和金融经济的交叉领域开始引起学者和金融管理部门的关注,在国内外形成了一些有理论价值和实践意义的研究文献。

一、金融伦理的理论视角

国外关于金融伦理的理论基础有四种不同的研究视角。第一,金融市场的公平性视角。其中涉及了两个主要问题:一是公平性的伦理价值问题。交易公平是促进金融市场有效性的手段。博特赖特指出"只有当市场被人们认为是公平的时候,人们才会积极投入到资本市场中去"[①]。更进一步的认识是,公平性本身就是金融市场追求的目的。Shefrin 和 Statman(1993)对仅仅从有效性受损角度呼吁建立公平的市场体系的做法并不满意,他们认为违背公平原则,即使个体甚至整体经济福利效率提高,也是违背交易伦理的,因为它侵犯了某些

---

① [美]博特赖特:《金融伦理学》,静也译,北京大学出版社 2002 年版,第 32 页。

人的权利①。二是公平的伦理内涵问题。有关公平的伦理内涵众说纷纭,Barcuch Lev 将其定义为机会均等②;作为主流的观点,Shefrin 和 Statman 指出:金融市场的公平性不是一般地减少或避免伤害,而是要通过整合所有人(不只是金融从业人士)的信念和利益,搭建一个"平整的游戏广场",人人在此按同样的规则游戏。他们将这些规则概括为七个方面:其一,不强迫,要求不强迫交易,也不阻碍交易;其二,不歪曲,要求所有投资者有权使用真实的信息,任何人不能故意提供失真信息;其三,对称信息,要求人人有同样的信息和获取信息的途径,不隐瞒不利信息,也不就内幕信息进行交易;其四,平等的信息处理能力,要求对认知有错误的弱势群体提供保护;其五,不冲动,要求为失控情形下的冲动交易提供"冷处理"的机会;其六,有效定价,要求证券价格真实反映其潜在价值,任何人为的市场易变性都是不公平的;其七,平等的谈判力量,认知能力、财富规模、人性弱点都是影响谈判力量的重要因素③。

第二,金融的契约伦理视角。首先,认为金融契约中代理义务是多层面的:基于代理关系本身的代理人义务,如规避冲突利益、保守秘密;基于代理关系本身的被代理人义务,如维护代理人利益的义务;基于代理关系之外的义务,如不能对第三方施加外部效果,不能做社会伦理规则不允许的事情;代理关系本身应达到公平标准,如规避、机会主义行为、欺诈、强迫、操纵、剥削、毁约都有违公平义务④。

其次,从委托代理模型的人性假设出发,提出金融契约中伦理利己主义的观点。Øyvind Bøhren 关于信息对称和不对称条件下委托代理

① James S. Ang, 1993. "On Financial Ethics." *Financial Management/Autumn*, pp. 32－59.

② Lev Baruch, 1988. "Toward a Theory of Equitable and Efficient Accounting Policy." *The Accounting Review*, Vol. 63, No. 1, pp. 1－22.

③ H Shefrin and M Statman, 1992. "Ethics, Fairness, Efficiency, and Financial Markets,"The Research Foundation of Institute of Chartered Financial Analysts, Virginia, 4－6.

④ [美]博特赖特:《金融伦理学》,静也译,北京大学出版社 2002 年版,第 54—56 页。

模型的比较分析表明,虽然前者不考虑信息利用的不诚实问题,而后者增加了信息使用变量,但金融契约中更具一般意义的人性利己假设不仅表现为"获得更多财富,付出更少努力"的物质取向,还表现为"诚实地行动以获得内心安宁"的非物质取向,即伦理利己主义。他认为信息对称情形下不考虑信息利用的不诚实问题,不是因为不关注它,只是因为欺骗很难发生,而被淡化或掩盖了①。委托代理模型使人们以一种特定的方式看待金融契约的复杂性。J. Gregory Dees 认为,这种以特定方式看待某个复杂现实的取景方法,是导致目前对代理人不信任、对监督和物质激励机制过分依赖的主要原因。他主张加大建立信任和培育诸如忠诚、专业精神等品质方面的投资,以刺激伦理需求②。

再次,金融契约的伦理均衡。针对金融和会计中的信息使用问题,Øyvind Bøhren 指出,信息的不诚实使用(无论为自己还是他人)产生的负面效用越多,代理人就越愿意为诚实做出牺牲,即付出更多努力,获得更少财富;代理人是否不诚实或在何种情况下不诚实,取决于诚实的均衡价格;均衡价格受经济状况、性别、教育程度、职业以及社会准则的内化程度等因素影响,因人而异。道德风险和逆向选择问题在某种程度上可以通过培养契约人的伦理品质予以解决③。

第三,金融的职业伦理视角。金融交易的高度市场化对金融职业提出了特殊的职业规范,建立包含执行程序的金融职业道德体系一直是理论和实践共同关注的问题。作为职业要求的金融组织,应该发展一套规范,强调以优良道德品质为目标的功能 (Dobson. Jhon, 1997)。在职业中建立高伦理期望的道德文化包括几个步骤:采用一套伦理规范,在团队中讨论伦理问题,反省你的伦理困境,按照自己

---

① Øyvind Bøhren, 1998. "The Agent's Ethics in the Principal-Agent Model." *Journal of Business Ethics*, 17: 745 – 755.

② Bowie, R. Edward Freeman, 1992. *Ethics and agency theory: an introduction*. Oxford University Press, USA, 25 – 58.

③ Øyvind Bøhren, 1998. "The Agent's Ethics in the Principal-Agent Model." *Journal of Business Ethics*, 17: 745 – 755.

的思考行动。① 但是,金融职业行为的正当性不在于是否遵守金融职业的伦理规范,而在于它是否是有德性的人愿意做的行为。这主要出于三个原因:一是以有限的规则强制性调节无限的金融行为,只会导致行为在技术上合规,而在精神实质上背离规则所要努力实现的伦理目标;二是金融活动的社会价值体系随生产方式、分配、知识、预期以及文化差异的变化而变化,时空的间断性使规则毫无意义;三是机械性的伦理规范不足以解决社会整体和金融职业之间广泛存在的利益冲突,只有旨在强化道德选择能力的个人认知开发才是解决内心冲突和两难困境的根本途径。② 因此,Dobson 指出:在金融职业中,平衡物质需要与伦理需要是一种挑战。一方面,这种平衡要把伦理当作一个目标而不是约束,美德伦理要成为一种职业理想或追求职业目标的优越品质;另一方面,对职业理想的追求需要兼顾职业角色的知识和相关的美德,这种美德又要通过职业环境和道德模范的观察来培养。职业伦理培训的重点是培养美德,而不是开列伦理规则清单,公司应成为培养美德的道德共同体。一个真正的职业者是一个追求卓越道德品质或"内在善"的人,尤其是在他的职业实践中更应如此,因而在金融领域处理职业伦理最好的方法是美德伦理理论。③ Kenneth S. Bigel 关于美国金融规划师伦理定位的实证研究证实,金融职业者的德性伦理是影响其伦理定位倾向分值的重要变量,正式任用的金融规划师比非正式任用的规划师具有更高的伦理定位。④

第四,金融的宗教伦理视角。金融业起源于公元前 2000 年巴比伦

① Robert F. Bruner, 2006. Ethics in Finance. Working Paper UVA-F-1503, University of Virginia, pp. 1 - 18.

② [英]安德里斯. R·普林多、比莫·普罗德安:《金融领域中的伦理冲突》,韦正翔译,中国社会科学出版社 2002 年版,第 15—19 页。

③ Dobson, John, 1997. Ethics in finance Ⅱ. *Financial Analysts* Journal, Jan/Feb, pp. 15 - 25.

④ Kenneth S. Bigel, 2000. "The Ethical Orientation of Financial Planners Who Are Engaged in Investment Activities: A Comparison of United States Practitioners Based on Professionalization and Compensation Sources." *Journal of Business Ethics*, 28, 323 - 337.

寺庙和公元前 6 世纪希腊寺庙的货币保管和收取利息的放款业务。从历史的角度看,金融发展的价值标准深深打上了宗教的烙印。根据 Stulz 和 Williamson 的研究①,宗教视角的金融伦理理论可以概括为三个方面:首先,宗教是社会信仰体系的主要成分,它直接影响社会价值标准的形成和发展,从而推动金融伦理原则的形成。宗教在历史上更多地强调债权人的权利,而较少关注股东的权利。在主要宗教为天主教的国家里,天主教会成为共同价值标准的制定者,教会通过庞大的各层组织要求教徒服从教会所制定的共同价值标准。天主教强调抽象的社会福利(the good of the society),企业家的责任是考虑社会福利,而不是利润的增加;中世纪的基本教义中一直是禁止高利贷的,直到卡尔文的宗教改革以后,支付利率才被认为是正常的商业行为,为这些国家的债务市场提供了社会道德基础。其次,宗教价值标准演化出金融活动的行为取向。天主教不信任与金融有关的活动,因而在天主教的国家或地区最优秀的人才很少愿意从事金融活动;新教强调个人信念,教徒愿意形成以信任和自由意志为基础的合作社。Neal(1990)指出,17 世纪新教徒的忍耐力支持了英格兰的金融创新②。《摩西五书》的价值立场认为,公司以《公认会计准则》为基础客观而详实地陈述财务状况是一种道德要求,而误导性的会计收入(虚报)只能导致股票市场的错误定价(抬高了股票价格),不能保证投资者获得公平价值的权利③。最后,宗教信念的伦理投资。几千年来,宗教信念的社会和伦理投资一直在发展,犹太教义的伦理原则几乎覆盖了全部经济活动,为了改进交易场所的伦理投资资源,犹太教提供法律和精神的教育。在犹太教义里,希望人们将其资本和收入投入到慈善中去,以便为穷人和弱者提供福

① René M. Stulz and Rohan Williamson, 2001. "Culture, Openness, and Finance." Working Paper, SSRN-id263507, 1‒46.

② Neal, L. , 1990. *The Rise of Financial Capitalism*. Cambridge University Press, Cambridge, England.

③ [英]W·迈克尔·霍夫曼、卡姆、费雷德里克、佩利特:《会计与金融的道德问题》,徐泉译,上海人民出版社 2006 年版,第214—220 页。

利,包括改善人们的医疗和健康,保证人权不受伤害;与此平行的是,持续性地履行契约和信托义务要求将资金委托给其他人进行投资的人服从犹太教的道德和伦理教诲。这些原则也反映在基督教和穆斯林的投资理念中,例如,圣经不允许贷款人收取利息,并要求扩张无息贷款;基督教的传统中,个人拒绝与从事高利贷者做生意。① 在某种意义上,宗教为金融关系提供了最初的伦理基础。

二、金融市场的伦理冲突问题

金融伦理理论的提出是以金融活动中的利益冲突为前提的,整理和揭示金融活动中存在的利益冲突有助于提出有效的伦理解决方案。从金融市场利益主体的视角出发,安德里斯.R·普林多和比莫·普罗德安把金融领域中的利益冲突概括为三个层面:第一个层面是个体间的冲突,这些个体主要包括雇员、经理、顾客、借款人和管制者(Regulators);第二个层面是个人组成的团体与公共利益之间的冲突,这些团体可能为保护本团体的利益而侵害他人或其他团体的利益;第三个层面是小集团的混合体以牺牲他人利益来保护公共利益。这些混合体是按年龄、行业、文化和政治信仰等标准划分而产生的。这些利益冲突可能只在一个层面上发生,也可能发生在三个层面之间。

在这些利益冲突中最典型的问题有三类,第一类是组织内外的风险承担者(Stakeholder)之间的利益冲突问题。如在遭遇危难时,存在一个适当的再分配问题;在雇员、股东、债券持有人和公众之间,如何确定优先等级? 如何在高层管理者和雇员之间分配与实绩相关的报酬? 交易者是否会牺牲公司利益来增加自己的潜在收益? 第二类是信息拥有人之间的利益冲突问题。信息的产权问题影响利用信息进行交易的伦理判断。由于信息能够影响价格,包含着潜在得失,从而引起内线交易(Inside Trading)是否有害以及如何制定信息的公布规则问题;绿票讹诈(Greenmail)中存在怎样的道德困境。第三类是社会价值中的利益冲

---

① Mark S. Schwartz, Meir Tamari, Daniel Schwab, 2007. "Ethical Investing from a Jewish Perspective,"*Business and Society Review*, 112: 1, 137 – 161.

突问题。它包括公司的目标尤其是利润与该目标对社会所产生的终极影响之间的冲突。如造成污染的公司对社区成员是否负有赔偿责任,如果私有化意味着大规模的失业,其合理性就值得考虑;豁免债务应该由银行还是政府来解决? 在银行做出信贷或投资决定时,是否应该考虑社会价值等等。这些分析为解决金融领域的伦理冲突提供了理论框架。①

从金融服务的信托责任出发,John R. Boatright 认为,由于普遍存在的代理关系和服务于他人利益的信托责任,利益冲突是金融行业所固有的;与一般的利益冲突相比,金融行业的利益冲突有三个最显著的差异。第一种差异是实际利益冲突与潜在利益冲突的差异,实际利益冲突是个人或机构违反他们要承担服务义务的委托人的利益,常常形成错误的行为;潜在利益冲突是实际利益冲突可能发生的一种情况,尽管能得到最大限度的避免,但需要对某种不可避免情况的忍耐。第二种差异是个人与非个人的利益冲突。金融行业以服务他人的利益来获得报酬,当实际和潜在的利益冲突影响到服务他人利益的业绩时就发生了个人利益冲突。例如,经纪人在开展交易时将自己的利益放在客户的利益之前。非个人利益冲突则往往存在于个人服务多个客户时为了某个客户的利益而影响另外一个客户的利益。第三种差异是个人与组织利益冲突。鉴于金融行业是由机构向各类客户提供多种服务,因而该领域的多数利益冲突是潜在的、非个人的和组织层面的。②

三、金融伦理的价值及其度量

金融伦理究竟是宣讲高尚理想的象征还是走向金融实践的指导原则,需要从微观角度探讨它的现实价值。Arrow(1972)认识到,每项商业活动都包含信任的因素,绝对命令是价格体系的必要补充。Ralph Chami 等人的研究指出:信任,包括个人之间的信任和经济中基本制度的信任,是维护公平价格体系的主要伦理要素,有助于优化经济和金融

---

① [英]安德里斯.R·普林多、比莫·普罗德安:《金融领域中的伦理冲突》,韦正翔译,中国社会科学出版社 2002 年版,第5—7 页。

② John R. Boatright, 2000. "Conflicts of Interest in Financial Services." *Business and Society Review*, 105:2, 201–219.

体系的功能;如果交易系统的任何一个出现失信或道德堕落,经济、金融系统的效率和公平会受到严重损害。在金融市场中,失信的非效率是长期融资的缺乏,例如,在发达国家普遍存在的金融工具却不能在发展中国家存在;因为长期债务融资意味着对项目未来现金流产权的确定和保护,也意味着信任制度的持久性,没有建立信任的社会不能支持长期债务及与之相匹配的金融工具的发展。伦理理念和伦理行为不仅与经济效率是一致的,而且在本质上是一种可以产生效率的方式。[1] 信任作为社会资本最主要的要素构成了融资契约的本质,因而社会资本对金融发展水平的影响也就逻辑地说明了金融伦理对金融发展的价值。Luigi Guiso, Paola Sapienza, and Luigi Zingales 证明,在低社会资本(低道德水准)地区,人们的融资范围狭小,家庭较少使用支票,非正式信贷比较普遍;而社会资本高(高道德水准)的地区,融资契约的使用和可获得性大大提高,人们倾向于使用支票、持有股票等长期金融资产,这可以减少金融契约的交易成本,提高金融发展水平。[2] 伦理投资的业绩体现了金融伦理的价值。Zakri Y. Bello 研究发现,Morningstar 跟踪的 SRI 基金的投资总业绩在长期看来与基准指数一致。[3] N. Kre-ander 等人运用配对方法选取欧洲 4 个国家的 60 只基金,以其中 30 只伦理基金(Ethical Fund)和 30 只非伦理基金作为样本,测量了它们从 1995 年 1 月至 2001 年 12 月的业绩。结论显示,伦理基金与非伦理基金的业绩并没有显著的差异,伦理基金的风险调整业绩指标与市场基准指标在广泛的范围内相似。[4] 随着伦理投资的增长,一些社会责任

---

① Ralph Chami, Thomas F. Cosimano, Connel Fullenkamp, 2002. "Managing Ethical Risk: How Iinvesting in Ethics Adds Value," *Journal of Banking & Finance*, 26, 1697 – 1718.

② Luigi Guiso, Sapienza, Zingales, 2004. "The role of social capital in financial development." *The American Economic Review*, June, pp. 526 – 556.

③ Zakri Y. Bello, 2005. "Socially Responsible Investing and Portfolio Diversification." *The Journal of Financial Research, Spring*, pp. 41 – 57.

④ N. Kreander, R. H. Gray, D. M. Power and C. D. Sinclair, 2005. "Evaluating the Performance of Ethical and Non-ethical Funds: A Matched Pair Analysis." *Journal of Business Finance & Accounting*, 32(7) & (8), September/October, pp. 1465 – 1493.

基金(伦理基金)指数在一个较长的时期里甚至超过主要的市场指数，如 Domini 400 指数超过了 5 年、10 年期 S&P500 指数。伦理投资较好地实现了投资收益与社会价值的统一。

对公司伦理行为和内部伦理因素的价值分析是金融伦理的另一个视角。James A. Brickley 等基于新古典经济学在金融领域的应用而提出的框架认为，理性选择与伦理维度具有一致性，伦理因素是公司组织结构安排所固有的，是公司内部激励集合的子集；根据少数看得见的雇员行为，公司可以获得好或不好的道德声誉，公司的道德声誉是由每个雇员行为所创造的无形资产；公司伦理行为作为公司声誉资本的构成部分，反映了公司证券的内在价值。这是因为，公司伦理行为相当于公司向市场发送了一个清晰而有力的信号，可以紧紧抓住那些对公司产品质量持不确定态度而要求价格折扣的潜在客户，而且信守高标准伦理行为的公司能够使它的产品差异化，增加大量的潜在市场需求。伦理规则与公司成本密切相关，公司通过伦理规则和对行为的伦理约束可以更好地服务于公司股东的利益。[1] 企业利润对作为一个整体的社会和文化具有较高的敏感性，企业组织的个体都有一个伦理之根，伦理合规是利润的一个主要部分，对伦理问题处理不当或业务与伦理分离将导致潜在利润的减少；从长期看，伦理合规将使企业的技术创新、质量、效率和利润提升。[2] 金融伦理不只是避免坏的结果，伦理引入企业金融决策的价值一般有以下几个方面：(1)可持续性，非伦理实践将使企业失去可持续的基础，将伦理整合于已建立起来的金融思想和金融行为中有利于形成企业与社会的持续性；(2)伦理行为通过建立声誉而产生回报，这种声誉会在生产者和消费者之间形成一种契约，以支配企业产品价格的溢价(Premium price)。不过，为了回报(Get Rich)的伦理行为难以获得承诺；(3)伦理行为将形成支持企业走向卓越过程

① Brickley, J. A. , Smith, C. W. , Zimmerman, J. L. , 2002. "Business Ethics and Organizational Architecture. "*Journal of Banking and Finance* 26, 1821 – 1835.

② Quentin R. Skrabec, 2003. "Playing by the Rules: Why Ethics are Profitable. "*Business Horizons*, September-October, 15 – 18.

的团队和领导精神;(4)伦理可以建立超越法律监管的高标准;(5)声誉和良知。要激发伦理行为,只吹嘘其财务收益而不讨论其成本是不适当的。企业珍惜声誉,不是为了某些模糊的财务收益,而是由他们的良知所指导。①

四、金融的伦理风险及其评估与控制

金融领域的伦理冲突因其市场的本性而恶化,甚至引发市场、组织以及个人的伦理失败或道德破产,从而产生伦理风险。第一,非伦理市场行为的风险。Ralph Chami 指出,伦理观点在自由交易及整个经济和金融中是至关重要的,伦理行为有较高代价,但忽视伦理的代价更大,伦理思想应渗透于不完全的金融市场。② Refik Culpan 和 John Trussel 针对安然崩溃的事实说明金融伦理风险的危害。他们认为,安然公司的会计、财务和不当管理行为以及非伦理行为导致了公司破产和大量利益关系人的损失;信息传播透明度是利益相关者利益道德防卫的关键,安然失败的一个重要原因是利益相关者利益失去了道德防卫,因而控制金融伦理风险需要加强新的监管,但企业必须形成和强化相应的伦理规则,尤其是高级管理者对企业的伦理承诺;这种承诺不只是适应伦理规则,而是通过职员的角色模型(Role models)形成一种防范非伦理行为的组织文化。③ 第二,伦理行为风险。市场力量为伦理行为提供激励,伦理投资是公司关注环保和社会责任的市场激励④。然而,在竞争性市场中,"伦理性的市场行为需要消耗组织资源,负责任的管理者需要量化这类成本以提出预先的控制机制;这种控制存在预防成本

---

① Robert F. Bruner, 2006. "Ethics in Finance."Working Paper UVA-F-1503, University of Virginia, pp. 1 − 18.

② Ralph Chami, Thomas F. Cosimano, Connel Fullenkamp, 2002. "Managing Ethical Risk: How Investing in Ethics Adds Value."*Journal of Banking & Finance*, 26, 1697 − 1718.

③ Refik Culpan and John Trussel, 2005. "Applying the Agency and Stakeholder Theories to the Enron Debacle: An Ethical Perspective."*Business and Society Review*110: 1 59 −76.

④ Iulie Aslaksen and Terje Synnestvedt, 2003. "Ethical Investment and the Incentive for Corporate Enviromental Protection and Social Responsibility." "*Corporate Social Responsibility and Environmental Management.*"10, 212 − 223.

和评价成本。前者是防范非伦理行为发生的成本,包括雇佣一定伦理标准的员工,提供伦理培训和认知计划,管理伦理部门,发展和维持伦理程序,引导伦理审计;后者是对市场行为的伦理性质进行诊断、评估而发生的成本,它涉及与伦理监控相联系的所有成本,如伦理部门执行成本、建立伦理问题解决程序、引导伦理审计等等"。[1] 伦理行为的成本直接制约伦理监控的实施而产生伦理风险。第三,伦理合规风险。在金融市场环境中,企业组织的伦理合规不必然回避伦理风险,John M. Stevens 等对 302 位财务总监(CFO)的调查和实证研究表明,财务总监将伦理规则整合于公司战略和财务决策是存在条件的,主要取决于几个方面:(1)市场利益相关者,如供应商、客户、股东集团的压力驱使;(2)伦理原则的运用能够创造内在的伦理文化并积极地改进企业的外部形象;(3)伦理规则要通过伦理培训计划整合于公司的日常经营活动。当财务总监相信伦理原则有助于树立企业良好的外部形象并获得声誉收益时,市场利益相关者的压力对企业财务战略中伦理原则的运用具有非常重要的影响。[2] 伦理行为的任务与社会利益、组织利益和个人利益相联系,涉及组织的价值观和传统;由于个人价值观只是组织伦理决策、行动和政策的一个部分,因而伦理合规不局限于个人作出伦理决策或贯彻执行,而是需要源于顶级管理的以价值观为基础的领导力,通过规划和执行恰当的行为标准,努力提高伦理业绩;同时,企业规划和执行伦理标准的能力还依赖于组织资源和以高效、可操作的方式完成伦理目标的行动。[3]

五、金融伦理与法律的关系

市场、伦理和法律是相互作用的。金融领域有严格的法律约束,其

---

[1] Margaretl. Gagne, Joanneh. Gavin, and Gregory J. Tully, 2005. "Assessing the Costs and Benefits of Ethics: Exploring a Framework." *Business and Society Review* 110: 2 181 – 190.

[2] John M. Stevens, Steensma, Cochran, 2005. "Symbolic or substantive document? The influence of ethics codes on financial executives' decisions." *Strategic Management Journal*, 26: 181 – 195.

[3] O. C. Ferrell, 2007. "Managing the Risks of Business Ethics and Compliance. University of New Mexico Anderson Schools of Management." Working Paper, 1 – 18.

目的是运用法律来约束、监督和处罚违反规则的金融行为。但是,对金融行为的约束仅有法律是不够的。博特赖特分析了法律约束金融行为的局限性:(1)法律是一种相对粗糙的工具手段,并不适于约束所有的金融活动,尤其不适用于那些不能被简化为精确规则的活动;(2)法律的制定与出台通常是对那些不道德行为的反应,因而那种鼓励金融从业人员恣意自行指导法律禁止他们这样做他们才停止的做法是不恰当的;而且,法律也并不总是十分明确的,许多人认为自己的行为合法(尽管不合伦理),后来却发现他们的这些行为是非法的;(3)仅仅遵守法律不足以管理一个机构或运营一个公司,因为雇员、客户以及其他各方面都会期待公司对他们的合乎道德的待遇。① 在约束金融市场行为方面,法律与道德相互支持。Larry Bear 和 Rita Maldonado-Bear 认为,有效的法律和监管反映了社会对金融市场行为要求的回应,这种回应在本质上是促进适应法律条文的一种精神,或者是保护金融行为的基础价值;面对快速的技术发展和金融创新,维护现有的法律和监管体系确实有困难,但却是必不可少的。在金融活动中,仅仅遵守现有法律规则将导致明显的无效率,不能实现竞争性市场的完全公平;社会法律过程需要经常性地超越法律界限的伦理行为,市场行为必须建立在伦理和法律的基础上。由于金融市场的现实是一个复杂多变的过程,在最低层次的道德规范(Minimum morality)下,要实现金融市场的最大自由和公正是不可能的,因而需要提高伦理标准并使之与法律一起整合于市场行为。②

　　金融监管是由制定规则和实施行为组成,其目的是促进社会的公平和效率。Edward J. Kane 指出,任何监管者的可信度(Trustworthiness)都可能受到那些存在机会主义倾向的有关各方的损害,这些人乐于使用激励补偿,以诱惑监管者对其赋予的职责做出妥协;金融监管存

① ［美］博特赖特:《金融伦理学》,静也译,北京大学出版社 2002 年版,第 9 页。
② Larry Bear and Rita Maldonado-Bear, 2002. "The Securities Industry and the Law." *Journal of Banking and Finance* 26, 1867 - 1888.

在监管者私人利益和社会目标之间的冲突,社会目标被私人目标牺牲的程度取决于道德的价值,可靠的外部监管者关注金融合同的公平,通过调停金融机构不同利益关系人的交易,改善金融协议的公正和效率,因而金融监管内在地需要伦理基础的支撑。[1] 为了改进监管者的伦理行为,Edward J. Kane 认为,在习惯法中(Common law),受托人对其委托人负有称职、忠诚以及关心的职责。这些职业道德意义上的职责要求最高监管者有义务保持高度警惕,并尽全力和公正地维护他们的委托人的利益。但是,被监管者会向监管官员提供隐秘的或貌似合法的支付,以诱惑他们运用许可证、协调和担保服务等对社会有害的方式。因而以业绩为基础设计一个延期补偿(Deferred compensation)的法律机制,即按照监管部门首席执行官任职期间可能出现虚假报告的估值参数的一定比例进行扣减,直到该首席执行官可能参与过的掩饰行为无效后再给予支付,以便改进监管契约中存在的某些不完备性,加强金融市场监管的职业道德。[2] 由于文化的影响,Edward J. Kane 提出了激励—冲突的监督文化观点。他认为,每个国家的监管文化是由其个人、产业和政府行为的伦理规范传承下来的;在习惯法的基础上,监管伦理要求处理好公平与效率之间的关系,监管者要承担四个核心的责任:(1)全面的洞察力责任,监管者要使其监视系统对掩饰和破坏规则的行为做出连续的适应性调整;(2)促进纠正行动的责任;(3)高效操作的责任,用最小的成本提供服务;(4)尽职陈述(Conscientious representation)的责任,将社会利益放在自己利益之前。[3]

总之,金融伦理研究已经取得的成果为金融市场和相关企业制定伦理规则提供了理论参考,对规范金融市场具有实践意义。但从现有

---

[1] Edward J. Kane, 1997. "Ethical Foundation of Financial Regulation." NBER Working Paper No. 6020, 1－31.

[2] Edward J. Kane, 2002. "Using Deferred Compensation to Strengthen the Ethics of Financial Regulation." *Journal of Banking and Finance* 26, 1919－1933.

[3] Edward J. Kane, 2008. "Regulation and Supervision: An Ethical Perspective." NBER Working Paper No. 13895, 1－31.

的文献看,无论是理论探索、利益冲突分析还是伦理风险评估,主要集中在市场和企业层面,较少涉及金融制度的伦理分析并提出相应的政策措施;在实证方面,对金融伦理价值的测量还有大量的工作要做。

我国金融体系快速发展的过程中一度存在比较突出的诚信缺失、伦理冲突和金融腐败现象。随着国内金融市场的逐步国际化,依照国际通行的金融伦理原则行事是金融服务的基本要求;同时,金融伦理又是优化金融生态的基础性要素。而国内对金融伦理的研究分散于经济伦理和管理伦理之中,研究的内容侧重于社会信用制度、诚信问题和金融职业道德,研究方法注重规范研究和逻辑分析,对微观层面的实证研究、对比研究、个案分析和经验描述尚显不足。

第三节　研究思路与框架

一、研究思路

以辩证唯物主义和历史唯物主义为指导,以道德是金融伦理秩序的基础为理论前提,以金融与伦理内在统一为理论构建的核心命题,以金融伦理关系、金融伦理规范及其作用机理为经,以金融制度伦理、金融市场伦理、金融机构伦理和金融个体道德合乎逻辑的展开为纬,遵循从宏观到微观、从抽象到具体、从一般到个别、从理论到实践的叙述逻辑,有机结合伦理学、金融经济学、管理学和道德心理学的有关理论和方法,揭示建立合理金融伦理秩序的必要性、可能性和现实途径,形成关于金融伦理的理论分析框架,提供金融伦理秩序的实现机制。

二、研究框架

根据研究的基本思路,本文设计了七章,大致可以分成合—分—合三部分,其中第一、二章是对金融伦理维度这一问题的整体把握;第三章至第六章是依据金融发展和道德发展自身的逻辑,从学理上对金融伦理体系所进行的具体分析;第七章则是基于金融制度、金融市场、金融机构和金融个体在现实中的不可分割性,而对金融伦理实现机制所作的综合设计。

　　第一章导论要解决的核心问题是研究课题何以成立。本书认为现代金融的技术化特征对金融良心的遮蔽,缺乏正义性的金融制度、无序的金融市场、贪婪的金融机构和职业道德缺失的金融个体对金融良心的亵渎,来自社会、国家、环境以及金融自身的良心呼唤,构成了这一课的现实基础。现代国内外学者关于金融伦理理论、金融市场伦理冲突、金融伦理价值与评估、金融伦理风险与控制、金融伦理与法律关系等问题的研究成果,为进一步研究提供了坚实的理论基础。

　　第二章主要是关于金融伦理的宏观分析。这种分析是在总结吸收中国传统金融活动中的伦理规范、马克思主义经典作家关于货币、信用和资本的伦理批判、西方传统金融对利息的道德批判等伦理资源的基础上进行的。本书认为金融关系实质上是伦理关系,金融伦理是这种客观关系之理,金融道德是个体对金融伦理的自觉,二者分别构成金融伦理秩序的客观和主观基础。金融伦理由金融制度伦理、金融机构伦理、金融市场伦理和金融个体道德构成一个有机整体,具有道德责任的前瞻性、运行机制的层次性、价值标准的功利性等特征,对金融效率、经济正义、社会和谐和人类自由的实现发挥着积极价值。

　　第三章主要分析了金融制度伦理的根据、内容与作用机理。本书通过对金融制度设计、运行和评价等环节对伦理道德的依赖性分析,说明了金融制度的伦理性质,并以此为根据,阐述了金融制度的正义、效率和和谐原则。金融制度伦理是金融伦理秩序演进的价值主导,是金融伦理的核心。金融制度伦理的作用机理,一是通过制度正义实现对金融伦理秩序的革新;二是通过金融制度环境的优化实现对金融主体道德行为的诱导。

　　第四章主要分析了金融市场伦理的根据、内容和作用机理。本书认为金融市场伦理的成立,在于金融市场总是建立在一定伦理支点之上的,如金融市场中的信用关系要以道德维系、契约关系要以价值为支撑、监管关系要以共同善为旨归。与此相对应,认为金融市场应遵循信息公开、交易公平、监管公正的伦理规范。金融市场伦理主要通过伦理激励对金融市场效率实施动态改进,进而强化金融市场供求机制的伦理导向性。

第五章要回答的主要问题是金融机构伦理的根据、内容和作用机理。本书认为由于金融机构资本结构的高负债特性、资产交易的非透明性和金融监管的严格性等特点,金融机构的内部治理具有鲜明的责任指向和伦理诉求,因此,金融机构应该形成以共生和维护人的尊严为目标的价值理想。金融机构伦理主要通过组织的伦理管理,尤其是伦理决策发挥作用。

第六章进一步分析了金融个体道德的根据、内容和作用机理。本章与之前的三章之间存在着从客观到主观、从社会到个体的转换关系,这种转换体现了道德自身发展的逻辑。本章把个体置于制度、市场和机构之中,通过分析其存在和需要的二重性,揭示了金融个体道德的根据。然后,结合金融个体的二重性存在方式提出,对金融个体而言,诚信、节制和责任是最重要的道德规范,并详细阐述了个体道德的内化机制和外化机制。

第七章对金融伦理的实现机制进行了综合设计。本书认为只有建立和完善金融伦理的价值引导机制、制度强制机制、文化提升机制和教育疏导机制,并协调和整合各种机制的作用,才能最终形成良好的金融伦理秩序。

结束语重点强调金融领域的良心既指个体良心,又指社会良心,唤醒金钱背后的良心,不能满足于优良道德的制定和个体的道德修养,更重要的是营造优良道德得以生成的金融制度环境、金融市场机制和金融机构治理文化。

第二章
金融与金融伦理

正如马克思所说："货币不是东西,而是一种社会关系",①资本也不单纯是一种生产要素,而是生产要素和社会关系的统一。金融作为一种社会关系,内在地蕴含着伦理关系。澄明金融内在的伦理关系,理解金融的伦理意蕴,揭示金融伦理的内涵、结构、特性和价值,正是建构金融伦理秩序的逻辑前提。

第一节　金融及其伦理意蕴

"金融",人们通常解释为"货币资金的融通"。但是,资金为什么能从一个人流向另一个人,资金究竟从谁流向谁、怎样流,目的何在,效果如何等一系列问题,都不是把金融作为一个纯粹的"物"所能解释的。事实上,金融是融合着物的要素和伦理要素的统一体,其中有深刻的伦理意蕴。

一、金融具有伦理天性

在历史上,金融是在货币和信用融合的基础上形成的。货币作为一般等价物的产生,源于经济发展所导致的交易量剧增而造成的交易困境。随着交换过程的扩大,"货币的使用就是这样流行起来的,这是一种人们可以保存而不至于损坏的能耐久的东西,他们基于相互同意,

---

① 《马克思恩格斯全集》,第 4 卷,人民出版社 1958 年版,第 119 页。

用它来交换真正有用但易于败坏的生活必需品。"①正如马克思所说："货币结晶是交换过程的必然产物"②。这里暗含了这样一个事实，当人们将一种具有使用价值的物品兑换成某种历史形态的货币时，就是把自己的劳动成果变成了一种符号——特殊的符号，它逻辑地内涵了一种道德上的认同约束；同样，将货币兑换成为自己所用的物品，也包含着一种对道德约定的自觉行动。不难看出，货币是带着伦理因子来到商品经济世界里的。与货币的产生一样，信用存在于交易双方之间，它首先表现在对货币的信任上，"凡是博得人们信任的东西都可以当作货币使用，而并不是必须有内在价值才是可以接受的。"③因而，在信用或者信任链的背后，体现出来的是诚信所反映的道德力量。"当货币的运动和信用的活动虽有密切联系却终归各自独立发展时，这是两个范畴。而当两者不可分解地联结在一起时，则产生了一个由这两个原来独立的范畴相互渗透所形成的新范畴——金融。当然，金融范畴的形成并不意味着货币和信用这两个范畴已不复存在。"④金融范畴的产生使货币和信用以它们结合的作用力推动商品经济的发展，到 17 世纪新式银行的建立，金融范畴正式形成，"新式银行的成立，在促进金融范畴形成的同时，也使金融成为一支相对独立的力量。"⑤银行区别于非银行企业的本质是信誉，即为存款者提供一种信誉以吸收存款，这里同样蕴涵着一种强大的道德约束。这就是说，金融从独立出现那一时刻开始，就是伦理因子的携带者，就被天然赋予了伦理性质。

二、金融制度蕴含伦理价值

制度不是天然的，一定的生产力水平规定了与这一社会形态相适应的社会制度的基本性质。马克思说，"手推磨产生的是封建主的社

---

① ［英］洛克：《政府论》(下篇)，瞿菊农等译，商务印书馆 2005 年版，第 47 页。
② 《马克思恩格斯全集》，第 23 卷，人民出版社 1975 年版，第 105 页。
③ ［英］J. L·汉森：《货币理论与实践》，陈国庆译，中国金融出版社 1988 年版，第 7 页。
④ 黄达：《货币银行学》，四川人民出版社 1992 年版，第 70 页。
⑤ 王广谦：《经济发展中金融的贡献与效率》，中国人民大学出版社 1997 年版，第 21 页。

会,蒸汽磨产生的是工业资本家的社会。"①正是在实践的基础上,人类用自己在实践中形成的信念体系对自己所面对的社会关系进行理解、组织和安排,并将自认为合理的社会关系及利益关系固定化、秩序化,使之具有某种稳定的具体形式和结构,就称为制度。制度主义创始人康芒斯将制度视为集体行动控制个体行动的运行规则;凡勃伦认为,制度是一组规范和目标,它们通过习俗的内化作用在人群中代代相传,但又不是一成不变的,制度的作用是对个体行为进行激励和指导②。罗尔斯将制度理解为"一种公开的规范体系,这一体系确定职务和地位及它们的权利、义务、权力、豁免,等等。这些规范指定某些行为类型为能允许的,另一些则为被禁止的,并在违反出现时,给出某些惩罚和保护措施。"③道格拉斯·诺思认为,"制度架构由三部分组成:(1)政治结构,它界定了人们建立和加总政治选择的方式;(2)产权结构,它确定了正式的经济激励;(3)社会结构,包括行为规范习俗,它确定了经济中的非正式激励。制度结构反映了社会逐渐积累起来的各种信念,而制度架构的变化通常是一个渐进的过程,反映了过去对现在和未来施加的各种约束。"④这些论述说明,社会关系既是制度的客观内容,也是制度调节和处理的对象,制度在本质上是社会关系的整合机制。制度的产生和形成,都离不开价值观念的作用。

作为社会制度系统的一个重要部分,金融制度是适应金融资源分配和优化配置的需要而逐渐建立和发展起来的、专门用于规范金融交易行为的规则体系,它的形成和发展天然地承载着某种伦理精神:

首先,金融制度的产生和发展蕴含着价值理念。货币流通和信用关系的融合形成了金融范畴。在公元前 6 世纪雅典人创造的简单金融

---

① 《马克思恩格斯选集》,第 1 卷,人民出版社 1995 年版,第 142 页。

② [美]丹尼尔·豪斯曼:《经济学的哲学》,丁建峰译,世纪出版集团、上海人民出版社 2007 年版,第 298 页。

③ [美]罗尔斯:《正义论》,何怀宏译,中国社会科学出版社 1988 年版,第 50—51 页。

④ [美]道格拉斯·诺思:《理解经济变迁过程》,钟正生等译,中国人民大学出版社 2008 年版,第 46 页。

系统中,货币兑换者的产生转化为早期的银行,它们在为国外贸易提供的"押船贷款"融资时,为防止欺诈,借贷人或者借贷人的代表经常和商人一同出海;13世纪意大利北部出现的汇票,即由货物购买者背书,承诺在其家乡、在未来某一时日支付明确数目的一种债务工具,成功地推动了现代意义上的银行的发展①。在这里,贸易融资和汇票债务工具的交易实践,其背后存在一种尊重借贷关系的价值理念,"防止欺诈"、"承诺未来支付"等均表现为维护债务关系的一种伦理精神。但是,当这种维护债务关系的伦理精神外在化和具体化为正式的规则条文时,金融制度就产生了;另一方面,金融制度的产生又会在每个交易者的头脑里内化为一种道德判断,即必须尊重金融活动中的规则体系。"在多数社会,信贷关系的兑现不是通过黄金转让执行的,而是凭借土地法与习俗和社会压力。"②

在现代经济体系中,金融制度的价值观念先导地位更加突出。因为现代金融活动要在更广泛的范围内将资金从盈余者(储蓄者)流向短缺者(投资者)或者将储蓄转化为投资,这种转化依赖于一套嵌入特定社会伦理价值体系的激励—约束的制度体系。如我国银行制度之所以能在国家垄断之下整体稳定地运行,原因之一就在于其中嵌入了国家利益至上的价值取向,从国家到金融机构以及社会公众,即使对现行银行制度的运行效率存有疑虑,对其公平性颇有微词,但在社会稳定、国家安全的价值目标之下,也能基本达成共识。不仅如此,随着金融活动规模的扩大、金融交易复杂程度的提高、金融活动涉及交易主体数量的增加,新的金融伦理精神被不断地催化出来,并具体化为金融制度安排,以解决日益复杂的金融活动中的激励—约束问题。正如一位银行家幽默地指出的"伦敦有运行良好的法律体系,有声誉卓著的中介机构,有道德优秀的职业人士,它唯一缺少的,就是钱。而钱是会向需要

---

① 〔美〕富兰克林·艾伦、道格拉斯·盖尔:《比较金融系统》,王晋斌等译,中国人民大学出版社2002年版,第21—22页。

② 〔美〕马丁·舒贝克:《货币和金融机构理论》,王永钦译,上海三联书店、上海人民出版社2006年版,第375页。

它也能保护它的人自己走过来的。"①

其次,金融制度的具体安排要受到某种道德价值的支配。金融关系所反映的是人与人之间信用活动的相互关系,金融制度的具体安排作为一套有关金融参与者之间的关系系统,受制于金融活动参与者行为模式和道德意识倾向,或者说金融制度的具体安排包含了在一个特定的社会经济阶段里所通行的思维习惯,而社会道德价值则是支配这些习惯、习俗的根源,因为"在我们把自己托付给某种世界观时,我们使自己和他人的生活承担了风险。我们所投身的世界观将帮助我们决定要成为什么样的人以及我们利用生命的方式。"②从金融制度安排的发生来看,它总是以一定社会经济阶段中主导的伦理价值体系为依托,即伦理上的"应当"是金融制度具体安排的生长点,能够获得人们的普遍认同。例如,转轨时期我国银行业改革中构造的"国有银行替代政府直接补贴国有企业,国家适当补贴国有银行并承担信用担保"的改革逻辑突出了银行为国有企业服务的价值取向,保证了整个国民经济运行的平稳和社会稳定。而西方在金融领域所倡导的自由市场制度,则是其个人主义价值取向的必然产物;金融监管缺失和过度自由化,则是个人主义极度膨胀的结果。因此,一定社会经济阶段的道德价值不仅是一个良好的金融制度建立的重要条件,而且在很大程度上支配和制约着健康、高效的金融制度的建立和完善。

再次,金融制度的变迁或创新直接源于金融道德观念的变化和伦理精神的革新。在社会经济的动态过程中,既有的金融关系反映了制定游戏规则的那些人的价值信念;而且,金融技术创新和经济关系的变化又催生出了新的金融伦理精神。这在两个方面提出了金融制度变迁的需求:一是运用金融制度显示某种伦理目标的要求。例如,为了推进农村经济社会的全面发展,中国银行业监督管理委员会发布了《关于

---

① 天蔚:"金融的道德律",《证券市场导报》,1996年第9期,第55页。
② [美]查尔斯.L·坎默:《基督教伦理学》,中国社会科学出版社1994年版,第24页。

调整放宽农村地区银行业金融机构准入政策更好支持社会主义新农村建设的若干意见》(银监发〔2006〕90号),旨在通过金融制度创新达到加快农村发展的价值目标;二是将金融技术创新实践过程中的某些新的伦理精神进行规范化、条例化的要求,从而通过明示的伦理准则来约束各类金融关系人的行为。金融制度的变迁和创新作为金融资源分配关系从而金融关系的调整首先是金融伦理精神的革新,当各类金融关系人意识到金融伦理精神的制度化,并认同了这种精神的制度化是他们的自然依恋的扩展,是实现共同的善的途径的时候,那么金融制度的变迁和创新就转化为他们联合起来共同行动的规则。因此,金融制度总是承载着某种伦理精神,并在这种伦理精神的推动之下不断变革和创新的。

三、金融契约确证伦理关系

伦理关系首先是一种客观存在的关系,如在家庭中,男女结合成为夫妻而有子女后,就形成以两性和血缘为基础的包括父母兄弟子女的家庭共同体,于是有夫妻关系、父母子女关系、兄弟姐妹关系。在这里,家庭共同体是客观的,实在的,是形成家庭伦理关系的客观基础。同时,伦理关系又是一种自觉的关系,也就是说,关系各方只有意识到了这种相互关系,并自觉认同和遵循维护这种关系的规则,它才成为一种真正的伦理关系,如同家庭成员只有认识到父义、母慈、兄友、弟恭、子孝,并以礼约束,才能建立起家庭伦理关系。

同样,金融契约之所以是一种伦理关系,首先它是一种客观的信用关系,是契约双方关于权利义务的约定,契约一旦形成,双方就成为相互依赖、相互制约的共同体。但是,信用是金融交易在时间和空间上的延伸,是对未来的承诺,契约主体只有能够真实履行这种承诺,信用关系才能成立并维持。因而,信用关系同时隐含着对主体的德性要求。从此意义上说,金融契约不只是一纸客观的约定,更是一种蕴含契约人道德意识的伦理关系。具体而言:

第一,金融契约人是有道德前提的主体。道德是人的一种行为活动,源于人的需要。作为金融交易的契约人具有善性或恶性的道德前提。善性道德前提是契约人具有某种完善自我道德的内在需要,目的是履行契约人自身所应做的事情;恶性道德前提是契约人动机的自然机会主义,即契约人为实现目标而寻求自我利益的深层次条件。契约人这种善性或恶性要受社会道德环境的支配,是具体的而不是抽象的,具有可变性和可塑性。所以,参与金融交易的契约人总要基于社会的道德环境,按照自己认定的某些伦理原则进行金融交易,以谋求其金融资产的理想配置,获取最大的收益。另一方面,社会要对特定的金融交易行为从伦理的角度做出评价,把契约人的行为划分为有利的或有害的,合乎道德的或违背道德的等,通过这种伦理评价在一定程度上规范着契约人的金融行为。

第二,金融契约基于设计者的道德判断。金融是现代经济关系中最复杂的交易关系,金融契约或制度设计的实质是通过金融市场来配置金融资源以及对金融资产的价格做出评估。"建立金融市场的目的是为了交易和对风险回报进行分配,也为了在个人之间、在不同的时间段之间、在不同的国家之间和在不同代际之间进行财产分配。"①从而,金融契约设计总要承载一定的道德判断:首先,金融契约设计作为一项制度安排,要反对私利,提倡公利和互利;强调公开、公平、公正和诚实守信的金融市场交易,为金融契约的运行提供期望的伦理规则。其次,金融契约设计要实现金融资源的合理配置,达到帕累托最优、瓦尔拉斯均衡和社会福利最大化。这里的效率标准是经济标准与道德标准的统一。帕累托最优体现了从事交易金融应不以牺牲他人利益来增加自己利益的道德原则;瓦尔拉斯均衡表现为金融资产投资者效用的最大化和融资者要素价值的最大化,体现了金融契约人互利的道德准则;社会福利最大化一般地体现了金融资源的供给与分配达到社会效率和社会公利的最大化。再次,金融契约设计要受到金融技术要素如货币形态、资产价格、风险、收益等方面的影响,这种影响反映了伦理关系在一定

① [英]安德里斯.R·普林多、比莫·普罗德安:《金融领域中的伦理冲突》,韦正翔译,中国社会科学出版社 2002 年版,第 3 页。

程度上对金融关系发生作用的描述。

第三,金融契约的履行外显契约人的道德水准。履行金融契约的两种主要机制是法律和信誉。法律机制对金融契约的履行起强制作用,但以法律来强制履约具有较高的成本,法律也不能穷尽契约的每个方面,并且会遇到法官本人的有限理性和知识的局限问题。信誉机制在金融契约的履行中起重要作用。一方面,签约人不仅要考虑现在,还要考虑未来;不仅要考虑缔约方的利益,更要考虑未来可能对自己参与交易产生重要影响的交易对手的情况;在重复博弈中,缔约方的信誉可以影响第三人对缔约方履约能力的判断。另一方面,契约本身是不完全的,法律的强制总是滞后于现实交易对法律的要求;即使法律极其完善,法律执行的效率也离不开信誉。信誉机制是法律机制的补充和法律执行的基础,而契约人的信誉源于其道德水平和外部道德环境。所以,金融契约的履行程度显示了签约人的道德水准。

第二节　金融伦理的历史考察

人类对金融活动的伦理思考由来已久。当人们把自己的劳动成果转换为货币的时候,本质上内涵了一种道德上的认同;而由货币支付手段形成的借贷关系,使人们产生了"有借有还,再借不难"的金融伦理意识。随着人类金融活动的广泛开展,金融对社会经济活动的影响越来越大,人们对金融伦理的认识和思考也日益深刻。总结中外思想史上有关金融伦理的思想和论述,并吸取其合理成分,对推动现代金融市场条件下的金融伦理研究,具有现实价值。

一、中国传统金融的伦理资源

不少伦理学学者认为中国传统经济思想不是知识论形式的经济学,而是"伦理的经济学"①,这一点也适合对中国传统金融思想的描述。也是在此意义上,有金融史学者认为中国有十分丰富,甚至领先于

---

① 唐凯麟、陈科华:《中国古代经济伦理思想史》,人民出版社 2004 年版,第 6 页。

世界的金融思想和实践。[①]

1. 金融与伦理辩证统一

中国古代没有"金融"这个词,但货币、信用及其有关活动起源很早。据金融史学家考证,有记载的借贷行为,相传周武王灭商之前就已存在。[②] 至于一般理财活动,正如明儒邱浚在《大学衍义补》中说:"《大学》以用人理财为天下要道",王安石进一步提出"政事所以理财,理财乃所谓义也"。可见,中国古代不仅金融活动起步早,而且对金融与伦理的统一性较早就给予了关注。

一方面,从自然人性出发,肯定金融的合理性及其伦理价值。在中国古代,许多思想家都认为求利、自利是人的天然本性,充分肯定和利用这一本性有利于建立良好的社会伦理秩序。管子认为:"凡人之情,得所欲则乐,逢所恶则忧,此贵贱之所同者也。"(《管子·禁藏》),他主张治国要顺应人的这一本性,统治者只有懂得运用货币对社会总供求进行调控,使之保持平衡,才能避免"金与粟争贵",并导致"伤事"或"伤货"。他还认识到储蓄不足将导致道德败坏,他说:"凡牧民者,以其所积者食之,不可不审也。……有积寡而多食者,则民多诈;有无积而徒食者,则民偷幸。"(《管子·权修》)事功派代表李觏也认为"人非利不生","欲者人之情"(《富国策》),他把金融理财事务看作是社会良性运行的先在条件。还有一些思想家看到了金融理财对个人德性修养的作用。如荀子认为既然求利是人不可去除的本性,那么,懂得理财,能够使百姓富裕,才是仁人之善,才能获得仁善之美名。他说:"知节用裕民,则必有仁义圣良之名,而且有富厚丘山之积矣","治万变,材万物,养万民,兼制天下者,莫若仁人之善也富"(《荀子·富国》)叶适也认为真正的圣贤,一定是能"以天下之财与天下共理"(《水心别集卷二·财计上》),而使人们均得衣食之具的人。

另一方面,肯定伦理对金融的反作用,强调金融需要伦理规范来调

---

① 姚遂:"中西古代金融思想比较初探",《中央财政金融学院学报》,1995 年第 3 期。
② 叶世昌、潘连贵:《中国古近代金融史》,复旦大学出版社 2001 年版,第 4—5 页。

节。管子认为"辨于黄金之理则知侈俭,知侈俭则百用节"(《管子·乘马》)在他看来,一旦理解了货币的价值尺度功能,也就理解了什么是奢侈,什么是节俭;而理解了奢侈和节俭,也就理解了会产生怎样的社会经济后果,就会懂得合理运用货币来调节各项财政收支。如管子认识到"俭则金贱,金贱则事不成,故伤事。侈则金贵,金贵则货贱,故伤货。"(《管子·乘马》)因此,主张侈俭有度,以保证金价的稳定和经济社会的有序发展。

荀子认为利欲无限而财物有限,因此利欲实际上永远不可能完全满足,即使天子,也只能"近尽"而已。在这种情况下,对利欲就必须有所节制。所以他说:"欲虽不可尽,可以近尽也;欲虽不可去,求可节也。所欲虽不可尽,求者犹尽近;欲虽不可去,所求不得,虑者欲求节也。道者,进则近尽,退则节求,天下莫之若也。"(《荀子·正名》)在这里,"道"即礼义,它是求利的准则和规范。金融理财虽可以获利,但必须遵循礼义,接受礼义规范的调节。在这一点上,管子也有相似看法。他揭批了货币力量向政治领域渗透的事实及其弊病,他说:"金玉货财商贾之人,不志行而有爵禄也,则上令轻,法制毁。"(《管子·八观》)他认为如果统治者一味追逐金玉财货,让没有德行志向的富商大贾买官鬻爵,执掌政权,则必将上令不行,法制被毁。可见,管子比较早敏感到了货币对价值的僭越,以及由此产生的对伦理规范的需求。

2. 仁义至上

金融之仁是安民济民。我国古代高利贷活动异常猖獗,为限制民间高利贷对百姓的剥削,一些开明的思想家和统治者主张以利民借贷和政府赈贷救民之急,以实现安民济民之目的。如《管子·轻重乙》说齐桓公赏赐美锦给高利贷者,以换取他们对穷人债息的豁免。这种做法虽有些无奈,但统治者对百姓的仁爱也可见一斑。当然,统治者对百姓的仁爱更多体现在制度上。据《周礼·地官·泉府》记载,"泉府……凡赊者,祭祀无过旬日,丧纪无过三月。凡民之贷者,与其有司辨而授之,以国服为之息。"①这段文字的意思是,个人因祭祖、丧纪等

① 《周礼正义》,第四册,中华书局1987年版,第1097—1100页。

事务向泉府赊买,分别在十天和三个月内不计息;因生产经营向泉府贷款,也只需支付二十分之一至四分之一的利息。汉代王莽时期也规定,凡百姓祭祀和丧葬所需均可向钱府告贷,不计利息。北宋王安石推行的熙宁新法也为农民和商人带来了实际利益。其中的青苗法规定,以二分或三分的利息发放农业贷款,以扶助农民青黄不接或灾荒之时缓解困难。

中国传统的货币信用理论和政策也蕴含着对民生民意的关注。相传景王二十一年(前524年)单旗反对铸大钱,提出子母相权理论。他说:"民患轻,则为作重币以行之,于是乎有母权子而行,民皆得焉。若不堪重,则多作轻而行之,亦不废重,于是乎有子权母而行,小大利之。"(《国语·周语》)①单旗认为不论改铸重币还是轻币,原有的旧币都不能作废。因为货币是社会财富的一般代表,一旦"废轻作重",就会使"民失其资"。他进而推论,"民失其资,能无匮乎?若匮,王用将有所乏,乏则将厚取于民。民不给,将有远志,是离民也。"(《国语·周语》)在单旗看来,货币的轻重与百姓的生存命运息息相关,百姓失去作为资财的货币就会陷入贫困,政府财源也会匮乏,从而加紧剥削,使百姓无力承担,产生二心,背井离乡,生活更加窘迫。不难看出,尽管单旗的子母相权理论最终目的在于维护统治者的统治地位,但客观上不能否定其对百姓的仁爱考量。同样,《管子·轻重》也主张封建君王在"以轻重御天下"时,不能忽视百姓的利益。作者曾在《管子·山权数》中将汤旱禹水的卖儿卖女与铸币直接联系起来,旨在说明应该发挥货币救赎灾民的功能。

金融之义是维护君主专制统治。关于这一点,我们可以从国家垄断铸币权,以官营借贷限制民间借贷的真正目的和实际效果加以分析。围绕铸币权归属问题在两汉时期有过两次大的争论。这两次争论都表明,铸币权归属问题不是单纯的货币政策问题,而是关涉君主专制统治的政治问题。在汉初的第一次争论中,贾谊提出了国家垄断币材,控制

---

① 转引自马非百:《管子轻重篇新诠》(上),中华书局2004年版,第51页。

货币发行权的观点。他认为任民私铸不仅造成市场混乱和农业荒废，而且容易诱使百姓犯罪和地方分裂割据，甚至有损国家法令的权威性，对封建中央集权的稳定构成威胁。贾谊的主张表面上是迁就时局，实际上是"维护和加强中央政权的经济基础，削弱和切割地方分裂势力的主要财源"。[①] 在汉武帝时期的盐铁会议上就铸币权问题展开了第二次争论，以桑弘羊为首的政府代表主张国家垄断基本币材铜和货币铸造权。他批评文帝时推行自由放铸政策，造成"臣富则相侈，下专利则相倾"，各郡国称霸一方，与中央政权分庭抗礼。他们"财过王财"、"富埒天子"，不仅不佐国家之急，且时刻威胁中央政权。相反，桑弘羊认为铸币权如果集中于中央，则百姓就不怀二心，安心务农；钱币统一，百姓对之不存疑虑，则货币就能获得基本信誉。而这些在他看来正是建立统一的君主专制统治的重要前提。

同样，官营借贷也是出于维护封建君主专制统治的政治目的。借贷之所以要官营，一个重要的原因就是，民间高利贷的猖獗使不少富商大贾、封建诸侯拥有雄厚的经济势力，足以动摇封建所有制，足以形成割据势力，对封建中央政权构成严重威胁。据《史记》记载，孟尝君为齐相时，到薛地放贷，一年获利息高达 10 万，富商曹邴氏放贷行商遍及各郡，富至巨万。高利贷占有生产者的全部剩余劳动和部分必要劳动，"对于古代的和封建的财富，对于古代的和封建的所有制，发生破坏和解体作用。"[②]开办官营借贷正是试图通过抑制民间高利贷的恣意横行，给生产者以喘息的机会，给分裂割据活动釜底抽薪，从而维护封建政权的长期稳定。另外，官营借贷也是国家增加收入，巩固君主专制政权经济基础的重要途径。王安石推行市易法后，从熙宁五年到七年，市易务获得的息钱就有 1043030 多贯，市例钱近 98000 贯，大大增强了国家商税收入。

3. 诚信为本

诚信为本是中国传统金融活动最重要的伦理规范。中国传统文化

① 姚遂:《中国金融思想史》,中国金融出版社 1994 年版,第 25 页。
② 《马克思恩格斯全集》,第 46 卷,人民出版社 2003 年版,第 674 页。

中有着丰富的诚信文化资源。孔子强调做人要"言而有信",孟子指出"诚者,天之道也,思诚者,人之道也",周敦颐认为"诚,五常之本,百行之源也",王夫之则说"'诚'是极顶字,更无一字可以代释,更无一语可以反衬,尽天下之善而皆有之谓也。"中国传统文化中关于诚信的这些思想深刻影响到古代金融活动。据清代光绪《婺源县志》记载,婺源人王世勋"邑有胡某自粤同归,携只箱寄勋家,去三年未反。一日胡至,见箱封锁如故,谓勋曰:'内有白金千两,何不发箧以资营运?'勋答以物非己有,至今未敢动移。"胡某一去三年不回,王某也未曾开箱将千两白金挪为己用,足见其对朋友之托是何等诚实守信。明清时期山西票号能汇通天下,靠的也是"诚信"二字。由于当时票号的兑付都实行"认票不认人"的制度,所以汇票的防伪性极其重要。为了保证票号和顾客的利益,山西各票号都有十分严格的保密制度,如专人书写汇票,创造了以汉字代表数字的密码法等。正因为他们对顾客的这种忠诚,历史上未曾出现过款项被冒领之事,为山西票号赢得了良好的社会信誉,并成为中国金融史的美谈。

4. 智勇兼重

智勇兼重是中国古代金融活动的又一伦理规范。智勇双全是成就大功大业的先决条件,瞬息万变,波诡云谲的金融领域尤其如此。据《史记·货殖列传》记载,周人白圭是一个善于经营的人,对智勇兼备的重要性有着深刻的体会,他说:"吾治生产,尤伊尹、吕尚之谋,孙、吴用兵,商鞅行法是也。是故其智不足与权变,勇不足以决断,仁不能以取予,强不能有所守,虽欲学吾术,终不告之矣。"白圭所谓"智勇",指的就是善于权变,就金融事务而言,绝不能够墨守成规,应该具有足够的智慧胆略,能够根据现实的需要而采取正确的策略,"当断则断"。司马迁对"智勇"的阐释则是"奇",他说:"夫纤啬筋力,治生之正道也,而富者必用奇胜"(《史记·货殖列传》),意思是说按照正常的路子,不辞辛劳地工作,虽能保证衣食无忧,但不足以使你大富,大富之业必有出奇制胜的大智慧大勇略之举。另外,在道家思想中,金融理财的智慧又表现为"俭"和"不为先"。所谓"俭",就是量力而行,"不务生之所无以为","不务命之无奈何"(《庄子·达生》),就是"知足"、"知止","不敢进寸而退尺"(《老子》),要有所收敛和节制,不贪小利。所谓"不为先",指的是"一种'谦德',源于自信和拥有'在关键时刻亮出武器'的能力。"① "俭"和"不为先"往往要以牺牲眼前利益为代价,因此,这种智慧背后深藏的又是一种敢于放弃的勇气。

5. 金融和谐

中国古代金融活动还很强调和谐。第一,金融与农业的协调发展。《管子》较早意识到了"金与粟争贵"的危险,认为"时货不遂,金玉虽多,为之贫困。"(《管子·八观》)意思是需要"务天时"的农产品,如以谷物为主的桑麻和六畜等,如果不足,即使再多的金银,也是贫困。因此,作者主张不能把货币看得比农业还重要,必须务本。汉初著名的货币名目论者晁错也"劝农力本",主张"贵五谷而贱金玉"(《论贵粟疏》)。不仅如此,统治者还利用货币信用手段支持农业的发展,如禁止私铸,防止百姓弃农铸钱;推行官营借贷,向农民提供低利率贷款,以保障农业稳定发展,如宋代的"青苗钱"就曾发挥过这种作用。第二,金融发展与生态保护协调。也许是受天人合一思维方式的影响,中国古代先贤们从大量采铜铸币的活动中,意识到了对环境的破坏,并主张通过禁止私铸而限制对铜等金属币材的过度开采,或者干脆废除金属货币。西汉末年贡禹提出"罢钱币"主张,其原因之一在于铸钱开山,"凿地数百丈,销阴气之精",使得"地藏空虚,不能含气出云";同时"斩伐林木亡有时禁",造成严重的水旱灾害。② 贡禹以阴阳五行说解释水旱灾害,并主张"罢钱币",虽有些勉强和迂腐,但他把采铜铸币与生态平衡结合起来,从生态保护角度看待金融活动则不乏独特性和深刻性。第三,它强调金融活动参与者的身心和谐。受重义轻利的主流价值观影响,中国古代金融活动所重视的"利"并不是个人的利益,而是国家的整体利益。因此,就从事金融活动的个人而言,求利目的不具有至上

---

① 陈伟中:"道家三宝与平民理财文化",《理财者》,2004 年第 3 期。
② 转引自姚遂:《中国金融思想史》,中国金融出版社 1994 年版,第 60 页。

意义,他们不愿意被"利"所累,使自己的身心长期处于失衡状态,而是主张以平常的心态平和处之。道家有"三宝":"一曰慈,二曰俭,三曰不敢为天下先"(《老子》第 67 章)。所谓"慈",就是"圣人常无心,以百姓心为心"(《老子》第 49 章)的豁达心态,以这种心态理财就不是总把他人作为工具,而陷入尔虞我诈中,而是把他人也作为利益的分享者,从而使自己的心归于平静。所谓"俭",就是"知足"、"知止",不贪财;"去甚、去奢、去泰",不为某种预设的价值而胡乱投资和消费,而是要让自己的心归于自然,身心平和协调才是金融的最高法则。

中国传统金融伦理思想和观点是时代的产物,整体上服务于自给自足的自然经济和封建专制统治,但作为"文化资源"的一部分,其关注民生、维护社会稳定、完善人性的金融伦理视角,其诚信为本、智勇并重、和谐发展的金融伦理规范,对现代金融实践仍有积极的借鉴价值。

二、马克思主义经典作家对金融的伦理批判

正如恩格斯所说:"经济学所研究的不是物,而是人和人之间的关系"①,马克思主义经典作家关于货币、信用及资本的分析,不是纯粹经济学的框架,而是从主体向度对人和人之间的社会关系,尤其是对资本主义的生产关系进行价值批判和解读,其中蕴涵着丰富而深刻的伦理思想。

1. 对货币的伦理批判

货币是商品经济发展的产物,是商品交换中固定充当一般等价物的特殊商品。马克思主义经典作家立足于货币的社会关系本质,不仅一般地揭示了货币对人性、人的自由、人的平等等方面所发挥的积极作用,而且还从资本主义生产关系的内在矛盾视角,具体地分析了货币掩盖下的劳资之间的剥削关系,以及货币拜物教对人性的扭曲。

马克思主义经典作家对货币的伦理价值进行了一般性分析。首

① 《马克思恩格斯选集》,第 2 卷,人民出版社 1995 年版,第 44 页。

先,货币部分地解放了人性。马克思指出,货币"不是东西,而是一种社会关系",①人和人之间的社会联系也通过交换价值表现为单纯的物的联系。在马克思看来,"这种物的联系比单个人之间没有联系要好,或者比只有以自然血缘关系和统治从属关系为基础的地方性联系要好。"②因为在人的依赖性社会中,人与人的交往是简单而有限的,人作为个体的生存意志被弱化,甚至消解。相反,在物的依赖性社会中,"由于生产活动空间的扩大,人与人之间的交往形式和内容都有了大大的拓展,在这种形态下,形成了普遍的社会物质交换,全面的关系,多方面的需求以及全面的能力体系。"③也就是说,货币所"物化"的社会联系使人摆脱了人对人的依赖,个人的生存意志和价值在以货币为媒介的交换活动中得到了确认和张扬。其次,货币强化了平等观念。马克思认为货币是天生的平等主义者,它作为价值尺度,把一切东西的价值都通约为一定数量的货币,彼此没有质的区别,都可以在理性算计的基础上进行等价交换。同时,货币作为一般等价物,具有购买一切东西和占有一切对象的特性,谁衣袋里拥有货币,谁就拥有支配别人的权力,因为"他在口袋里装着自己的社会权力和自己同社会的联系。"④货币的这种特殊功能使任何"神圣"的东西都去神秘化了,所以马克思说:"资产阶级抹去了一切向来受崇敬和令人敬畏的职业的神圣光环。它把医生、律师、教士、诗人和学者变成了它出钱招雇的雇佣劳动者。"⑤正因为货币化的生活世界消解了一切质的差别,传统社会中附魅于等级社会的价值观念被置换了,一种追求生活意义平等化的理念就由此产生并不断地被强化,正如马克思所指出的:"流通中发展起来的交换价值过程,不但尊重自由和平等,而且自由和平等是它的产

① 《马克思恩格斯全集》,第4卷,人民出版社1958年版,第119页。
② 《马克思恩格斯全集》,第30卷,人民出版社1995年版,第111页。
③ 张雄:"货币幻象,马克思的历史哲学解读",《中国经济哲学评论》,2004年货币哲学专辑。
④ 《马克思恩格斯全集》,第30卷,人民出版社1995年版,第106页。
⑤ 《马克思恩格斯选集》,第1卷,人民出版社1995年版,第275页。

物。"最后，货币还带来了自由观念。马克思认为，货币对历史的促进作用在于加速了自由工人的形成。这些工人虽然丧失了一切财产和生存的客观条件，成为了劳动力商品，但是，"在货币关系中，在发达的交换制度中（而这种表面现象使民主主义受到迷惑），人的依赖纽带、血统差别、教养差别等事实上都被打破了，被粉碎了（一切人的纽带至少都表现为**人的关系**）；各个人**看起来似乎**独立地（这种独立一般只不过是错觉，确切地说，可叫做——在彼此关系冷漠的意义上——彼此漠不关心）自由地互相接触并在自由中互相交换。"①与奴隶不同，自由工人是独立的流通中心和交换主体，对他们的占有只能通过货币同自由劳动相交换的方法进行，而不能像古代那样，"用暴力手段把人民集合起来去从事强制的建筑和强制的公共工程"②。因此，货币不仅分离出自由工人，而且将自由观念植根于他们，使他们成为自觉自主的独立主体，在不同的雇主和雇佣方式之间进行着选择，以便更好地实现劳动力价值。

另一方面，马克思对资本主义生产关系中的货币进行了伦理批判，揭示了货币掩盖下的劳资之间的剥削关系。应当承认，马克思在生产过程之外对货币的认识是有限的，他不能区分作为资本的货币与作为流通手段的货币，因而将劳资矛盾归因于不平等的分配。但是，当他深入到资本主义的实际生产过程时，他发现了货币只有同雇佣劳动制度结合才能增值的秘密。他曾在"伦敦笔记"中写道："只有劳动可以自由交换货币，也就是说，只有同雇佣劳动制度联系在一起，货币制度本身才是纯粹的。"③之所以这样，是因为在雇佣劳动关系中，资本家和工人之间的交换实际上是不等价交换，存在着剥削。一是资本家支付的是劳动力商品的价值，而享用的是劳动所创造的更大的价值；二是资本

① 《马克思恩格斯全集》，第30卷，人民出版社1995年版，第113页。
② 同上书，第526页。
③ 转引自唐正东："基于经济学视角的现代性批判及其哲学意义——以马克思'伦敦笔记'为例"，《哲学研究》，2006年第12期，《马列主义研究资料》1984年第5期，第27页。

家支付的是单个劳动力价值,而享用的是分工协作带来的更大价值。在这里,马克思所理解的货币,已经不是单纯的流通手段了,而是资本家实现价值增值的工具。或者说,它是资本主义生产关系发生和发展的必然结果。因此,马克思认为,在资本主义生产关系中,当货币转化为资本后,就意味着资本家对工人的剥削。其次,揭示了货币拜物教对人性的扭曲。在资本主义社会普遍存在的价值交换中,马克思发现,由于货币作为一般等价物,具有自由交换整个对象世界的特权,一切事物的质都被混淆了、替换了,货币本身也成为"一切事物的普遍的混淆和替换,从而是颠倒的世界,是一切自然的品质和人的品质的混淆和替换。"①这种混淆和替代就是指货币不是符号,而是真实的存在,是实实在在的实体,而外部感性事物反而变成了幻象。不仅如此,马克思还进一步揭示了货币被主体化的过程实质,即虽然人的抽象劳动创造了商品的价值,并使之成为交换价值而具有货币的属性,但是,一旦商品具有货币的属性,就意味着在它之外有一个第一性的货币主体。它是一切事物的普遍的、独立自在的价值,它剥夺了人和自然界固有的价值,甚至成为统治人类的异己力量。于是,人们把它当成万能之物和真正的创造力,甚至将其神灵化,而货币在商品世界的神化又导致人的物化和异化。马克思在《资本论》中深刻地指出,当货币从一般商品中分离出与人相对立并变成一种社会力量时,原有的社会关系就作为有形的存在即"物"与人相对立,这样,人与人的社会关系就变成了赤裸裸的物与物的交换关系。同时,由于货币从手段变成了目的,人自身也就变成了被货币支配的对象,并最终异化为一定数量的货币。

2. 对信用的伦理批判

马克思批判资本主义信用是资本家对雇佣工人的剥削关系。与"银行理论"派仅仅把信用货币看作能生息的货币形式不同,马克思认识到,信用货币之所以能实现自身,其根本原因在于现实的资本主义雇

---

① 《马克思恩格斯全集》,第 3 卷,人民出版社 1995 年版,第 364 页。

佣劳动制度。① 这意味着资本主义信用反映了资本家与雇佣工人之间的剥削关系，而且这种剥削关系随着信用的发展将进一步扩大和加深。马克思在他的利息理论中说，生息资本具有拜物教性质，它把利息看作物的产物，而不是社会关系的产物。事实上，虽然货币资本家只是因为把自己的货币所有权在一定期间让渡给职能资本家而获得了利息，但是，利息的真正来源是剩余价值。正如马克思在《资本论》中引证沙·科凯兰的话所说："在任何一个国家，多数信用交易都是在产业关系本身范围内形成的。"②职能资本家之所以愿意支付利息给货币资本家，就在于他可以用这些货币投入生产过程，通过工人的劳动创造出剩余价值。所以，利息是职能资本家让渡给货币资本家的一部分剩余价值而已，信用货币的增殖实际上是货币资本家和职能资本家共同剥削雇佣工人的结果。所以马克思指出："信用为单个资本家或被当作资本家的人，提供在一定界限内绝对支配他人的资本，他人的财产，从而他人的劳动的权利。对社会资本而不是对自己的资本的支配权，使他取得了对社会劳动的支配权。"③马克思还通过对资本主义信用的历史考察，揭示"全部信用制度，以及与之相联系的交易过度、投机过度等等，就是建立在扩大和超越流通和交换领域的界限的必然性上的。"④它的目的是为缓和资本主义内部消费不足和生产过剩矛盾。如职能资本家之间以赊账方式买卖商品所提供的商业信用，是为了让商品及时买卖，加快产业资本周转而获得更多的剩余价值；而银行信用则把商人、产业资本家以及居民的所有闲置资本都调动起来，使它们成为生产剩余价值的价值，甚至，银行还用创造信用货币的方法，突破自己实际的资本额来扩大信用，从而能够分享更多的剩余价值；至于各种虚拟资本的出现，资本所有权和使用权的进一步分离，则表示资本主义社会中食利阶

----

① 唐正东："基于经济学视角的现代性批判及其哲学意义——以马克思'伦敦笔记'为例"，《哲学研究》，2006 年第 12 期。

② 《马克思恩格斯全集》，第 46 卷，人民出版社 2003 年版，第 452 页。

③ 同上书，第 497—498 页。

④ 《马克思恩格斯全集》，第 30 卷，人民出版社 1995 年版，第 397 页。

层的扩大,从而标志资本主义制度寄生性的加深。正是因为这种剥削的加深,马克思对资本主义信用制度作出了这样的评价:"信用制度固有的二重性质是:一方面,把资本主义生产力的动力——用剥削他人劳动的办法来发财致富——发展成为最纯粹最巨大的赌博欺诈制度,并且使剥削社会财富的少数人的人数越来越减少;另一方面,造成转到一种新生产关系的过渡形式。"①

恩格斯批判资本主义信用是资本家之间的剥削关系。他指出:"交易所并不是资产者剥削工人的机构,而是他们自己相互剥削的机构;在交易所里转手的剩余价值,是已经存在的剩余价值,是过去剥削工人的产物,只有在这种剥削完成后,剩余价值才能为交易所里的尔虞我诈效劳。"②这就是说,剩余价值一旦产生,在资本家之间就存在着相互瓜分的矛盾。因此,证券交易所里的证券交易,实际上就是争夺剩余价值索取权的交易,投机者为了获得更多剩余价值,总不免以投机和欺诈手段剥削对方。

3. 对资本的伦理批判

马克思的资本概念是生产要素和社会关系的统一,生产要素只有在一定社会关系中才表现为资本,而一定生产关系中的资本也赋予各种生产要素以特有的社会关系性质。正是从这一视角,马克思既揭示了资本主义生产关系中资本的文明化趋势,又分析了其内在限制以及资本超越限制而导致的文明暴行。

在资本主义生产方式下,资本的绝对规律就是生产剩余价值或赚钱,它内在要求摆脱"自然力"的限制,要求资本调动科学和自然界的一切力量,调动社会结合和社会交往的力量,以便使财富的创造不取决于耗费在这种创造的劳动时间上。因此,马克思在《1857—1858年经济学手稿》中指出:"在资本的简单概念中必然自在地包含着资本的文明化趋势"。这里的文明化趋势具体表现如下:从人和自然的关系看,

① 《马克思恩格斯全集》,第46卷,人民出版社2003年版,第500页。
② 《马克思恩格斯全集》,第39卷,人民出版社1974年版,第13—14页。

人类从"对自然的崇拜"转向普遍占有自然。作为资本的自然界要实现价值增殖,必然不能满足于现有利用程度,而要"探索整个自然界,以便发现物的新的有用属性";要"采用新的方式(人工的)加工自然物,以便赋予它们新的使用价值"①。这样,自然界不再是自为的力量,而是人类改造和普遍占有的对象。"资产阶级在它的不到一百年的阶级统治中所创造的生产力,比过去一切世代创造的全部生产力还要多,还要大。"②正是人类普遍占有自然的生动体现。从人与人的关系看,人类从"地方性发展"转向对"社会联系本身的普遍占有"。按照马克思的分析,"只要把工人置于一定的条件下,劳动的社会生产力就无须支付报酬而发挥出来,而资本正是把工人置于这样的条件之下的。因为劳动的社会生产力不费资本分文"③(可变资本仅仅用于支付单个劳动力价值),却间接创造剩余价值的"自然力",它极大地刺激资本家创造出一个合理的分工和协作体系,以实现对劳动者联系的普遍占有。同时,马克思还指出,资本为了实现价值的无限增殖,还要克服狭隘地域性和民族偏见的限制,开拓世界市场,使一切国家的生产和消费都成为世界性的,这样,资本就"把一切民族甚至最野蛮的民族都卷进文明中来了"。④ 从人自身的发展看,人类由"片面化"走向"全面性"。马克思认为,为解决生产无限扩大而消费相对不足,从而制约资本价值增殖的矛盾,资本要发现、创造和满足由社会本身产生的新的需要,要创造一个可以"普遍利用"的"人的属性"。为此,资本要"培养社会的人的一切属性,并且把他作为具有尽可能丰富的属性和联系的人,因而具有尽可能广泛需要的人生产出来,把他作为尽可能完整和全面的社会产品生产出来。"⑤这样,人就克服了自然局限性、人身依附性,人际交往的封闭性,成为了具有丰富属性和多方面享受能力的人,具有高度文

① 《马克思恩格斯全集》,第30卷,人民出版社1995年版,第389—390页。
② 《马克思恩格斯选集》,第1卷,人民出版社1995年版,第277页。
③ 《马克思恩格斯全集》,第44卷,人民出版社2001年版,第387页。
④ 《马克思恩格斯选集》,第1卷,人民出版社1995年版,第276页。
⑤ 《马克思恩格斯全集》,第30卷,人民出版社1995年版,第389页。

明的人。

　　但是,马克思发现,由资本简单概念规定的上述文明化趋势,只是观念上的,而非实际上完成的。在资本主义生产关系中,资本的生产是一个不断产生和克服,甚至忘记和不顾"限制"的矛盾运动过程,这一过程在资本的文明化趋势下掩盖着资本的野蛮性。首先,造成人类过度劳动的文明暴行。在马克思看来,资本家是人格化的资本,"他的动机就不是使用价值和享受,而是交换价值及其价值增殖,也因此,他将狂热地追求价值增殖,肆无忌惮地迫使人类为生产而生产。"①所以,马克思认为,只要直接劳动是首要利益的来源,那么,资本将不仅突破工作日的道德界限,而且要突破工作日的纯粹身体的界限,即资本必然导致"过度劳动的文明暴行"。其次,导致工人的贫困化。马克思指出,"必要劳动是活劳动能力的交换价值的界限"②,即劳动力商品的交换价值是由必要劳动决定的,因此,随着生产力水平的提高,生产和再生产劳动力所需的生活资料的社会必要劳动时间减少,因而其价值减少,工人的交换价值也相应减少。然而,在资本主义生产关系中,资本具有攫取剩余价值的无穷欲望,它不仅不会让工人共享劳动成果,反而忘记这一界限,继续通过提高技术水平来减少必要劳动,从而降低交换价值。这样,工人越是劳动,就越陷入贫困。如果出现机器排挤人,人口相对过剩,工人将陷入更加贫困的境地。再次,导致人的异化。马克思指出,异化劳动不是工人本质的体现,因此,"他在自己的劳动中不是肯定自己,而是否定自己,不是感到幸福,而是感到不幸,不是自由地发挥自己的体力和智力,而是使自己的肉体受折磨、精神受摧残。"③而且,即使是在相互联系的分工协作体系中,工人也只不过是为资本家尽可能多地生产剩余价值,而由于分工,自己却成为流水线上的机器,终身机械地重复着局部职能,日益成为一个片面化的人。最后,导致人际

---

　　① 陆晓禾:"经济伦理学与马克思的资本理论",《毛泽东邓小平理论研究》,2007年第10期。

　　② 《马克思恩格斯全集》,第30卷,人民出版社1995年版,第397页。

　　③ 《马克思恩格斯选集》,第1卷,人民出版社1995年版,第43页。

关系的异化。一是资本家和工人关系的异化。马克思认为,工人之所以感到劳动是一种痛苦,劳动产品是一种异己的力量,原因就在于资本家是一种异己的统治者。他作为人格化的资本,拥有对劳动及其产品的支配权。因此,他强迫和压制工人劳动,并因为从中可以获得更多的剩余价值而感到一种享受和快乐;他拥有所有劳动产品,而工人劳动越多,所获越少。二是工人之间关系的异化。工人作为同一资本家所指挥的劳动者,他们之间的关系应该是分工协作的平等关系,但是,正是由于每个工人都长期固定从事分工协作体系中的某一局部职能,而"在工人自己中间造成了等级的划分。"①

列宁着重分析了垄断阶段金融资本和金融寡头的统治。他指出,银行业发展的最新成就还是垄断,而银行垄断的结果是"一方面是银行资本和工业资本日益融合起来,或者用尼·伊·布哈林的很中肯的说法,日益混合生长了;另一方面是银行发展成为具有真正'万能的性质'的机构。"②这就意味着不仅银行可以凭借资本优势控制工商企业,对它"发号施令",因而银行与企业之间存在着地位的不平等性;而且金融寡头掌握着由银行资本和工业资本融合而成的金融资本后,将成为更加普遍的社会统治力量。它通过"参与制"对股份公司实施操纵,"不仅使垄断者的势力大大地增加,而且还使他们可以不受惩罚地、为所欲为地干一些见不得人的龌龊勾当,可以盘剥公众。"③它还通过"个人联合"方式与"权力"勾结,牟取高额垄断利润,然后,又不可避免地渗透到社会生活的各个方面去,成为与企业家和其他一切直接参与运用资本的人相分离的食利者。

2008年世界金融危机爆发之后,马克思的《资本论》畅销西方国家,这是一个令人深思但并不奇怪的现象。因为我们这个时代并没有走出马克思,马克思的幽灵还在,马克思主义经典作家所揭示的资本主

① 《马克思恩格斯全集》,第44卷,人民出版社2001年版,第417页。
② 《列宁选集》,第2卷,人民出版社1975年版,第765页。
③ 同上书,第771页。

义货币、信用和资本背后的剥削关系及其对人性的扭曲、对资本主义生产关系内在矛盾的激发等等,正是当今资本主义还在遭遇的现实。人们对《资本论》的热情,所传递的信号也许正是对资本背后的社会关系的一种伦理反思。

三、西方传统金融的伦理理念

在西方思想史上,早期的亚里士多德在《尼各马科伦理学》中就提出了他的金融道德观。他在自然经济基础上,对高利贷给予了批判,认为高利贷违背了物的自然属性,是一种恶。阿马蒂亚·森对此评论说:"亚里士多德关注金融中的剥削问题,认为无情地追逐所带来的邪恶影响是产生垄断和不平等。……人们应当考虑在处理可接受的商业和金融行为时进行行为限制的需要"[1]。《古兰经》也从宗教伦理角度禁止高利贷,甚至禁止伊斯兰银行收取利息,认为借钱给企业或个人,如果收取利息,而一旦对方亏损,就会加重其负债,因此,这是不合理的剥削现象,只有借贷双方风险共担,利益共享才是合理的;伊斯兰银行反对高利贷,还因为这会造成富者更富,穷者更穷的不平等现象;还会使一些人不劳而获,成为坐享其利的人。直到今天,世界各地伊斯兰银行仍然坚持不收利息,并在近二三十年,每年以 10%—15% 的速度快速发展。

亚当·斯密在《国富论》中关注了资本的生产性问题,认为过高的利率会使国家的极大一部分资本落到最可能浪费和毁灭他们的投机者手里,进行利率的合法限制是必要的。约翰·穆勒从功利主义价值观出发,认为只要投机者使用的是自己的钱,投机对稳定现实经济发挥了重要作用,投机者整体的利益与公众的利益是一致的,因而投机是道德的。比较而言,马歇尔对投机的道德观更为中性,他肯定了专业金融投机经济代理人是社会中提供重要金融服务的一个有益的部门,但又关注到投机对现实经济和社会总体的危险。事实上,受金融在社会、经济

---

① Sen, Amartya, 1993. Money and Value: On the Ethics and Economics of Finance. Economics and Philosophy 9: 203 – 227.

活动中的作用限制,西方早期思想史中的金融道德观是零散的,关注的焦点是利息和金融投机的道德问题。

第三节　金融伦理界说与结构

一、金融伦理界说

1. 伦理与金融伦理

"伦"和"理"本来是两个词语。我国古代典籍《礼记·乐记》把"伦"和"理"连用:"乐者,通伦理者也。"之后,"伦理"一词被广泛使用。东汉时期的学者郑玄认为"伦,犹类也;理,犹分也。"(《礼记·乐记》郑玄注)。许慎在《说文解字》中的解释是:"伦,从人,辈也,明道也;理,从玉,治玉也。"从我国辞源含义来看,"伦"是辈、类的意思,指一种人伦关系;"理"是条理、道理的意思,指关系之理。所以,伦理的第一层意思应是治理和调节一定社会关系中的个人、群体和组织(集体)关系的原则和规范。但是,在一个社会中可以对人际关系进行调节的原则和规范并不都是伦理,法律、命令、章程、守则等也有类似功能,这就说明伦理还有第二层意思,即它必须是被关系之中的人自觉、认同和遵循的,是具有道德意义的原则和规范。伦理的要义就是要确定对人类行为进行调整和控制所依据的道德规则和规范,确定值得追求的价值理念和值得培养的性格特征,其价值指向在于创造和维护社会系统的合理秩序。

金融伦理是治理和调节金融系统内部的利益关系以及金融资源和风险分配与经济、社会、人的自由发展之间关系的道德原则和规范。金融伦理所求解的问题是,对内生于社会经济系统又对社会经济发展起着先导作用的现代金融体系确定价值理念、道德准则和道德规范,其目的是揭去金融表面的技术工具面纱,揭示不确定性条件下金融体系的内外关系,构建金融自身、金融与社会之间更为合理、更为有利于人的全面发展的金融新秩序。

2. 金融伦理与金融道德

在日常生活交往中,我们往往把"伦理"和"道德"两个概念混同使用,而且能明白所指是什么。但是,在本书所设计的金融伦理框架中,伦理和道德是既相区别又相连接的两个阶段。东汉的刘熙在《释文》中对"德"的解释是:"德者,得也,得事宜也。"许慎在《说文解字》中更明确地说:"德,外得于人,内得于己也。"这也就是说,"德"表示在认识和实行了"道"之后有所得,对自己而言,能慎思、明辨和变通,善于把人伦之理和人际之道变成实际行动、品德和人格;对社会而言,能将个体之德普遍化,形成良好的道德风尚。相对于伦理,道德更突出其主观上的内化。但是,本质上,伦理和道德是一而二,二而一的关系,伦理离不开道德,道德也离不开伦理。黑格尔在《法哲学原理》中把"伦理"界定为"自由的理念"①,在他看来,"伦理"既不是康德式的单纯主体的自律和主观的应该,也不是纯粹外在的强加,而是"主观的环节和客观的环节的统一"。因此,一方面,伦理作为调节人伦关系的价值原则和规范,是不依赖任何个人意见和偏好的客观存在;另一方面,伦理的客观必然性又需要主体自主的把握,也就是要诉诸主体自由意志和责任的内在良心,即个体的德性;还需要将这种个体德性普遍化,使之成为社会风俗习惯和风尚。

由伦理与道德的这种关系,我们可以合乎逻辑地推导金融伦理与金融道德的辩证关系。如果金融伦理是基于金融体系内部以及金融与社会之间客观存在的伦理关系而确立的一套调控原则和规范的话,那么,金融道德就是这套原则和规范的实际内化,即金融个体自觉认同和遵循有关金融制度、金融市场和金融机构的原则和规范,获得完美德性;整个金融领域甚至社会因此建立起正当的和合理的伦理秩序。

因此,我们尝试着这样定义金融伦理,它是依靠社会舆论、人们内心信念和风俗习惯协调和控制金融体系内部各利益主体之间以及金融与社会之间的伦理关系的原则和规范。它包含以下意思:第一,它是一套原则和规范。指明金融制度设计、金融市场运行、金融机构治理应当遵循什么原则,金融个体什么应当作、什么不该作。第二,它是一套客

① [德]黑格尔:《法哲学原理》,商务印书馆1961年版,第164页。

观和主观统一的原则和规范。所谓客观,是指这套原则根源于金融体系内外部实际存在的关系,如金融制度所涉及的权利义务主体、金融市场的交易主体、金融机构的股东以及利益相关者、金融从业人员之间的关系,而不是想当然地从外部植入。所谓主观,是指这套原则应该是渗透着主体精神和主体意志的自觉建构,而不是纯粹的经验事实的罗列;而且它必须内化为主体的德性和社会的风尚。第三,它是一种非强制性的调节手段,虽然金融制度具有一定强制性,但其作用的大小最终取决于制度本身所蕴含的道德合理性,以及个体和整个社会对它的认同程度。第四,它的价值指向是形成合理的金融伦理秩序。

由此看来,金融伦理是在不确定性环境下金融关系与伦理关系融合而形成的一种伦理形态,是金融交易系统中的价值观体系、伦理标准和道德规范。现代市场经济体系的金融化以及金融交易的技术性、跨期性和高风险性,使这种源于社会信用的金融体系最直接地要求市场经济规则与人类道德法则达到完全融合;这种融合是市场经济社会最典型的物质象征(资源和风险分配)和人类文明的道德法则(文明精神)的有机统一体,或者说是"最物质的"与"最精神的"东西的统一体。从这个意义来说,金融伦理作为解决金融这个特定领域具体利益冲突问题的伦理准则和道德规范,是社会伦理体系中一种特殊的伦理形态。

二、金融伦理结构

作为调节和控制金融伦理关系的一种价值观念、原则和规范,金融伦理内生于金融形成和发展的实践过程,但又不能局限于金融本身;因为金融系统在社会经济系统中起着先导性的作用,金融资产价值的跨期性、风险性、复杂性决定了市场经济社会中金融领域的利益冲突比任何其他领域的利益冲突更加激烈,金融伦理在整个社会伦理体系中处于十分突出的地位。所以,我们必须把金融伦理嵌入整个社会伦理体系中,以社会大系统作为结构设计的宽阔背景。由此,金融伦理应包含以下几个层次:

1. 金融制度伦理

金融制度伦理是协调和控制金融制度设计、运行、评价活动中伦理关系的原则和规范,它涉及三个问题,第一,金融制度本身的伦理问题。制度说到底,是一种权利义务的安排。在一定的金融制度之下,制度关系人之间会形成一定的伦理关系,这种关系有正当与否的区分,需要依据一定的原则和规范,对这种关系的正当性进行反思和审视,并对不合理的部分作出及时调整。如西方自由市场制度造成了虚拟经济与实体经济的严重脱节,所引发的市场泡沫和危机使一部分家庭财产迅速缩水,也使贫富悬殊进一步拉大。以正义原则看,这种金融制度就存在不合理性,需要给予矫正。第二,金融制度之中的伦理问题。制度的运行总是体现出一定的伦理标准,并通过一定的伦理规范来维持,金融制度的替代和调整还要接受相应的道德评价,制度之中的这些问题又都离不开人的作用,这里就存在着什么当作,什么不该作的问题。如金融监管者的监管行为究竟应该从公共利益出发,还是被少数既得利益者俘获,这都需要根据一定的金融制度伦理加以规范和反思。第三,金融制度背后的伦理问题。金融制度总是在一定政治、经济和文化背景下形成的,而且它的运行又会对既有的政治、经济和文化产生影响,因而,金融制度从设计到运行都不是孤立的,其中涉及的伦理问题就是金融制度是否与这些因素构成一种和谐的关系,是否能促进整个社会伦理秩序的形成。

2. 金融市场伦理

金融市场伦理是协调和控制金融市场交易活动中伦理关系的原则和规范。金融市场既是人们进行金融交易的有形场所,如证券交易所、银行等,也是各种契约关系交织而成的无形网络,如投资者、金融机构、上市公司、政府、其他利益相关者等市场参与者彼此之间存在着各种利益关系,而且不同的利益在不同的关系中经常会发生冲突,这就不仅需要有金融制度伦理对这些利益关系加以协调,还需要有具体的市场运行规则进一步落实制度伦理,这样,金融活动就必须有某些特定的伦理原则和期望的伦理行为作为其行动的前提。[①] 就金融市场来说,交易

---

① [美]博特赖特:《金融伦理学》,静也译,北京大学出版社 2002 年版,第 5 页。

的目的不是你赢我输,而是如何实现双赢,它是一种零和游戏,因此,金融市场伦理的首要原则是公平。除此之外,还要明确委托人与代理人之间的义务和责任关系,更重要的是要考虑金融交易行为的社会影响。

3. 金融机构伦理

金融机构伦理是协调和控制金融机构治理中伦理关系的原则和规范。金融机构是金融市场主体的核心,它扮演多重角色,如商业银行,既可以是企业的投资者,自身作为上市公司也可以是融资者,还可以成为提供金融服务的中介者,有时国有商业银行还是政府的"出纳"。角色意味着相应的责任和义务,而一般来说,角色的多重性又会成为利益冲突的诱因,这就产生了对伦理的需要。对金融机构而言,其行为只有通过有效的伦理激励、伦理控制和恰当的外部管制环境等公司治理结构,才能使金融机构行为合乎伦理要求。因而,金融机构的伦理需要主要针对公司治理。进一步,由于现代金融体系中金融机构是面向公众的企业,不仅与社会的关系日益密切,而且在社会中的地位和作用突出了它的社会责任,这就要求金融机构成为促进经济与道德和谐发展的"社会公民";金融机构公司治理的目标不仅仅是实现股东利益的最大化,而是要使其行为符合伦理标准,平衡组织的利益目标和社会目标以及个人目标和公共目标,尽可能使组织内部的个人、组织自身及社会之间的利益一致。只有通过治理伦理而完善起来的金融机构公司治理机制才是实现这一目标的理论和实践基础。

4. 金融个体道德

金融个体道德是协调和控制金融从业人员、个人投资者等个体行为的原则和规范。对个体而言,在这里之所以使用"道德"而非"伦理",主要是强调原则和规范的内在性,即已经被个体认同、确信和践行,成为了个体的"德心"、"德行"和"德品",而不仅仅是外在的"约束"。对金融从业人员来说,诚实守信是参与金融活动的基本行为准则,信托责任(Fiduciary Duties)作为诚信衍生出来的一个责任,是金融从业人员必须持守的职责。在实践中,投资者在确定是否把资金投资在某个金融工具之前,一个最重要的考虑因素是相关从业人员的素质及诚信。如果存在一批只有良好专业资格而缺乏诚信的投资经理人，金融体系就可能出现问题甚至崩溃，金融发展史上一些重大的危机事件往往源于职业道德的困境。金融职业道德作为金融伦理的一个基础性的实践部分，不仅要固化在金融机构及其规则中，而且要解决从业者在职业行为中面对重大利益冲突的伦理选择问题，并通过有效工具增强个人道德选择能力的认知开发，形成长期的道德自律机制。同样，个人投资者的投资行为也会引发伦理问题，如投资行为本身的合法性、投资可能产生的社会性后果等。投资如同消费，看似私人化行为，实则其正当性取决于社会。

结构是部分构成整体的方法，它不是要素的简单拼凑，而是遵循一定规律的有机组合。从金融制度伦理，经过金融市场伦理和金融机构伦理，最终到金融个体道德，其中有两种逻辑，一是金融自身的发展逻辑。一个金融体系总是先有一套宏观的金融制度，再依照此种制度设计出具体的运行机制，其中金融市场和金融机构是机制的两个重要载体，最后才会有金融个体的具体行为，所以，在此意义上，是制度造就了人，而不是相反。二是道德发展的逻辑。金融伦理秩序的基础有两个，一个是强制性的法律，另一个是非强制性的道德。但是，道德的约束是一个从他律向自律发展的过程，从金融制度伦理到金融个体道德的伦理结构正是这一规律的反映。

因此，在金融伦理结构中，金融制度伦理、金融市场伦理。金融机构伦理和金融个体道德是相互联系的有机整体，其中金融制度伦理是基础，金融市场伦理和金融机构伦理是承上启下的桥梁，金融个体道德是其他三种伦理的造诣。

第四节　金融伦理的特性与价值

一、金融伦理的特性

金融伦理所调节的是市场经济体系中利益冲突最激烈的金融活动和金融交易关系。作为特定领域的一种特殊伦理形态，金融伦理要运用伦理学的方法和目的探讨金融系统中具体的伦理道德问题,开发出调整金融活动利益关系与伦理标准的方法,提出适当的政策,以应用于具体的金融实践。因而金融伦理有它固有的规定性,并相对独立于经济伦理、一般社会伦理等伦理形态。

1. 道德责任的前瞻性

"责任"概念源于古罗马时期的政治生活,一方面指个体的行为因违反罗马法典而必须承受相应处罚,另一方面指个人必须清楚自己行为的可能后果并且为此要担负起道德上的义务;把"责任"概念跃升为当代伦理学中的一个关键性范畴,首先还得归功于马克斯·韦伯 1919 年在《作为职业的政治》演讲中首次提出"责任伦理"与"良知伦理"的区分①;在 20 世纪 70 年代末 80 年代初,汉斯·尤纳斯(Hans Jonas)、乔尔·费因伯格(Joel Feinberg)等以"责任"为核心建立了责任伦理学。与美德伦理和规范伦理把责任指向近距离的、可预见的实践活动不同,责任伦理把责任指向了未来的不确定性,即风险。尤纳斯针对人类对自然的无限索取、科技理性的急剧膨胀给人类社会将带来巨大风险,指出责任伦理的基本原则是:"绝对不可拿整个人类的存在去冒险。"②

责任伦理不仅是科技伦理,更是科技时代的伦理。随着金融与现代科学技术的全面融合,人类社会生活面临来自金融领域的各种风险。金融市场交易涉及广泛的金融资产管理和应用,除了货币借贷外,各种资产的交易和企业产权的分割、置换、重组、并购等都是典型的金融行为。这些金融行为均表现为对金融资产进行风险定价、组合和处置,因而在本质上"金融市场就是一种给予信誉的符号化风险交易机制。"③换句话说,信誉是维护金融风险交易机制的基础。在具体实践过程中,

① 甘绍平:《应用伦理学前沿问题研究》,江苏人民出版社 2002 年版,第 100 页。

② Hans Jonas. *The Imperative of Responsibility: In Search of an Ethics for the Technological Age.* Chicago: University of Chicago Press, 1984, p. 16.

③ 曾康霖、蒙宇:《核心竞争力与金融企业文化研究》,西南财经大学出版社 2004 年版,第 90 页。

信誉是以委托责任的形式出现的。按照 Kutchins 的定义,社会工作者与他们的客户之间的信托关系包括三个方面:"(1)因为客户需要对受托人有信任或者信心,所以受托人产生了特殊的责任;(2)由于这种关系的本质,受托人有特殊的能力来控制和影响客户;(3)因此,受托人必须以客户的最佳利益行事,不能利用客户来获取受托人自己的利益。"①针对金融行为的特征,博特赖特强调,"金融界的每个人,从财务分析师到市场监管者都有一定的委托责任。"②委托责任是金融活动中一项特殊的要求,"在决策判断上需要有一个防御性的价值标准"③。这里的防御性就是要确立受托关系中的职责、忠诚和信任的优先权。因为社会公众对受托人的期望是建立在一个预设的伦理假定中,即受托人将会以金融行为所要求的某种最高伦理标准的方式行动。

作为一种责任伦理,金融伦理是前瞻性的,不同于个人伦理或一个人作为一般社会角色的伦理责任,是风险实际发生之后的补救,而是从金融行为主体职业责任出发的一种预防性的责任伦理,包括金融制度设计、市场交易、产品开发、金融监管等各个层面的责任。在这个意义上,金融伦理主导性的价值指向是在金融实践中推进一种负责任的金融行为:其一,金融行为主体运用或超越职业标准,以一种有益于社会和公众的受托信任方式使用专业知识和操作技能;其二,金融行为主体要对其进行的金融活动可能产生的负面影响承担责任并及时纠正。因此,处于受托责任地位的金融行为主体,既要预测其行为可能具有的伦理后果,做出合理的伦理决策,以避免可能产生的更为严重的问题;又要能够有效地分析金融实践中的具体行为,并从伦理上判断何种行为是正当的,以便及时改正。

---

① [英]W·迈克尔·霍夫曼、卡姆、费雷德里克、佩利特:《会计与金融的道德问题》,徐泉译,上海人民出版社 2006 年版,第 8 页。

② [美]博特赖特:《金融伦理学》,静也译,北京大学出版社 2002 年版,第 3 页。

③ [英]安德里斯.R·普林多、比莫·普罗德安:《金融领域中的伦理冲突》,韦正翔译,中国社会科学出版社 2002 年版,第 9 页。

2. 调控机制的层次性

伦理作为人们对自我生存和发展的一种规范、设计和引导,其实质是把人们的内在管理扩展到人们对外部世界的管理。在金融领域,金融活动是金融关系与伦理关系的多层次交互体,它要求把具有层级特征的金融伦理规划嵌入金融管理的全过程。

外在调控机制。一种是以底线伦理所进行的调控。金融交易是一种高度市场化的交易,交易者从来都是在时间、风险和收益的均衡中寻求利益最大化。在个人利益的驱动下,签约人可能违背金融市场中交易的基本道德要求和伦理标准,引起金融交易成本的上升,甚至破坏金融的健康发展。因此,一切形式的金融交易都有最低限度的道德要求和伦理标准。这种要求基于金融契约的文明自利(enlightened self-interest)规范,主要特征是:(1)以尊重个人产权、尊重个人利益为核心,对金融交易的正常求利进行道德确认。(2)其调适的边界是社会和金融市场共同确认的诚实和信用;调适的手段包括一系列的社会性惩罚,如舆论谴责、行业的市场禁入、没收所得等,并且与法律机制的强制相配合,以法律直接支持伦理标准的实现。(3)由于"外在道德制裁的可能性取决于情景,"①其调适的效果要受到全社会道德水平的高低、金融法律制度的完善程度以及各级金融监管的效率等因素的影响。

另一种是以市场伦理标准所进行的调控。底线伦理标准的调适永不能满足金融发展对道德规范的要求,并且金融契约签约人的善性前提使之具有遵循高一层次伦理标准的内在驱动,这必然要求外在道德规范的提高。以市场伦理标准所进行的调控是一种以市场激励为核心的行业及金融机构层面的机制,其特点是:(1)它对不够法律制裁程度的行为进行约束。(2)金融契约人的道德规范都是基于市场对伦理行为的激励;通过市场手段使违背伦理的机构和个人付出巨大的代价。②

---

① Steven Shavell, "Law versus Morality as Regulators of Conduct, "forthcoming: *American Law and Economics Review*, http://lsr.nellco.org/Harvard/olin/papers/340.

② James A. Brickley, Clifford W. Smith Jr. Jerold L. Zimmerman, "Business ethics and organizational architecture", *Journal of Banking & Finance* 26(2002), pp.1821–1835.

（3）市场伦理标准调适的内容分金融行业伦理标准和金融组织内伦理标准，前者由行业伦理协会实施，其任务主要是制定科学的伦理调适程序、伦理规范标准细节、纪律原则及仲裁、惩罚条款；后者由组织内设置的职能部门负责，其任务是制定多数员工能接受并遵守的行为总体规则；根据行业标准和组织自身的特点确定本组织的内部标准及有关行业标准的具体细化措施；开展员工伦理培训与建立基于伦理的报酬体系。（4）市场伦理标准调适的效果受市场激励效率、行业规范程序的合理性和金融组织内伦理标准的执行情况等因素影响。

内在调控机制。这是一种旨在提高道德自主开发能力的调控机制。金融发展就是金融创新的过程，从早期的各种货币形式被创新出来并使用下去、早期的结算工具和交易工具的产生并逐步变得普及、早期的投资工具和金融机构的出现等到今天的金融体系繁荣，无一不是金融创新的结果。"就整个金融体系来看，它可以视为一个创新螺旋。"①金融创新带来了新的逐利机会，也带来了新的风险；任何一种金融创新都可能重新改变利益—风险的分配格局，并且金融创新是动态的，利益—风险从而使社会资源或财富不断地重新分配。可以说，金融发展作为一个螺旋式的金融创新过程，同时也是不断产生伦理冲突的过程。解决金融关系中多层次的伦理冲突无疑需要法律的约束，但"法律的制定与出台通常是对那些不道德行为的反应，因而那种鼓励金融从业人员恣意自行直到法律禁止他们这样做他们才停止的做法是不恰当的。……个人、机构和市场的自律不仅是实现道德行为的更为有效的方法，而且也是避免更多法律监管的明智策略。"②

行业规范作为解决金融行为主体面临伦理冲突的普遍做法，已经变得越来越详细和具体，既有针对金融机构如商业银行、保险公司、证券公司、基金公司等组织层面的伦理规范，也有针对会计师、律师、金融

① 罗伯特·默顿、兹维博迪："金融体系的设计——金融功能和制度结构的统一"，《比较》，第 17 集，中信出版社 2005 年版。
② ［美］博特赖特：《金融伦理学》，静也译，北京大学出版社 2002 年版，第 9 页。

分析师等个人方面的伦理规范。事实上,事先设计一套广泛而无所不包的独特伦理准则,并不能消除金融创新活动中的一切伦理问题。因为金融创新是动态的,创新活动中出现伦理冲突是随机的,某些突发事件如新金融产品运行可能存在的不良后果,交易系统的技术故障等等,需要行为主体做出正确的道德判断,而规范往往存在鼓励伦理决策和判断的机械推理,使道德判断演变为刻板的遵循规范而缺乏道德激励。"要在金融领域形成一种社会导向,那种旨在强化道德选择能力的个人认知开发比盲目坚持行业规范更为重要。无论规范制定得多么全面,都不能解决个人内心的冲突和两难困境。"①因此,金融伦理是一种自主伦理,不仅需要一系列的伦理标准作为职业规范,而且需要超越对规范的依赖;在金融实践中行为主体要通过道德认知的自我开发灵活地做出道德判断和决策。与社会一般伦理形态相比,金融伦理作为金融行为主体的道德自由空间,蕴涵着金融实践中有关正确行为的默认规范以及金融创新过程中创造性地解决伦理问题的自主开发能力。在金融行为主体的道德自由空间里,金融系统所赋予的自由规则能够得到充分的尊重和发挥,行为主体超越了利益或市场的驱动,他们不仅能充分理解既有伦理标准或有界线的道德合理性问题并以其指导自身行为,而且能够针对金融实践中的具体问题自主进行伦理规范的开发,并以自身行为修正有关伦理规则。

3. 价值标准的功利性

谋求人类福利和欲望的满足是功利主义的前提,它与金融经济学是相联系的。一方面,现代金融理论接受了功利主义这一经济学假设,这种假定指出金融交易者会寻求自我利益的最大化,金融资源配置的最优化要求实现"最大多数人获得最大利益";另一方面,成本—效益分析是金融活动决策的基本工具,如果效益大于成本,就是提高福利的,并被认为是"好"和"善"的。因而金融伦理作为一种调节利益—风

---

① [英]安德里斯.R·普林多、比莫·普罗德安:《金融领域中的伦理冲突》,韦正翔译,中国社会科学出版社 2002 年版,第 19 页。

险分配关系的道德规范,是一种功利道德。

从正面看,金融伦理的功利性反映在金融实践中,要求在维护金融系统的稳定和正常交易规则前提下,尊重和保护每个交易者以最小的风险、最短的时间获得最大收益来满足个人效用的最大化;同时,也需要每个参与人协调好内外利益关系,包括收益和风险的关系,金融机构和大众投资人的关系,监管者自身以及监管者与被监管者的关系,等等。金融行为主体通过自主地遵守金融伦理规则彰显其道德价值,降低金融市场交易成本,提高金融体系的效率。

从反面看,金融伦理的功利性表现在,它并不以履行绝对义务为衡量行为善恶的标准,而是以遵循有条件的等价交换原则为衡量是非善恶标准的,因此,所谓正当的、合理的金融伦理秩序并不是要以牺牲金融机构的利益而获取社会整体的利益,而是在正义原则下实现"双赢"。

二、金融伦理的价值

金融伦理作为协调金融主体利益关系的基本规范,其价值既直接表现在提高金融本身的效率上,又在更广意义上表现为通过伦理化的金融活动促进经济正义和社会和谐,并最终增强人的可行能力,实现人的全面而自由发展。

1. 金融伦理与金融效率

金融效率有狭义和广义之分。前者是生产意义和经济学意义上的,关注的焦点是金融资产种类、数量和结构的变化,金融产品价格的升降、收益率的高低以及金融交易总规模的大小和金融技术的扩散效应等。后者则还是分配意义和道德意义上的,关注的是获得充分道德证明支持的金融社会效率,包括经济正义、社会和谐、人的自由发展等。如果从广义上理解金融效率,则金融伦理的价值问题就变成了金融伦理对金融效率的作用一个问题。因此,这里所说的金融伦理的价值只针对狭义上的金融效率,即只针对金融本身。

第一,强化金融效率可持续的社会经济基础。金融资源配置从静态效率到动态效率的转化反映了现有效率的改进,但只是既定的社会和经济结构下的效率,它的持续性要受到经济和社会发展的约束。金融伦理则要求金融资源配置结构体现金融资源索取权的公平性和金融资源分配的均衡性,让每个参与市场交易的有能力的自然人和法人平等地获取社会的金融资源,并以自身的努力改变其他经济资源和经济优势的分配状况,从而使金融资源配置效率具备坚实的经济和社会基础,使金融效率的改进具有可持续性。相反,在一个受操纵的利益交换体系中,大银行的市场权力得到保护,一部分特定规模型企业和地区具有融资选择权,而另一些中小企业和落后地区融资权受到约束,融资难度大,融资成本高。这种违背公平原则的、不伦理的融资权约束,则忽视了金融的社会性质,弱化了金融发展所需的和谐的社会经济基础。随着这种结果的积累,金融资源配置将进一步制约经济和社会的协调发展,最终降低金融的整体效率。这就从反面进一步说明金融伦理对金融效率可持续的重要意义。

第二,降低金融契约的交易成本。金融缔约是金融活动的共同特征,投资者通过各种契约的交易对金融资产进行重新组合,对金融风险重新定价,以实现效率最大化。根据法玛"市场有效性理论",资本市场的效率取决于交易成本、信息的对称程度和投资者对信息的解释。就交易成本和信息对称而言,与其说是一个市场规则的公平性问题,不如说是一个市场主体的伦理道德问题。金融契约的交易以信用为基础,诚信是维护公平交易价格系统的主要伦理要素,如果交易失信或道德堕落,金融市场信息扭曲,被内幕人士操纵和利用,则有效市场所需要的对称信息受到严重损害,经济、金融系统将承担更大的交易信息成本。国外学者 Luigi Guiso 等研究表明,"在低道德水准地区,人们的融资范围狭小,而高道德水准地区的人们倾向于使用支票,持有股票等长期金融资产。"[1]高道德水准地区的人们倾向于使用支票,持有股票等长期金融资产,因为金融伦理至少可以从两个方面降低金融交易成本:一是基于社会组织中大多数成员相互认同的道德共识,可以避免彼

---

[1] Luigi Guiso, Sapienza, Zingales. "The role of social capital in financial development." *The American Economic Review,* June, 2004, pp. 526－556.

此不信任而产生的内耗成本;二是基于信用尤其是长期信用的交易,可以减少时间成本和材料成本。

第三,提升公司证券的内在价值。公司伦理行为是公司声誉资本的构成部分,一个忠诚对待股东和雇员、顾客、供应商、社区及其他利益相关者,重视社会问题管理,积极回应社会的公司,往往能赢得良好的公司声誉资本。这就像个体人力资本的价值部分地取决于他们的伦理行为一样。James A. Brickley 认为:"正因为公司伦理行为是公司声誉资本的一部分,它就会通过公司证券的价值反映出来。"①尽管从 20 世纪 70 年代开始,关于公司社会责任与财务业绩关系的实证研究并没有形成一致意见,但多数文献认为二者存在正相关关系②。这是因为在一个长期的竞争性市场中,公司证券的内在价值是投资者、经营者、顾客、社区等多方利益主体重复博弈的结果。一方面,迫于利益相关者压力,公司会采取伦理行为;另一方面,公司伦理行为也会从市场中得到相应的激励,如伦理投资就是公司关注环保和社会责任的市场激励,而伦理投资的存在就是投资者对公司证券内在价值的充分肯定和提升。

2. 金融伦理与经济正义

经济正义的本质规定性在于经济制度和体制、经济活动以及经济主体行为符合自由、平等、效率和秩序等正义原则。③ 金融伦理作为金融制度、金融市场、金融机构和个人行为的基本规范,不仅反映着金融自身发展的价值目标,同时也为实现经济正义提供价值保障。

金融伦理促进经济制度正义。在金融成为现代经济的核心,经济社会生活逐步金融化的社会中,金融制度安排是否公正合理,成为影响整个经济制度正义性的重要因素。一个具有道德合理性和伦理正当性的金融制度,往往要求无论贫富地区和人群、无论大小企业都平等地配置

---

① James A. Brickley, Clifford W. Smith Jr. Jerold L. Zimmerman. Business ethics and organizational architecture, *Journal of Banking & Finance* 26(2002), pp. 1821 – 1835.

② 沈洪涛、沈艺峰:《公司社会责任思想起源与演变》,上海人民出版社 2007 年版,第 112—115 页。

③ 何建华:《经济正义论》,上海人民出版社 2004 年版,第 47—51 页。

金融资源,平等地享有金融产品和服务,平等地进行风险管理。这种以坚持平等、拒斥排斥为价值取向的金融制度安排,不仅为弱势企业、地区和人群提供了平等享有金融资源的机会,更重要的是为他们叩开财富之门,改善生存状态提供了可能。而这正是经济制度正义的价值目标所在。

金融伦理支撑经济活动的正义性。在现代经济活动中,金融贯穿于生产、交换、分配和消费等环节,金融伦理作为协调和引导金融活动的基本规范,也随之渗透到经济活动的全过程,并直接影响经济活动的价值取向。金融伦理强调金融效率与金融正义的内在统一,积极开发有利于保护环境,有利于增加就业,有利于人类进步的金融产品,将金融资源引导到促进人与自然、人与社会和谐发展的生态领域、中小企业、农村贫困地区和弱势人群,从而促进生产正义。金融市场伦理则通过建立公平诚信的市场秩序和自由平等的市场准入与退出机制,为各经济主体的交换活动提供一个平整的游戏广场,支撑交换正义;金融制度和金融活动在分配上的伦理导向对实现经济活动的分配正义具有更加直接的影响,从分配手段看,它既可以运用市场原则发展商业性金融,实现原始分配的公正;也可以借助于平等原则发展政策性金融,矫正原始分配结果的实际不公正,使分配有利于最不利者。从分配内容看,既包括金融资源所代表的物质财富和经济利益的公正分配,又包括融资机会以及由此而产生的其他社会机会的平等分配。另外,金融伦理注重经济、社会和环境的协调发展,有利于引导适度消费和可持续消费,实现消费的代内正义和代际正义。

金融伦理促进经济主体的行为正义。道德品质是道德行为的内聚,是一种自觉自主的道德行为过程;道德行为又是道德品质的外显,从整体上表现为、也受制于一种稳定的道德品质。相应地,经济主体的行为正义与经济主体的品质正义密不可分。正是因为经济主体具有稳定持续的正义品质,才能做出正义判断和选择,并凭借意志的控制坚持正义的行为。但正义品质不是先天的禀赋,而是后天的习得。在正义品质的形成和发展机制中,道德规范体系起着指导和制约作用。在金融化社会中,金融领域作为经济主体主要的、也是最具有道德挑战性的活动空间,其伦理规范体系就成为影响经济主体正义品质形成和发展的重要因素,并最终引导经济主体的正义行为。主要表现在:制度层面和市场层面的金融伦理规范了金融的基本价值取向和交易规则,为经济主体提供关于正义的正确认知;上市公司内部治理层面的金融伦理是经济主体价值规范和目标的具体实践,使经济主体对正义具有深切的情感体验;个体职业道德层面的金融伦理因其道德要求的具体性和直接性,使经济主体经受着坚持正义的意志锻炼。正是有金融伦理规范体系的指导和制约,经济主体的正义品质才得以逐步形成和发展,并成为促进行为正义的内在力量。

3. 金融伦理与社会和谐

在社会转型期,经济体制深刻变革,社会结构深刻变动,利益格局深刻调整,思想观念深刻变化。这种空前的社会变革,给社会进步带来巨大活力,也必然引发这样那样的矛盾和冲突,社会和谐成为国家富强、民族振兴、人民幸福的重要保证,具有日益凸显的意义。在中国传统"和"文化中,"和"虽有太和、义和、中和、人和、协和、共和等各有侧重的丰富内涵,但基本含义有二:一指各得其所,各安其位的状态;二指积蓄和谐力量,创造生命和新事物的过程。无论是秩序良好的状态,还是实现这种状态的创造过程,社会和谐都必须面对各种利益关系,只有各种利益关系得到协调和平衡,社会才能和谐。随着金融向社会生活日益广泛的渗透,社会各种利益关系不仅集结于金融领域,而且在金融活动的影响下,变得更加复杂和不确定。这就为金融伦理发挥社会调节功能提供了更加广阔的舞台。如基于信用关系的诚信原则,不仅能规范金融市场主体的交易行为,从而和谐金融市场秩序,而且金融市场所培育的诚信文化作为整个社会伦理文化的一部分,其作用还可辐射全社会,促进整个社会的和谐。

金融伦理促进人与社会的和谐。金融交易虽然"应该是所有那些以有利可图地支配企业盈利机会的目的为取向的交易"①,但是,这种

---

① [德]马克斯·韦伯:《经济与社会》,林荣远译,商务印书馆2006年版,第188页。

交易的盈利取向并不排斥伦理取向,即以公平正义为主要目标的金融价值观。以这种价值观为指导的金融,重视金融生态环境建设,扶持弱势产业、弱势群体和弱势地区的发展,实现金融组织体系、金融资源配置、金融产品和服务等方面的公平和均衡发展,从而消除因金融资源的稀缺和垄断所引发的不同主体间的利益冲突和利益侵占,以及因金融资本的自然增值可能引起的贫富悬殊和社会冲突,促进社会和谐。同时,从公平正义出发的金融制度,通过平等地管理和化解风险,使人们的日常财富和住房、医疗、就业等生计问题更加有保障,可以减少社会不和谐因素。而且,金融伦理,尤其是金融交易主体的职业伦理和金融监管伦理,有利于形成良性的金融市场秩序,维护金融安全,进一步保障国家安全和社会稳定。

金融伦理促进人与自然的和谐。金融是分配经济资源、风险和财富的重要杠杆,金融伦理既要求实现这种分配的代内正义,又要求保障这种分配的代际正义。而后者常常表现为环境的可持续性,金融与环境协调和共生。它把环境友好视作金融效率,把环境风险纳入金融机构风险管理范围,把单纯对股东负责延伸到主动承担环境责任。为此,金融监管将突出环境标准,引导金融机构开展贷款、投资项目的环境评价,使信贷、资本市场投资流向环保产业或有利于环境可持续的企业和项目。环境风险的转移,环境金融产品的创新等无疑将极大地推进环境保护,促进人与自然的和谐。

金融伦理促进人的身心和谐。也许我们不会怀疑,金融市场俯仰可视的金钱诱惑极大地刺激着每个参与者的贪婪欲望,金融市场的高风险性和不确定性也严峻地考验着市场中人的心理承受能力。但金融伦理,作为一种公共理性,规约着个体行为,使之成为戴着脚链的舞者。戴着脚链,失去的只是放纵,不是自由,而获得的是对非理性情绪的恰当控制。无数事实表明,金融市场参与者的烦恼来自情绪的失控,而这种失控常常是背离伦理规范的结果。金融交易的公平原则和诚信原则,虽然限制了欺诈、投机、操纵、内幕交易的行为自由,但它避免了这些不伦理行为所引发的金融危机和社会危机,以及由此造成的对市场参与者的心理打击和心灵扭曲。金融伦理作为一种既定的规则,也代表着某种确定性,能尽可能地减少金融创新的风险性和不确定性,使各金融主体保持平静的心态,实现身心和谐。

4. 金融伦理与人类自由

自由作为价值标准,有广泛的信息基础。正如亚里士多德关于生活质量和亚当·斯密关于生活必需品的论述,阿马蒂亚·森也指出,"自由"是"实质的",它包括"免受困苦——诸如饥饿、营养不良、可避免的疾病、过早死亡之类——基本的可行能力,以及能够识字算数、享受政治参与等等的自由。"①在森看来,自由就是享受人们有理由珍视的那种生活的可行能力。但是,这种能力并不是简单的个人努力流量,而往往是社会制度安排的存量,诸如政治自由、经济条件、社会机会、透明性担保和防护性保障等都是重要的影响因素。正是在这些方面,金融伦理通过建构金融发展的综合性价值目标和规范体系,引导金融朝有利于普遍增强人的可行能力的方向发展,成为推进人类自由的精神动力。

金融伦理改善实质性自由的经济条件。人们拥有各种经济资源如劳动、知识、资本和工具,这些资源只有得到合理配置,才成为一种实际的、可以扩展自由的可行能力。而以公平为重要价值目标的金融伦理,借助于竞争性的市场机制,为经济资源的自由组合提供了最好机会。如优胜劣汰的竞争机制比垄断性市场更能激励金融机构创新金融产品和服务,使那些只有劳动力资源,而缺乏资本支持的人群获得融资机会,实现劳动与资本的最佳组合,保障劳动力价值最大化,从而相应地改善其经济条件,增强其功能性活动能力,成为一个更加自由的人。

金融伦理保障实质性自由的社会机会。社会机会是指在教育、就业、医疗保健等方面的社会安排,是个体享受更好生活的一种实质自由。社会机会是个体表达自己的价值偏好,自由参与公共讨论,影响社

---

① [印]阿马蒂亚·森:《以自由看待发展》,任赜、于真译,中国人民大学出版社2002年版,第30页。

会选择的起码条件。金融伦理对社会机会从而对自由的意义在于,它保障了人们享有平等获得金融资源的权利。货币对自由的意义,在西美尔看来就是一种义务,他说:"货币义务是与最大限度的自由协调一致的形式。"①因此,从某种意义上说,在金融化社会中,获得了金融资源就意味着获得了自由。事实上,那些面向弱势群体的小额贷款就曾为相应人群获得平等的社会机会创造了条件,如被誉为"穷人的银行家"的孟加拉经济学家尤努斯,通过向赤贫妇女提供无抵押贷款,保障了她们享有参与劳动的机会,并使妇女逐步摆脱贫穷的限制而获得了发展自由。

金融伦理提供实质自由的透明性担保。透明性担保指人们社会交往中需要的信用,它是维持社会正常秩序,保证个人实质自由的重要部分。基于金融的缔约特征,信用不只是金融交易的前提条件,更是金融交易的基本要素,在金融市场建设中具有核心地位。从此意义看,以信用为核心的金融市场建设是社会交往活动的重要透明性担保。而金融市场建设不仅需要信息咨询平台等基础设施的支持,更离不开金融伦理等行为规范的保障。可以说,金融伦理借助金融市场,从两方面为实质自由提供着透明性担保:一是依托规范的交易行为,保障金融交易过程的公开性,信息披露的完整性、及时性和准确性。二是金融交易的透明性,激励经济主体广泛的民主参与,这就为普遍的社会交往活动提供了透明性担保。

金融伦理为弱势群体的实质自由提供防护性保障。一个社会在发展过程中,总免不了有人会遭受天灾人祸或其他突发性困难,也往往存在收入微薄难以为继、年老体弱不能自救的人,这就要求提供相应的社会安全网。这不仅要有制度性渠道反映弱者的诉求,更少不了能解决其实际困难的具体措施。否则,就如森所指出:"如果经济紧缩的负担不是由大家分担,而是被允许全部压在失业者或者新近成为在经济上多余的人的身上——他们是最没有承受能力的——这种下降会毁灭很

---

① [德]西美尔:《货币哲学》,陈戎女等译,华夏出版社 2007 年版,第 213 页。

多人的生活,并使上百万的人落入悲惨境地。"①伦理化的金融试图改变这种局面。它以建立公平正义的金融新秩序为归依,通过生计保险、房屋保险、不平等保险、收入相关贷款以及贫富人群之间、代际之间、国际之间的高度风险共担等,为人们,尤其是弱者化解基本的生存风险和经济风险开辟了有效的渠道,也为他们的自由发展提供了防护性保障。

---

① [印]阿马蒂亚·森:《以自由看待发展》,任赜、于真译,中国人民大学出版社2002年版,第181页。

第三章

金融制度伦理

金融制度伦理是金融伦理结构的基础和核心,也是金融体系有序运行的重要保障。金融制度伦理根源于金融制度设计、运行、评价活动实际形成的伦理关系,是一定社会政治、经济和文化制度的综合体现。因此,金融制度伦理不仅涉及制度本身的正义、制度之中的效率,还包含制度背后的和谐。相应地,金融制度伦理的作用机理也是一个内外协同的过程。

第一节　金融制度概述

一、金融制度的定义

国内外文献中常看到"金融制度"一词, 但给它下定义的不多。从国内可得资料看, 有四种有代表性的定义:第一种将金融制度定义为各种金融制度构成要素的有机综合体, 大体包括间接、直接和特殊三种性质、功能各异的融资制度。[1] 第二种认为金融制度是指有关资金融通的系统,包括构成这一系统的主要组成部分及其地位、作用、关系;整个社会资金在这个系统中如何进行流通以及各资金融通机构的运行机制。[2] 第三种把金融制度定义为有关金融交易的规则、惯例和

---

① 魏杰:《现代金融制度通论》,高等教育出版社 1996 年版,第 10 页。

② 甘培根、林志琦:《外国金融制度与业务》,中国经济出版社 1992 年版,第 1 页。

组织安排。① 第四种把金融制度定义为有关金融交易、组织安排、监督管理及其创新的一系列在社会上通行或被社会采纳的习惯、道德、戒律和法规等构成的规则集合②。这些定义的差别很难说谁对谁错，只是出于不同的研究目的各有侧重而已。这些定义为本文对金融制度的界定提供了借鉴。

鉴于本文的研究目的是从伦理角度理解金融，包括理解金融制度，因而，把道德、习惯等非正式规则视为渗透于金融制度之中，并成为金融制度的"制度"，而不是金融制度本身也许更合适。否则，我们要研究的问题就变成从伦理道德看伦理道德了。如此，我们结合已有的观点，认为金融制度是由一定组织正式制定的有关金融交易、组织安排、监督管理及其创新的原则和规定及其运行机制。

上述第四种观点是由专事"金融制度学"研究的学者范恒森提出的，虽然他对金融制度外延的广义理解不适合本文，但他对金融制度本质特点的揭示却颇有借鉴意义。他认为："（1）金融制度总是社会性的、约束参与金融交易的组织或个人行为的，其实质是为了调节人际关系，因而金融制度总是金融领域的行为规则。（2）金融制度约束组织或个人的行为选择空间，降低金融交易费用和竞争中不确定性所引致的金融风险，金融保护债权债务关系和其他有关当时人的利益。（3）金融制度创新或变迁的激励来源于风险规避和利润的追求，而这两项又来源于不确定性。因此，为提高金融资源的配置效率，制度创新就构成了金融制度发展中的常态。（4）金融制度是一种'公共物品'，指的是在消费或利用方面不具有排他性，因而被任何人所利用或受其影响，从而成为协调各方面利益关系的一种规则。"③

---

① 王廷科：《现代金融制度与中国经济转轨》，中国经济出版社 1995 年版，第 39 页。

② 范恒森：《金融制度学探索》，中国金融出版社 2000 年版，第 21—22 页。

③ 同上书，第 22 页。

二、金融制度的结构和功能

1. 金融制度的结构

金融制度的结构可以从不同的侧面进行分解。

根据新制度经济学对制度的划分,金融制度可以划分为正式金融制度和非正式金融制度及其实施机制。非正式金融制度是指人们在长期的金融交易活动中形成的被社会公认的价值观念、道德规范、风俗习惯和其他意识形态文化等。如"有借有还"的观念。正式金融制度是指由金融管理当局依照法定程序制定的一系列契约规则、政策法规及其各种组织形式,它界定人们可以干什么,不可以干什么的规则。实施机制是确保制度得以实施的配套机制。

根据金融制度内部构成划分,金融制度可以分成金融组织制度、金融市场制度和金融监管与调控制度。三者作为金融系统的有机组成部分,相互适应和协调。

根据主导因素划分,金融制度可以分为市场主导型金融制度和银行主导型金融制度,前者以英美国家为代表,后者以日本和德国为代表。中国属于银行主导型金融制度。

2. 金融制度的功能

金融制度是金融运行的"游戏规则",其基本功能是:第一,内在调节和控制功能。可以说,在金融系统的三个子系统中,相互之间存在着互为因果的关系,每一个都是另一个存在的前提,同时又是别的子系统调节的结果。第二,资源配置功能。这是金融的基本功能。相对一个社会的需求,货币资金资源总是稀缺的,如何保障资源配置的最优化取决于金融制度安排。第三,节约交易费用。制度的产生就是为了通过提供统一的规则,形成可以预期的交易行为,减少信息收集和甄别的费用,以及摩擦成本,从而达到节约交易费用的目的。第四,社会功能。金融制度不仅受社会文化因素影响;反过来,金融制度所蕴含的价值观念等也会成为社会文化的一部分,而且由于金融的社会性,金融制度不仅是一种金融资源的配置安排,同时也是一种社会机会的配置安排,其后果会直接影响到社会秩序。

三、金融制度演进的影响因素

青木昌彦说:"经济作为一个整体可以看作是相互依赖的制度之间稳固而连贯的整体性安排。"[①] 金融作为现代经济的核心,其制度安排也是相互联系的一系列制度整体作用的结果,它的演变是在特定的经济、社会、政治决策和文化环境等因素的矛盾运动中推进的。

1. 经济因素

关于金融,长期以来,在主流经济理论中有一种颇为流行的说法,即金融是经济的"面纱"。这种说法虽然经常被指责忽略了金融制度对经济增长的作用,但是,它却形象地说明了经济对金融的作用。首先,金融制度作为整个经济制度的一部分,直接受到经济制度整体的影响。如我国国家垄断型的金融制度就是渐进式中国经济体制改革的必然产物。中国经济体制改革的渐进性体现在对体制内的国有经济是在国家的扶持下逐步实现市场化的。在此过程中,国有企业由于计划经济体制下长期的国家保护,缺乏市场竞争力而面临融资困难。为保证国有企业发展的资金需求,"由国有金融制度部分代行财政功能,担当起聚集金融剩余的任务就具有某种程度的必然性。"[②]正是在此背景下,我国先后作出了超额发行货币、扩展银行国有产权边界、大力发展资本市场等金融制度安排。

其次,金融制度受经济发展水平影响。一般经济学原理告诉我们,储蓄＝收入－消费。可以说,经济发展水平决定了金融制度的复杂程度和层次高低。经济发展水平低的国家和地区,人们的货币收入主要用于消费,储蓄资源较少,从而决定了金融交易的频率和规模较小,金融制度必然是简单低层次的。相反,经济发展水平提高,人们收入和储蓄增加,则对资产保值增值的需求强烈,导致金融市场、金融组织的繁

---

① [日]青木昌彦:《比较制度分析》,周黎安译,上海远东出版社 2001 年版,第 211 页。

② 战颖:《中国金融市场的利益冲突和伦理规制》,人民出版社 2005 年版,第 163 页。

荣,客观上要求政府加强对金融市场的管理,从而促进金融制度的完善。因此,经济发展水平的不平衡有可能导致金融制度的不合理安排,如含有对贫困地区金融排斥的信贷制度。

最后,金融制度也受经济结构的影响。储蓄—投资功能的分离程度、收入分配结构、企业融资结构等经济结构会影响到金融制度的演进。具体来说,经济收入中的分配结构愈是趋于储蓄—投资功能的分离,愈有利于金融交易的增加和金融制度结构的高级化。如随着改革的不断深入,我国国民收入分配结构发生了显著变化,居民部门逐步代替政府成为国民储蓄的主要拥有者,从而削弱了政府以财政手段配置资源和向国有经济注资的能力。这就刺激了我国国有商业银行制度向更高形态的股份制演进,以大规模动员分散于居民部门的个人储蓄,实现政府对社会金融剩余的控制。

2. 政治因素

在新制度经济学中,意识形态始终被认为是影响制度变迁的重要因素,科斯、诺思还从意识形态本身变革的渐进性说明了制度变迁的路径依赖性质。在意识形态诸要素中,政治和法律意识是受经济基础影响最直接,同时也是对经济基础作用最深刻的方面。在世界金融制度的演进历史中,政治领域流行的制度和决策始终被作为金融制度设计的重要参数,构成金融制度的生成环境;而金融制度也总是被视为事关政治稳定和安全的重要因素。如法国政府在 1719—1720 年的密西西比泡沫事件后,看到了资本市场的泡沫对社会的巨大负面影响,在 19 世纪和 20 世纪的大多数时期,对股票市场进行了严格监管,形成了银行主导的金融制度。而英国虽然同时期经历南海泡沫事件,也目睹了资本市场泡沫对市场秩序的破坏,但据国内学者对 Dickson 观点的转述,在英法百年战争中,英国之所以能击败人口是英国 3 倍的法国,其中一个重要原因是英国能够有效地发行债券筹集战争所需的资金。[①] 因此,英国从另外一个角度看到了资本市场对国家安全的意义,这也就

---

① 陈国进:《金融制度的比较与设计》,厦门大学出版社 2002 年版,第 5 页。

成为了他们坚定选择市场主导型金融制度的因素之一。英法虽然形成了两种不同的金融制度,但都与国家稳定和发展的政治需要分不开。同样,20世纪80年代之后,日益高涨的金融自由化呼声(如"华盛顿共识")也是在东欧剧变和苏联解体,国际共产主义运动处于低谷的背景下发出的。另外,一个国家的民主和法制建设进程也会影响到金融制度。一般来说,民主和法治建设的不完善容易导致金融领域公共权力的滥用,从而使金融制度在运行中失去正义性。

3. 文化因素

文化是人们在长期的社会实践活动中形成的,并产生持久影响力的价值观念、思维方式、行为习惯、内心信念等意识现象。文化是金融制度存在和演进的隐性支援背景,虽然常常被忽略,却始终存在并发挥作用。这些因素包括整个社会的诚信观念、契约精神、职业精神以及对伦理道德认知、情感、意志和信念等。一般来说,一个社会有与信用经济发展向适应的诚信观念,自主、互利、责任等契约精神,职业使命感、敬业、创新等职业精神,以及对伦理道德的完整意识,则更能建立起高层次的金融制度,而且其设计将更符合正义要求,其运行更加有效率,更能促进金融自身以及金融与社会的和谐发展。

这样看来,金融应该不只是经济的"面纱",而是经济政治和文化的"面纱",它呈现于人的仅仅是一种关于资金融通的表象,但反映的却是人类社会生活的广泛领域,因而,金融制度也就不只是关于金融的制度了。

第二节　金融制度的伦理性质

黑格尔在《法哲学原理》中有如下一段论述:"代替抽象的善的那客观伦理,通过作为无限形式的主观性而成为具体的实体。具体的实体因而在自己内部设定了差别,从而这些差别都是由概念规定的,并且由于这些差别,伦理就有了固定的内容。这种内容是自为地必然的,并且超出主观意见和偏好而存在的。这些差别就是自在自为地存在的规章制度。"①这里的"规章制度"不能被简单化理解,它应当被理解为具有必然性的社会交往方式的主观表达,即所谓"伦理实体"。金融制度伦理的旨趣在于建立一种具有合理性的伦理秩序,而其合理性的根据在于伦理实体的具体内容及其规定性,也就是在于金融制度本身反映了人伦之理和人伦之则的普遍要求。

一、金融制度设计:一种伦理秩序的谋划

金融制度的自发秩序并不能解决金融体系自身的效率和金融行为中的利益冲突。金融与现代科学技术的融合,一方面突出了金融对经济和社会发展的先导作用;另一方面显示了金融资源配置关系或金融资源分配权所引起的社会分化和社会矛盾复杂多变的利益关系,从而彰显了金融制度设计在平衡社会利益关系和利益冲突中的重要地位。金融制度设计旨在创建相对稳定的金融交易规则和激励集合,其实质是通过金融市场合理而有效地配置有限的金融资源并对金融资产的价格做出科学评估。由于"不同的金融系统设计将影响金融机构行为和市场行为的不同作用。……金融系统的设计可能影响人们的实际决策。"②因而,通过金融制度来理顺金融资源配置行为的利益关系,必须体现金融制度设计的真正力量,其基本前提就是金融制度设计具有道德合理性。换言之,金融制度设计总是内在地承载着一定的道德前提。

道德前提在金融制度设计中具有核心作用。从制度理论看,"制度被认为包含了特殊的价值观,而不仅仅是作为手段服务于这些价值观,制度有潜在的能力对自我的概念和社会习惯予以肯定和改变,……制度的个人参与者身上也存在强烈的道德因素。"③由于金融对社会资源配置的先导作用,金融制度设计必须考虑两个基本价值目标:一方

① [德]黑格尔:《法哲学原理》,范杨、张企泰译,商务印书馆1961年版,第164页。
② 北京奥尔多投资研究中心:《金融系统演变考》,中国财政经济出版社2002年版,第22—28页。
③ 戴维.L·韦默:《制度设计》,费方域、朱宝钦译,上海财经大学出版社2004年版,第199页。

面,金融制度设计者是出于什么样的价值目标而设计某项金融制度或制度体系;它反映了设计者和社会对金融行为的动机和价值追求,涉及实质伦理;或者说,金融制度设计在本质上要对人们在金融活动中所追求的目标或价值的道德合理性进行考量,以便用金融制度来明确规定金融交易行为应该追求的目标或价值。例如,金融制度设计要体现融资权的平等,要反对私利、提倡公利和互利;要强调公开、公平、公正和诚实守信的金融市场交易,为金融市场的健康运行提供人们所期望的伦理规则。

另一方面,为了实现金融制度设计的价值目标,设计者需要考虑具体设计怎样的制度,也就是“怎样做”的问题,它体现了设计行为的具体过程及所采取的具体手段,这实际上包含了一个程序伦理问题。金融制度设计的程序伦理有两个基本出发点:一是程序本身的所谓“内在价值”,即采用怎样的程序才是设计金融制度的合理程序。比如说,解决“弱势群体”和农户层面的融资安排究竟要遵循怎样的善性程序或民主程序? 是由金融资源的实际控制者及其利益代言人参与确定还是由农户或农户利益的代言人参与确定? 如何回答这些问题直接关系到程序的道德合理性和结果的可行性。二是程序的所谓“外在价值”,即经过何种程序才能达到目标——设计出合理的金融制度。在这里,要设计出合理的金融制度必须运用一定的手段,包括技术性手段和道德性手段。技术性手段多种多样,有些是纯技术性的,有些在金融实践中的运用又可能带来新的道德问题。例如,信息技术与金融的结合方便了客户的金融交易,但金融业对信息科技的高度依赖又为网络金融欺诈提供了机会,使金融信息技术系统的安全性、可靠性和有效性受到威胁。至于道德性手段,也有善性手段和恶性手段的区别。因此,在设计金融制度时,要求设计者选择有善性的手段或者道德中性的手段,以保证手段的合理性。

二、金融制度运行:一种伦理关系的协调

金融制度的形成是社会经济发展到一定历史阶段的产物,它又通过协调整个金融体系的活动对社会经济产生影响。金融制度运行作为

金融制度的实施过程,是社会管理者为了实现国民经济和社会发展目标而运用金融制度的行为。金融制度的运行是多层面的,具体包括三个层次:(1)金融制度运行的最上层,即金融法律、金融方面的规章制度和宏观金融(货币)政策的实施,是一般意义上的管理金融活动和金融交易的规则;该层次的运行旨在为合理有效的金融行为提供激励、抑制任意金融行为和机会主义行为,使社会金融活动及其相应的利益关系在一定程度上变得可以预期。(2)金融制度运行的中间层是金融体系的具体行为,包括金融结构的经营管理行为和监管机构的监督管理行为;监管机构一般对金融机构经营行为进行监督、检查和调适。(3)金融制度运行的基础层是社会金融活动和金融交易参与者的具体行为,参与者的具体行为一般要受到最上层规则的约束,并接受监管机构的监督和调适;反之,参与者的行为又会影响整个金融体系的相互关系及参与者的利益关系,并进一步影响规则的制定及修正、细化等适应性调整。

可以说,金融制度运行反映了金融参与者之间的风险—收益关系以及他们参与金融资源分配的相互关系,从而刻画了社会经济系统中金融活动和金融交易行为的伦理关系。"制度运行伦理主要有两类,一是制度管理,二是制度实现。前者是就制度的内容和性质而言的,后者是就制度的功能即制度对现实社会生活的作用而言的。相应于这两个方面,制度运行伦理包括制度管理伦理与制度实现伦理。"[1]由于现代金融体系中利益关系的复杂性、风险性、快速转移性及金融对社会资源分配的先导性地位,金融制度运行的主要伦理关系不仅包括金融制度管理伦理和金融制度实现伦理,并且还凸显了金融制度调适伦理。

首先,金融制度管理的伦理性。金融制度管理就是要保证金融制度运行为金融交易过程提供激励和约束机制,维护正常的金融交易关系,同时又要传达金融活动和金融交易的伦理秩序。其伦理性质是显

---

[1]　彭定光:"制度运行伦理:制度伦理的一个重要方面",《清华大学学报》(哲学社会科学版),2004 年第 1 期。

而易见的,其一,金融制度管理的逻辑起点不是空穴来风,管理主体依据何种认识对金融制度进行管理是该管理程序的道德理论基础,只有基于社会、经济发展的现实需要来实施管理,才能促进金融交易的顺利进行并提高金融资源配置效率,最终形成金融活动的伦理秩序,达到制度本身的合理和效率。其二,由金融制度界定的金融关系所决定的利益关系和发展关系,自然引出了何种管理主体对金融制度进行管理在道德上的合理性问题。例如,对金融机构的禁入管理要尽可能体现鼓励竞争和限制垄断的精神,因而不同区域的各类金融机构主体在平等基础上的进入权反映了公正、平等分配金融资源的价值指向。作为行使金融资源分配权的政府金融公共权力机构在管理金融制度时,只有充分体现金融资源的公平分配和平等的融资权,才在道德上是合理的管理主体。其三,金融制度的管理过程,关涉金融制度如何适应社会和经济发展的规范性要求问题。由于"一种制度反映了它所处环境的道德参考点,它将被置于适当的位置以利用该环境的力量和稳定性。"①这对于政府的金融制度管理者来说,其管理的依据是按照相应的规制体系,行使一种被界定了的、边界清晰的规范性权力,并利用社会的道德参考点及金融交易参与者的现实精神品质的支持,持续地坚持和维护金融活动和交易的规则体系,使这些规则在金融领域得到普遍的遵守,确保金融体系在满足社会经济发展需要的同时保持安全、稳定和效率。

其次,金融制度实现的伦理性。金融制度的实现直接关系到金融活动和金融交易行为的社会福利效应,即如何高效率地实现金融制度的功能。换言之,金融制度的实现是通过降低交易成本和竞争中不确定性所引致的金融风险,对合理金融行为形成有效的激励,达到保护债权债务关系,实现金融资源配置的经济效率和社会效率的目标。显然,金融制度的实现要依赖于合理的治理——监督、裁决程序。一方面,任何制度

---

① 戴维.L·韦默:《制度设计》,费方域、朱宝钦译,上海财经大学出版社 2004 年版,第 209 页。

运行都可能在客观上存在这样或那样的缺陷,金融制度运行也不例外。金融制度方面的缺陷,如金融体系结构不合理、不平衡引起的金融系统过度竞争或垄断对金融系统安全或者效率的危害,极大地降低了金融系统作为一个互补、协调的整体的功能效应。另一方面,金融创新往往伴随着金融制度运行而持续性发生,即使十分完善的金融制度,在运行的动态环境中,也存在可钻的"空子",从而为不良金融行为提供了低成本的作恶空间。因此,通过有效的监督和公正的裁决,维护金融制度的良性运行、填补金融制度的某些缺陷,并针对金融创新的持续性对不良金融行为实施裁决,可以预防金融活动中的不当行为或者防止金融交易的参与者在创新的掩盖下从事某种恶性行为,确保金融活动的"公开、公平、公正",最终实现金融活动的参与者在制度面前人人平等的目的。

最后,金融制度调适的伦理性。金融制度运行是通过协调整个金融体系的活动来引导社会经济发展过程的。由于影响金融体系的诸多因素及其相互关系的复杂性,社会管理者运用金融制度引导社会、经济过程并不一定能够达到预定的经济和社会发展目标。一方面,不管如何完善的金融制度总要受到人类自身的理性和"局部学习"的制约,会不同程度地存在缺陷和弊病,还有可能制造出某些不公正现象或者强化现有的某些不公正因素,从而金融制度的确立及其运行维护客观地存在公正与否的问题。另一方面,金融制度运行总要受到金融实践活动中金融技术要素的变化,如货币形态、资产价格、风险、收益和交易信息平台等诸多方面的影响,这些影响反映了伦理关系在一定程度上对金融关系发生作用的描述。如果金融制度不能对金融实践活动中的新的金融关系做出调整,就有可能引发金融伦理关系的冲突。金融制度适应金融实践的需要是一个动态的过程,诚如诺思所言,"人类构造的信念和制度,仅仅在作为对人类在不断演化的物理和人类行为中已经面对的而且还将继续面对的不同水平的不确定性做出的持续反应时才有意义。"①

---

① [美]道格拉斯·诺思:《理解经济变迁过程》,钟正生等译,中国人民大学出版社 2008 年版,第 15 页。

因此,金融制度运行应根据金融实践反映的金融关系进行必要的制度修正、完善等调适,理顺金融资源分配的利益关系,更大限度地体现公正、公平的原则。金融制度调适的基本要求是抓住金融资源配置过程中的主要利益冲突和金融交易中的不当行为,促进金融制度的社会化公正和交易行为的规范。

三、金融制度评价:一种伦理价值的判断

"经济制度在道德上并不是中性的。"①作为经济制度核心部分的金融制度更是如此,其运行的结果如何需要恰当的评价。金融制度评价的参考点是看它如何协调金融体系以适应及引导经济和社会发展的需要,而这又取决于金融制度本身的合理性和效率。从而金融制度评价至少关涉三个基本的道德判断问题:评价方法选择、金融制度自身的合理性、金融制度的效率。

第一,金融制度评价方法的选择内涵了道德判断。"制度评价涉及社会选择或建立社会价值的过程;涉及建立在价值判断基础上的该过程的可接受性,即决策中的民主和参与、全体利益的代表以及工具主义或科学评价方法的运用。"②制度评价最典型的方法是结构分析(Structural analysis)和最终状态(end-state)方法。就金融制度的评价而言,结构分析涉及金融制度反映的基本金融(或信用)关系及这种关系对人们参与金融活动的结果和行为,包括考察该金融制度的基本结构及其协调金融体系的功能和实施问题;最终状态方法侧重考察金融制度作为整体对个人金融交易选择集合的影响,该金融制度是否有助于个人平等获得金融资源以促进自我实现,是否有助于整合金融体系的最优功能来激发人们作为道德人的潜在能力。同时,金融制度评价方法的运用程序并不是完全技术性的,也涉及道德问题。例如,人们对金融部门运行的原始数据是否有一致的认同,社会是否存在着对金融

---

① [美]里查德.T·德·乔治:《经济伦理学》(第五版),李布译,北京大学出版社2002年版,第165页。

② [英]马尔科姆·卢瑟福:《经济学中的制度》,陈建波、郁仲莉译,中国社会科学出版社1999年版,第152页。

机构不满的事实,等等。

第二,金融制度的合理性。毫无疑问,金融制度是否合理本身就是一个价值判断。金融制度是否合理至少涉及两个方面的分析:一是金融制度的公平性,二是金融制度适应社会、经济发展的要求对金融体系的整体协调功能。一方面,正式金融制度是通过法律或命令确定的,它所反映的价值体系需要社会成员给予积极的支持与认可,才能保证它的有效运行;并且,金融对社会资源的配置起着导向性的作用,所以,在根本上,公平与正义是金融制度的首要价值。如果金融制度偏离了社会公正,不管它如何有条理,也是不合理的,并且难以实现金融体系的稳定和效率。金融制度的合理性首先是保障平等的金融关系,即金融资源配置的平等权利,包括每个市场主体有平等的金融交易地位和融资权,保证他们平等地获取社会的金融资源。其次是给每个人以参与金融市场公平竞争的机会,使得每个市场主体能够通过自身的努力减少不平等的差别。在现代市场经济中,"对于成千上万的人而言,缺乏资本为其创新思想来融资是他们致富的最大障碍。"[1]因而融资机会界定了市场主体发展的可能空间或者选择集,并直接影响着金融资源和经济优势的分配状况。在融资机会平等的条件下,市场主体的差异只来源于其自主活动能力和努力程度方面的差别,而不是对资本的占有。另一方面,金融制度的公平性自然反映了社会经济发展的需要,金融体系的健康、安全运行也因此有了坚实的社会经济基础。

第三节　金融制度伦理的内容

金融制度作为经济制度之组成部分,也就成为社会有机体的经济基础,而居于其上的便是关于这些制度的观念。从此意义说,金融制度伦理既是对一定社会金融制度正当性、必然性和普遍性的把握,也是这

---

① ［美］拉古拉迈·拉詹和路易吉·津加莱斯:《从资本家手中拯救资本主义》,余江译,中信出版社2004年版,第Ⅶ页。

种制度自身的内在要求。

一、金融制度本身:正义

关于正义,我们可以在很多语境下使用,如它既可以是个人的正直美德,也可以是社会制度的价值;既可以是一般性的结构,也可以是规范性的内容;关于规范性内容的设定既可以是从义务论视角,也可以从目的论视角;即使是义务论视角,也可以有权利资格论和公正道义论等不同模式。但这并不妨碍我们对正义概念的使用,相反,我们可以从这些认识资源中获得更加丰富的理论支持。在这里,我们把正义作为制度的一种价值,关注的重点是金融制度正义究竟应该具有怎样的规范性内容。

相对于正义的一般性结构所具有的"不变和共有"特征,其规范性内容常常因时因地而易,但这种变易仅仅是相对的,并不表明在同一层次上的问题之间没有可通约性。就金融制度而言,不同国家具有不同的政治制度、经济发展状况和文化背景,其具体安排不可能完全一致,如英美国家在新自由主义思想等因素影响下选择了市场主导型的金融制度,而中国在整体主义文化等因素影响下选择了银行主导型的金融制度。但无论具体的制度架构存在怎样的差异,似乎都不排斥正义价值,这就说明不同金融制度之间存在着可以成为一般的正义规范。

1. 保障基本融资权的平等分配

如前面已经分析的,随着金融日益向社会生活各领域的广泛渗透,金融已经成为现代社会最基本、最活跃的经济要素,是一种稀缺性资源,它既是资源配置的对象,又是配置其他资源的方式或者手段。因而,金融制度的性质不仅影响到财富的分配,还会影响到人的社会机会,从而影响人的生存和发展。从此意义上说,金融制度安排已经不是单纯的财富分配的问题,而是具有某种一般社会制度意义的问题。如歧视性的信贷制度表面看来,只会使那些不能获得贷款的人减少收入,但更深层的问题是,他们可能因此陷入更加贫困的境地,不能享受起码的教育、缺乏就业能力,失去参与社会的机会,成为被社会边缘化的、没有尊严的人。也许有人会说,这种正义目标只适合政策性金融,对商业性金融来说,这是不合适的。问题是,金融在现代社会已经被越来越多的赋予社会资源而不仅仅是金融资源的配置功能了,对人们来说,失去金融资源配置机会,可能同时也失去了许多其他机会。因此,如果罗尔斯观点"所有的社会基本善——自由和机会、收入和财富及自尊的基础——都应被平等地分配"①可以成为社会制度的正义原则的话,那么,平等地分配基本的融资权也就应该成为金融制度的正义规范之一,因为它正是现代社会保障基本善的重要手段。这些权利至少包括在当地维持有尊严的生活所需要的融资需求,如基本的住房贷款、养老基金、生产所需的小额信贷、基本医疗保险等。

而且,对基本融资权的平等分配,除了罗尔斯公正道义意义上的平等赋予外,还有诺齐克权利资格意义上的平等维护。他认为:"如果一个人按获取和转让的正义原则,或者按矫正不正义的原则,对其持有是有权利的,那么,它的持有就是正义的。"②那么,任何个人和组织,包括国家也不能剥。一个正义的金融制度,应该为所有以正义原则取得财富的人提供保值增值的渠道,而不能只考虑财富多的人的需求。希勒认为:"如果整个世界试图有效管理政治和经济事件,社会就应该防止公民的经济收入出现严重的不平等。"③为此,他建议政府创设累进税制,为不平等"保险",保护所有人免受未来风险可能带来的损失。因此,那种把小额储户拒之门外或者小额理财产品缺乏的金融制度,实际上在剥夺他们合法享有资产保值增值的权利,因而是不正义的。

2. 金融资源的分配有利于最不利者

"差别原则"是罗尔斯精心构筑的关于财富分配的正义原则,认为"社会的和经济的不平等应这样安排,首先使它们被合理地期望适合

---

① [美]罗尔斯:《正义论》,何怀宏译,中国社会科学出版社 1988 年版,第 292 页。
② [美]罗伯特·诺齐克:《无政府、国家和乌托邦》,何怀宏译,中国社会科学出版社 1991 年版,第 159 页。
③ [美]罗伯特.J·希勒:《金融新秩序》,中国人民大学出版社 2004 年版,第 177 页。

于每一个人的利益;并且依系于地位和职务向所有人开放。"①但罗尔斯这一旨在实现分配结果公平的正义原则却遭到了诺齐克的嘲讽,他认为差别原则"把评价社会制度的问题还原为最不幸的受压迫者如何发展的问题"。② 显然,诺齐克是从维护自由市场的效率出发的,他对正义的旨趣仅在保障正义的个人权利(和资格)不被侵犯,而不是如何保护弱者。但是,就金融领域来说,确实存在着特殊性,即"等量的金钱数额,作为一笔大宗财富的一部分与作为一小笔财富的一部分"③相比,能够带来更大的财富的自然增值。这句话的意思是,金融资源上的起始差异将会随着金融交易的进行而迅速拉大,并且给人一种公平的假象而使人浑然不觉。所以西美尔无奈地说:"当道德的逻辑表明应该把好处给予最需要者的时候,这个法令却把它给了那些已经富有的人。以财富的自然增值来达到如此反常的规定,并没有什么不正常的地方"④。

其实,金融资源的分配要有利于最不利者,并不是否认差别,更不是劫富济贫,其本意是要保持差别的可接受性,也就是说,正义的金融制度不应该加剧,而应该适当控制收入悬殊,否则,金融链条会因为一部分人的过度萎缩而断裂,从而使金融制度难以为继。

最近许多人把美国次贷危机的矛头指向贷款机构,认为他们不该向那些仅有次级信用等级的购房者提供贷款。对这种观点可能会给出两种截然不同的支持理由:一种是真正对贷款机构的指责,即他们不该出于自己的盈利目的而把别人置于风险之中;另一种其实是针对贷款者的,即你既然没有偿还能力,就不应该让银行为之提供贷款。具体到这个问题,正义的金融制度不会支持第二种观点,因为次贷者偿还能力弱不是不能享受贷款的原因,正相反,是结果,是过去歧视性信贷制度

---

①　[美]罗尔斯:《正义论》,何怀宏译,中国社会科学出版社1988年版,第56页。

②　[美]罗伯特·诺齐克:《无政府、国家和乌托邦》,何怀宏译,中国社会科学出版社1991年版,第195页。

③　[德]西美尔:《货币哲学》,陈戎女等译,华夏出版社2007年版,第148页。

④　同上书,第147页。

的存量,是既已形成的为富人服务的金融制度限制了他们的财富积累能力。相对而言,尤努斯的格莱珉银行旨在通过向穷人提供小额信贷而改变穷人生存状态的金融制度就更具有正义性。

3. 保障金融制度的程序正义

制度是社会交往从熟人空间走向陌生人空间的产物,它给人"铁面无私"的感觉。但是,罗尔斯所谓制度制定时的"无知之幕"仅仅是一种理论的假设,而不是真实的存在。在现实中,关于制度正义还有更重要的环节,即程序正义。没有程序正义的保障,实质正义实质上就会落空。就金融制度而言,其程序正义有不同的层次:一是纯粹意义上对金融制度的遵循。即制度一旦满足正义的要求(预先确立的),就不再追溯无数特殊环境和个人相对地位的改变而谋求特例,而是充分地足够地遵循,即使造成了不公平的结果,也不试图僭越。最近针对金融危机各国出台的救市措施,之所以被指责为不正义,就在于它打破了事先的游戏规则而谋求特例。二是完善意义上对金融制度的事先约定。即事先而不是事后确立正义的独立标准和达成这一标准的程序。如对哪些信息可以在金融市场进行交易,哪些不能交易,以及如何保证交易符合程序等,要有事先的约定,否则,事后因人而异的做法就是不正义的。

二、金融制度之中:效率

如果"金融制度本身"旨在强调静态的金融制度的话,那么,"金融制度之中"则是强调动态的金融制度,即运行中的金融制度,它是一个朝着某种目标的行动过程。亚里士多德将其伦理学建立在美德或完美原理的基础上,认为人类应当在所有的行动中追求完美。

那么,就金融制度运行来说,怎样才算完美的行动呢?艾伦·布坎南在其《伦理学,效率与市场》一书中,对支持和反对市场经济的论据从效率和道德两个角度分别进行了全面总结。虽然他的讨论没有直接针对效率,而只是以效率来说明市场的合理性,但是,这种从经济学和伦理学双重视角看待市场制度的方法却具有启示性,它至少表明市场不是一个纯粹效率问题,"将事情做好是不够的,所要做好的事情也应当是正确的事情"①,或者说效率本身就有道德价值维度,它是以一个包括经济价值、社会价值和道德价值等多重价值在内的社会综合体存在于市场之中的。从此意义上说,效率本身就与"道德的善"、"效果的善"一样,也是善的一个维度,是"效率的善"。②

具体就金融制度而言,其制度的正义性当然也离不开效率,但这种效率是包含广泛内涵的综合效率。在质的方面,有效金融制度要满足以下条件:(1)金融法制完善、执法规范,货币政策有效;(2)金融交易主体参与金融活动的行为规范;(3)金融市场体系比较完善、功能协调;(4)金融体系发达、结构合理、整体效率高;(5)金融监管形成有效的激励规制,竞争、稳定和效率达到有机统一。在量的方面,理论上的标准是金融制度要实现金融资源的合理配置,达到帕累托最优、瓦尔拉斯均衡和社会福利最大化。

从金融制度效率质的方面看,它的规定性显然反映了一种道德价值的指向。其一,金融制度效率是相对于一国(地区)在某个时期具体的金融制度结构而言的,金融制度的结构状况本身构成了效率的概念,这种结构界定了金融制度的成本以及成本的分担对象。虽然金融市场过程有助于判定什么是有效率的标准,但是金融制度安排又界定了金融市场过程的范围和意义。所以,考察金融制度的效率是指具体目标函数下的效率,离开具体目标函数而谈论抽象的金融制度效率,显然是将其置于"无知的面纱"之先,没有现实意义。其二,金融制度效率实现的要求主要是两个方面:一方面它应向社会提供各种金融工具,满足不同群体的金融需求,并且表明金融工具的价格是否合理、是否具有公平竞争的机会,金融工具对投资者和储蓄者来说风险—盈利的关系是否合理、选择性有多大,等等。另一方面,金融资源的分配要引导适度的经济增长,并维持金融市场的健康和稳定发展。

---

① [德]彼得·科斯洛夫斯基:"伦理经济原理与市场经济伦理",《学术月刊》,2007年第10期,第16页。
② 同上。

从金融制度效率量的方面看,其效率标准体现了经济标准与道德标准的统一。帕累托最优从个人主义价值观出发,在信息和交易成本为零的条件下,通过所有互利交易的达成,社会资源得到充分配置,增加一个人的福利必然会减少另一个人的福利,体现了从事交易金融应不以牺牲他人利益来增加自己利益的道德原则。瓦尔拉斯均衡表现为金融资产投资者效用的最大化和融资者要素价值的最大化,体现了金融契约人互利的道德准则。社会福利最大化一般地体现了金融资源的供给与分配达到社会效率和社会公利的最大化。

三、金融制度背后:和谐

金融制度既然是一定社会经济、政治和文化诸种因素共同作用的结果,那么,保持金融与这些因素之间的和谐关系就成为金融制度伦理的必要规范。

和谐不是趋同,而是不同要素之间的协调,所谓"和而不同"。金融制度的和谐体现在以下方面:第一,金融与实体经济的和谐。金融是在货币和信用融合的基础上形成的。马克思在《资本论》中揭示了货币一般等价物的性质,认为货币是一种价值符号,一定时期它的供应量应该与流通中的金属货币量相适应,即使信用货币也不改变这一规律。否则,货币的过剩、信用的滥用就会引起通货膨胀,加剧生产与消费的矛盾,造成金融危机和经济危机,并最终激发社会危机,甚至政治危机。美国次贷危机就是自由市场制度下金融过度创新,以致与实体经济完全脱节的后果。金融与经济的和谐之所以具有制度伦理的意义,在于它代表着一种价值观,即对金钱欲望的适度控制。马克思从资本的绝对规律就是生产剩余价值出发,在《1857—1858年经济学手稿》中肯定了"在资本的简单概念中必然自在地包含着资本的文明化趋势",但同时也指出,在资本主义生产关系下会出现过度劳动的文明暴行,尽显资本的贪婪本性。相反,如果坚持金融与经济的和谐,就意味着资本还应有道德的考量,而不只是对利润的追求。

第二,金融与社会的和谐。随着金融社会化程度的提高,金融不仅面临社会因素的影响,更重要的是金融制度安排将产生越来越广泛的社会后果。金融与社会的和谐表现在金融发展与社会发展目标一致，或者说，金融制度的设计有利于促进社会进步和和谐。如为弱势群体提供合适的金融服务，缩小贫富差距；创造就业机会，缓和社会矛盾等。

第三，金融与环境和谐。现代金融体系不仅通过经营信用为社会大众提供金融服务，更为重要的是，它引导和调配社会资源的流动方向，传导政府的社会和经济政策，成为一种社会资源和风险的分配机制。这种分配机制不仅体现了资源和风险在各个经济主体、社会群体之间的分配，还体现了经济资源、风险和财富的代际分配。因此，在金融领域，既存在着金融系统内部各种各样的利益冲突、金融与社会系统的利益冲突，也存在着金融与环境保护之间的利益冲突，这就要求金融制度有利于促进金融与环境的协调。从目前发达国家和发展中国家对环境破坏的程度差异看，促进金融与环境和谐最重要的金融制度安排是发展碳金融，[1]通过清洁发展机制（CDM）[2]实现环境责任分担和利益共享，实现权利和义务对等，促进环境正义。

第四节　金融制度伦理的作用机理

从金融与经济、社会协调的基础性关系来看，金融发展和创新过程中的利益冲突、伦理风险乃至危机的爆发是金融伦理秩序的一种混乱；而缩短这种混乱状态的时间，纠正其对社会文明的破坏并维护金融自身的稳定发展，金融制度的强制性和直接性所表现的正义价值具有突出的作用。

---

①　关于碳金融概念，目前在国际金融界还没有统一定义。可以泛指所有服务于限制温室气体排放的金融活动，包括直接投融资、碳指标交易和银行贷款等。也可以简单把它看成碳物质的买卖，其中碳物质指清洁发展机制中限制排放的六种环境污染物。这些污染物可以在 CDM 中进行交易，投资或投机，所筹集资金可用于减少二氧化碳的环保项目。

②　详细内容参见本书"导论"第一节。

一、金融伦理秩序及其表现状态

1. 金融运行的秩序和无序

秩序是社会的内在本质,它与"混乱"或"无序"相对。从静态看,秩序是指人或物处于一种有条理、有规则、不紊乱的状态,在结构上表现为稳定性和一致性;就动态而言,秩序是指事物在发展变化的过程中表现出来的连续性、反复性和一定程度的可预测性。在现代市场经济体系中,金融系统作为社会经济系统最重要的子系统,其突出特征是创新的活跃性、风险的复杂性和预测的困难性,因而金融秩序作为社会经济秩序的核心部分,客观上存在两种基本状态:即动态稳定与间断性的困境或危机。

金融运行的动态稳定表现为金融运行的有序性,是各类金融主体在金融活动中自觉遵守交易规则而形成的金融运行状态或格局,包括多层次性的协调和有序:(1)金融系统自身的协调有序,就是金融体系自身能够高效、安全运行,金融体系中的各个组成部分优势和功能明确,形成一个功能配套、和谐有序的组织体系;(2)金融与经济的协调和有序。金融是经济的核心,金融发展要受到资源供求和环境承受能力的约束,金融的规模、结构只有与经济发展相适应,才能形成金融与经济的良性互动的稳定关系;(3)金融与社会的协调和有序。在经济金融化不断深入的过程中,各类金融需求主体的金融需求日益呈现多样化和差异化的特征,金融供给结构与社会需求的协调,金融资产价格稳定与大众资产价值合理增值的协调,构成了社会利益关系和社会发展的金融秩序;(4)金融全球化、一体化趋势条件下的金融动态稳定,形成了开放条件下金融关系国际化的协调和秩序。

间断性的困境或危机表现为金融运行的无序或混乱局面,这时,金融活动的规则缺位、或者得不到尊重、或者规则本身存在问题,从而造成了金融运行的无序状态。金融系统出现无序或混乱的状态同样具有多层次性,其原因极为复杂,一部分可能是金融系统本身产生的,但多数是整个经济系统及其引起的某些社会问题的一个镜像。从金融运行这面镜子里看到的影像,说明实体经济存在的问题以及这种问题引起的社会利益关系的失衡。例如,银行信贷资金分配的过度集中、不良贷款的产生,常常反映出实体经济的结构以及相关企业的问题;房地产金融泡沫使人们手中的资产价差迅速扩大,币值不稳定增加了社会的就业压力,这一切都给社会带来了恐惧与不安。金融运行无序或混乱的基本特征是不确定性、破坏性和某些不成熟的创造性。金融发展过程是混乱和秩序的博弈过程,金融无序总是在某种特定金融秩序中的无序,金融系统内部、金融与经济、社会不协调的混乱状态要求现有金融秩序的变革,克服金融混乱,有序和无序的矛盾运动是推动金融秩序不断完善和促进金融发展的动力。

2. 金融伦理秩序的状态和演进

金融运行的规律与法则,常常可以通过数学等严密的方式来精确描述,从而体现了现代金融发展的技术化路径。沿着这条路径,人们刻画了社会经济系统中金融秩序和混乱的自然性或自然关系的方面。由于金融运行及人们对这个过程的刻画都是人的自由意志活动的具体领域,因而金融运行的状态及其形成的复杂金融关系又属于自由的领域,体现了金融运行状态中一种客观的伦理关系。无论金融运行处于何种状态,金融主体因金融活动的利益关系而联结起来,并按照既有的金融关系做出相应的行为选择和预测,而他们选择的依据是金融运行客观地存在着金融活动和金融关系的规则和金融伦理秩序的规律性。每个金融主体对这种规则和规律性是必须正视、尊重并根据自己的条件和个性加以体现的。金融伦理秩序正是现实社会经济系统中金融关系的结构及金融关系相互作用的内在秩序,它具有自身的客观规律性。对这种内在秩序的认识和行为体现,就是一定社会在某个具体发展阶段中金融运行和金融活动的行为规则体系。由此看来,在社会金融系统中,金融主体的利益关系以至金融伦理关系,都是现实金融关系的一个具体过程和环节,全部金融关系的联结在整体上表现为金融发展的伦理秩序。现实社会经济系统的金融关系总会间断性地存在矛盾和冲突,因而金融伦理秩序并非只有理想的秩序状态,也会在金融关系出现矛盾时产生紊乱,并随着社会客观金融关系的调整而动态演化。

金融伦理秩序能否沿着经济、社会以及金融自身发展需要的有效路径演化，首先取决于这种秩序中金融伦理关系的合理性和正当性。在现代市场经济体系中，金融是配置其他资源的核心制度，也是社会财富快速转移的工具，甚至产生掠夺性的财富转移。例如，金融市场风暴，可以在一夜之间使无数百姓手中的证券和其他金融资产一文不值，而金融资源的控制者则因此成为超级富豪。"弱势群体的贫困化过程，同时也是强势群体占有的各种形式的资本存量的净利润不断增加的过程。"[1]由此，金融伦理秩序的合理性和正当性的深层次内涵是金融资源获取的权利公平或"融资权自由"。依托这种金融伦理关系，金融主体可以合理地、有效地运用自己的知识和能力，进而形成金融活动的职业伦理与金融主体之间的合作关系；并引导各个金融主体对正确行为的预期和参与金融活动的自由。

3. 金融制度是金融伦理秩序演进的价值主导

与社会一般伦理秩序一样，在金融领域，金融伦理秩序与金融主体行为规范的要求应当是一致的。但金融秩序的间断性混乱以及金融、经济与社会之间的相互作用，金融发展过程中均可能存在现有金融伦理关系的秩序和金融活动应有的规范要求彼此错位的现象。例如，职业道德建设不能适应金融信息化的要求，使得信息技术下的诚信缺失和犯罪行为增加。尤其严重的是，有些合理的、适合金融与经济、社会协调发展的金融伦理关系及其规范往往难以在金融发展中贯彻实行，而有些已失去合理性的金融伦理关系及其规范要求却由于外力强制或道德认知惯性仍在发生作用。一般来说，社会转型时期和金融自身间断性危机时期，金融与经济、社会之间的利益关系极其复杂，金融市场充满着矛盾和利益冲突，也就伴随着一段时间的金融伦理秩序紊乱，这种紊乱状态的风险及其调整，需要主导金融市场的制度价值对金融关系进行改革，以确立新的金融伦理关系和金融伦理秩序。

---

① 汪丁丁："资本概念的三个基本维度"，《中国经济哲学评论 2006 年资本哲学专辑》，社会科学文献出版社 2007 年版，第 18 页。

二、金融制度正义对金融伦理秩序的革新机理

治理金融伦理秩序紊乱引起的利益冲突和伦理风险,需要改革实体性金融关系的内容及其规定性。这种改革的关键是社会对金融制度建构的团体理性及价值取向,即金融制度的正义价值。在社会转型和金融自身间断性危机时期,金融制度调整和建构的正义性是催生合理金融伦理秩序最直接、最有效的动力机制。

在市场经济体系中,金融制度的合理安排维护了金融发展中的合理金融关系,避免金融市场的利益冲突和伦理风险,从而形成良好的利益格局和行为规范,即和谐的金融伦理秩序。罗尔斯在《正义论》中强调:"一种理论,无论它多么精致和简洁,只要它不真实,就必须加以拒绝或修正;同样,某些法律和制度,不管它们如何有效率和有条理,只要它们不正义,就必须加以改造或废除。"①可见,制度安排所规定的利益格局是否合理,取决于制度的正义性。那么,金融制度调整和建构的正义价值作为金融制度伦理规制的一种标准机制是怎样发生作用的呢?为了理解它的作用机理,可以构造一个简单的道德模型。

由于占主导地位的金融制度结构决定了金融主体的机会集合的可能性边界,这种机会集合的可能性边界有无数个,每一个都描述了金融体系中的金融资源分配、金融主体的知识和技术能力以及他们之间金融关系的一个不同结构,从而对应着金融伦理秩序的不同状态。根据金融制度安排与金融主体机会集合的可能性边界之间的关系,假设:F 为金融主体可以得到的发挥自己知识和能力的机会集合(或平等获得金融资源的机会),U 为不同品格金融主体的行为(这种行为是道德还是不道德与社会道德风貌、金融活动整体道德水平有关)偏好曲线。F_1 为行为偏好为 U_1 的金融主体的机会集合,F_2 为行为偏好为 U_2 的金融主体的机会集合;F_2 的机会集合可能性边界机会大于 F_1,即金融主体可以获得更多的机会。换言之,F_1 与 F_2 描述了实体性金融关系的具

① [美]罗尔斯:《正义论》,何怀宏等译,中国社会科学出版社 1988 年版,第 3—4 页。

体内容和规定,表现为金融秩序的不同状态,而作为这种秩序的自觉意识和金融主体的自由表达,在本质上又反映了金融伦理秩序的不同状态。据此,可以用图3-1来刻画金融制度的正义价值在金融伦理秩序演进过程中的内在机理。其中,横轴 T_1G 表示时期1的财富(包括物质收益和精神财富,如精神上的满足、兴奋或快乐),纵轴 T_2G 表示时期2的财富。G_1 为金融主体的某个具体行为(道德或不道德)在时期 T_1 享受的财富, G_2 为金融主体的某个具体行为在时期 T_2 享受的财富;r 为金融主体从事金融活动时对未来和不确定性的贴现率,它决定各个金融主体在金融活动中的行为偏好曲线的形状。

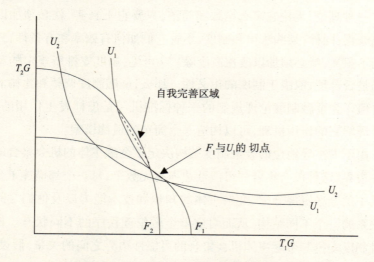

图3-1 制度正义与金融伦理秩序的关系

在机会集 F_1 中,金融主体参与金融活动的最优点是行为偏好曲线 U_1 与 F_1 的可能性边界的切点。这里的含义是:(1)在实体性金融关系方面,F_1 界定了每个金融主体获取金融资源和参与金融活动的机会,使之可以合理、有效地运用自己的知识和能力,并对合作、责任、诚信等行为形成正确的预期;在金融伦理关系方面,F_1 明确了金融活动行为规范符合实体金融关系的要求,体现了金融主体参与金融活动的一般道德水平。(2)在机会集 F_1 的可能性边界以内,金融主体参与金融活动的行为规范并没有与现有金融伦理秩序的要求一致,但由于金融制度结构界定的机会尚未充分展示出来,各个金融主体为了获得更多的机会(物质和精神收益)将对自己的行为偏好做出不断适应金融伦理秩序要求的调整,这在本质上也是将特定金融伦理秩序状态所内涵的伦理精神内化于金融主体行为的过程。(3)在金融主体行为选择的最优点,即行为偏好曲线 U_1 与 F_1 的可能性边界的切点。这时,金融主体参与金融活动的伦理精神被内化于他们对金融道德行为的选择,并获得 T_1 时期的财富 G_1,金融活动的行为规范与金融伦理秩序的要求一致。(4)随着经济、社会、金融之间相互作用关系的扩展和深化,现有金融制度结构限制了金融主体平等获得金融资源的机会,这时,既有金融活动的行为规范选择不仅不能增加金融主体运用知识和能力的机会,还降低了他们的财富。因此,违背 F_1 界定的金融伦理关系及相应的行为规范将在金融活动中频频发生。例如,地下金融活动、某些非法的融资行为和市场的非法交易,等等。尽管 F_1 界定的金融伦理秩序表现为一种相对稳定的状态,但它并非以正义和合理的状态存在。毫无疑问,F_1 中的理性金融主体具有寻求新的机会集合的内在动力。

为了协调 F_1 中金融关系结构的机会不平等和利益不均衡,引入金融制度调整和建构的正义价值,即增加金融主体获得金融资源和参加金融活动的机会,并对金融活动的不道德行为进行严重处罚,包括正式的制度制裁和非正式的社会制裁。这时的机会集合为 F_2,金融主体的行为偏好曲线为 U_2。显然,F_2 与 F_1 相比,是一种更加合理、正当的金融伦理秩序;在这种秩序里,机会集的扩大,意味着金融制度结构适应了经济、社会、金融之间相互作用关系的扩展和深化,金融活动对参与者的道德要求更高,各个金融主体对金融活动中新的道德要求产生合理预期,从而在既有道德存量的基础上,金融领域的一般道德水平普遍提高;这时,与伦理秩序相一致的金融伦理规范内化于各个金融主体从事金融活动的具体行为,并获得 T_2 时期的财富 G_2。不难推断,在其他条件不变的情况下,由于 F_2 中从事金融活动的一般道德水平提高,单个金融主体在 F_1 中并非不道德的金融行为(如信贷中介利用关系转贷获取不正当高额收益的行为、证券市场的内幕交易），现在可能存在更高的成本，包括政府打击和社会（行业）谴责的成本，而改变了选择，并认为是不道德的行为而不再为了；在 F_2 中，U_1 偏好的金融主体最少可以获得图 3 - 1 中虚线部分的改善。

综合图 3 - 1 的分析，金融制度调整和建构的正义价值原则促进金融伦理秩序演进的过程具体表现为：随着金融制度结构所界定的金融主体的机会集合的可能性边界的扩大，即从 F_1 转化为 F_2，各个主体在该时期（T_2）的预期财富为 G_2（$G_2 > G_1$）；这时，内化于各个金融主体的伦理精神改变了他们的偏好，U_1 转化为 U_2，他们参与金融活动的行为规范、道德水平得到进一步的完善，意味着金融运行的伦理秩序从 F_1 向 F_2 演进。反之，如果金融制度结构限制了金融主体从事金融活动的平等机会，金融主体机会集合的可能性边界将会缩小，内化于各个金融主体的伦理精神所引导的金融行为规范会减少他们的预期财富（$G_2 < G_1$）；他们的偏好和行为规范不能获得改善。

这样，金融制度的正义价值对金融伦理秩序的变革机制概括如下：

第一，金融制度作为制度一般的共同特征是规范要求的明确和具体，它的价值指向可以突出一切金融主体能够平等地获得社会金融资源的权利和机会，使他们能够清楚地认识到利用金融发挥自己知识和能力的空间，并明确金融行为规范的预期财富，从而实现各个金融主体的发展机会和长期人力资本积累。在这个过程中，实体性金融关系的调整促进了金融活动的伦理精神外化于金融主体的行为。

第二，金融制度在一定程度上可以根据社会发展的需求，预先规划好各个金融主体参与金融活动的利益关系，把可能的、将要引发金融伦理关系紊乱的利益冲突，通过制度安排预先予以化解，从而引导各个金融主体改变他们的行为偏好曲线的贴现率，使他们对合理的金融伦理秩序形成一种长期的预期，并不断调整和完善自己的行为规范。

第三，正式金融制度对金融主体的不规范行为有强制的、直接的制裁作用，这种通过惩治所实现的矫正正义，显示了金融违法或不道德行为的成本和风险，迫使他们改变行为偏好曲线的贴现率，获得良好的品格和自我完善的动力。正是各个金融主体依规而为的有序性，催生了公正、合理的金融伦理关系和伦理秩序。

三、金融制度和谐对道德行为的诱导机理

与金融伦理秩序相应的行为规范的总和反映了金融领域的一般道德水平，而金融领域一般道德水平与社会政治、经济、文化和技术的相互关系构成了金融伦理环境。金融伦理秩序的革新意味着金融实践的行为规范要求的提高，从而反映了现有道德存量基础上金融领域一般道德水平的上升。"一切以往的道德论归根到底都是当时的社会经济状况的产物。"①因而，金融伦理秩序的革新也就意味着金融发展过程中金融伦理环境的提升。

在一个具体的金融伦理环境中，作为个体的各个金融主体既是一般金融道德水平的接受者，又是一般金融道德水平的参与形成者；每个参与金融活动的主体，其具体的不道德行为在将来面临三种成本：(1)自我制裁或后悔成本，即对现在的不良行为在将来感到后悔，如良心的谴责、内心的痛苦，而且个体道德水平越高，内心深处的痛苦越大，后悔成本越高；(2)社会制裁，如社会谴责使之蒙羞、同行或利益关系人的经济制裁，等等；社会金融活动的一般道德水平越高，社会制裁的强度越大，个体付出的成本越大；(3)正式制度的处罚，如法律、行业规则的制裁；社会金融活动的一般道德水平越高，法律制裁的成本越小。假设社会制裁的成本为 C_S，制度制裁的成本为 C_L，后悔成本 C_P 是行为人内心的一种道德心理成本。那么，个体参与金融活动实施不道德行为的外部成本是 $C_S + C_L$，总成本 C 等于 $C_S + C_L + C_P$。

首先考察总制裁成本与贴现率的关系。假设个体参与金融活动在时期 T_1 实施不道德行为可以获得正常行为收益之上的一个增加值 R，但是，他在时期 T_2 将面临处罚的总成本为 C，对未来和不确定性的贴现率为 r。那么，理性个体的决策规则是：

---

① 《马克思恩格斯选集》，第 3 卷，人民出版社 1995 年版，第 435 页。

如果 $R - \dfrac{C}{r} \geqslant 0$，行为人在金融活动中将实施不道德行为；

如果 $R - \dfrac{C}{r} < 0$，行为人在金融活动中不会实施不道德行为。

实施道德行为和不道德行为的均衡点是：$R - \dfrac{C}{r^*} = 0$；那么，如果贴现率 $r > r^*$，行为人将实施不道德行为；反之，如果 $r < r^*$，行为人会实施道德行为。显然，贴现率越大，实施不道德行为的总成本现值越小，当期财富越大；贴现率越小，实施不道德行为的总成本现值越大，当期财富越小。

金融活动中个体道德行为的品质包括诚信、高度的责任感以及与他人的良好合作，等等。这类行为在当期获得一个相对较低的报酬，在将来可以产生一个相对较高报酬，但个体从道德行为中获得的主观财富取决于他的贴现率。一般的，金融伦理环境的提升，作为个体的金融主体在诚信、责任感以及与他人的良好合作方面有更好的表现，从而降低个体贴现率，使金融主体的行为偏好曲线 U 具有从 U_1 向 U_2 转化的趋势。由此，可以扩展图 3-1 的道德模型以说明金融伦理环境提升对个体道德行为的导向。在图 3-2 中，一个具有较低贴现率、行为偏好

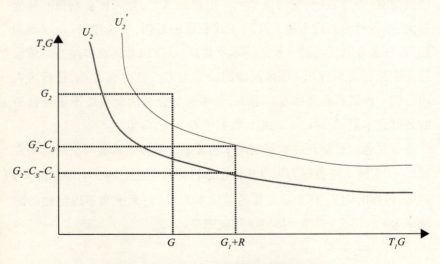

图 3-2　金融伦理环境对道德行为的引导

曲线为 U_2 的金融主体实施道德行为的报酬为 (G_1, G_2)，即当期或 1 期财富是 G_1，将来或 2 期财富是 G_2，$G_1 < G_2$；实施不道德行为的财富为 $(G_1 + R, G_2 - C_S - C_L)$，即当期或 1 期财富是 $G_1 + R$，将来或 2 期财富是 $G_2 - C_S - C_L$，$G_1 + R > G_2 - C_S - C_L$；可以看出，金融主体将会选择实施道德行为，因而具有低贴现率的金融主体参与金融活动的行为规范具有逐步完善的趋势；进一步，金融伦理环境提升使社会经济系统中金融活动的一般道德水平得到提高，制度制裁的成本降低，当制度制裁成本为 0 时，金融主体在 2 期的财富 G_2 仍然大于 $G_2 - C_S$，从而使他们在金融实践中持续地完善自己的道德行为。

显然，金融伦理环境提升对金融活动的道德行为有持续的引导作用。此外，在良好的金融伦理环境里，管理当局对金融活动中不道德行为的公开曝光，将打破现有道德价值的平衡，支持金融主体改善他们的品德，使金融活动的伦理规范内化为各个金融主体的现实价值观，并最终外化为一种金融伦理行为。

第四章
金融市场伦理

金融市场作为金融资产交易的场所,其有效性不仅在于交易的规模,更在于交易的正当合理性,因为只有公平的市场才会拥有更多的参与者。为此,金融市场要有相应的技术保障和法律支持。但是,人们如果没有接受技术和法律约束的内在驱动,那么,对技术和法律的过分依赖,只能导致更高的技术要求与更多的立法和诉讼。因此,一个真正有效的金融市场仅有技术和法律是不够的,还要有特定的伦理规则和期望的伦理行为作为其交易活动的前提。

但是,金融市场伦理不是纯粹主观性的建构,而是人们对金融市场客观存在的伦理关系和伦理属性的自觉,只有把握住金融市场内生的伦理要求及其作用机理,才能真正明晰金融市场伦理秩序的道德基础所在。

第一节 金融市场概述

一、金融市场的定义

国内外学者对金融市场有多种定义,一是场所说,即把金融市场视为金融商品交易的场所。如证券交易所、期货交易所。二是机制说,即认为金融市场是金融资产交易和确定价格的机制。三是关系说,即认为金融市场是金融资产供求关系的总和以及债权与股权关系的总称。四是结构说,即认为金融市场是货币市场、资本市场、外汇市场、黄金市场的总和。定义的多样性说明金融市场是一个复杂的系统。

以上定义虽然各有侧重，但有一个共同的内容，即金融市场与金融商品交易是分不开的。因此，我们可以按照金融商品交易的内容把金融市场进一步分为广义金融市场和狭义金融市场。前者把社会的一切金融业务，包括银行存贷款业务、保险业务、信托业务、贵金属买卖业务、外汇业务、金融同业资金拆借业务和各类有价证券的买卖都列入金融市场。后者则仅把金融同业间的资金借贷、外汇买卖和各种有价证券交易活动归入金融市场。

二、金融市场的要素

金融市场的要素是指构成金融市场的元素，它们在市场原则和市场制度安排下形成制衡机制，维持市场的正常运转。金融市场要素包括金融市场主体、金融市场客体、金融市场组织形式等。

金融市场主体是指金融市场的参与者。作为金融市场的参与者必须是能够独立做出决策并承担利益和风险的经济主体，包括机构和个人，他们或者是资金的供应者，或者是资金的需求者，或者兼而有之，彼此之间存在着复杂的利益关系。从参与市场交易的具体部门来看，金融市场主体主要包括政府部门、工商企业、居民、存款性金融机构（商业银行、储蓄机构和信用合作社等）、非存款性金融机构（保险公司、养老基金、投资银行、投资基金等）、中央银行。其中中央银行在金融市场中处于特殊地位，它既是金融市场的行为主体，又是金融市场的监管者。也有学者根据金融市场行为主体不同，把金融划分为家庭金融、公司金融、政府金融和国际金融，这就暗示金融市场的主体也可以简单分为家庭、公司和政府。①

金融市场客体是指金融工具，即金融市场上资金运行的载体，又叫信用工具、金融商品、金融资产或交易工具。当资金缺乏的部门向资金盈余的部门借入资金，或者发行者向投资者筹措资金时，以书面形式发行或流通的信用凭证，就叫金融工具。它是关于交易双方权利义务的

① 曾康霖：《金融学教程》，中国金融出版社 2006 年版，第 147 页。

金融契约。金融市场金融工具种类繁多,大致可以分成两类:一类是金融市场参加者为筹资、投资而创造的工具,如股票、债权;另一类是金融市场参加者为保值、投机等目的而创造的工具,如期货合同、期权合同。金融工具作为金融市场交易的对象,它是随着信用关系的发展而产生和发展起来的。现代错综复杂的资金融通关系,不可能单靠口头协议办事,也不能使债权或所有权在市场上转让、流通。为适应多种信用形式发展的需要,金融工具不断创新,在促进金融交易的同时,也隐藏着更大的风险。

金融市场组织方式是把交易双方和交易对象结合起来,使交易双方相互协商,共同确定交易价格,最后实现转让交易对象的目的的方式。主要有拍卖方式和柜台方式。

三、金融市场的分类与功能

1. 金融市场的分类

金融市场是一个庞大而复杂的市场体系,根据不同的标准,可以有不同的分类。按活动方式可以分为放款市场和证券市场,证券市场又可以分为发行市场和流通市场;按融资期限可以分为短期市场(货币市场)和中长期市场(资本市场);按地域可以分为地方性市场、区域性市场、全国性市场和国际市场;按交易性质可以分为股票市场、债权市场、黄金市场、外汇市场、现货市场、期货市场;按交易场所可以分为有形市场和无形市场等。不同的金融市场基于不同目的,为保障国民经济发展和居民生活不同的投融资需求,一个国家和地区应该根据整体需求保持不同金融市场之间的协调和平衡。

2. 金融市场的功能

虽然不同的金融市场功能不尽相同,但从整体来看,金融市场的主要功能有:

第一,融资功能。这是金融市场最基本的功能,它通过各种金融商品的买卖,增强资金流动性,实现货币资金余缺调剂,使资金盈余者增加收入,使资金短缺者根据需要筹措资金,还可以调节金融机构之间的头寸。这样,金融市场不仅可以广泛动员、筹集调剂资金和分配社会闲散资金,也能促进经济社会的发展。

第二,积累资金功能。经济中的货币量有很大一部分是作为资产沉淀在居民和企业手中的,单靠银行吸收存款不足以充分聚积这些零散资金,而通过企业发行股票和债权,则能长期促进储蓄转化为投资,从而实现资金的积累。

第三,资源优化配置功能。金融市场的配置功能体现在三方面:一是资源配置;二是财富的再分配;三是风险的再分配。在金融市场上,金融资产供给往往是短缺的,为了实现投资利润最大化和融资成本最小化,交易双方总是要充分利用金融市场的价格机制,对收入和风险进行仔细权衡和选择,做出资源的最优配置。

第四,信息传递功能。金融市场历来被人们称为国民经济的"晴雨表"和"气象台",是人们公认的国民经济运行的信号系统。如通过证券市场可以直接了解证券行情、投资机会,证券价格的涨跌可以迅速反映出企业经营好坏和公众对产业前景的判断;金融市场波动可以直接或间接反映国家货币供求变化、利率的涨落、市场竞争的激烈程度和风险大小等信息。在一个规范的市场中,由于信息充分、及时和准确,市场参与者就可以根据所掌握的信息进行金融资源的优化配置。

当然,金融市场能在多大程度上发挥市场功能取决于金融市场本身的完善程度,包括法律、技术和伦理等方面的建设。一般来说,金融市场越不完善,信息就越失真,资源就可能错配,造成金融资源的浪费。

第二节　金融市场伦理的根据

金融市场伦理是金融制度伦理在金融市场中的具体化,但这并不意味着金融制度就是它的根据,因为制度伦理也不过是人们对金融内外部关系的宏观把握而已。金融市场伦理的根据在于,由信用关系、契约关系、监管关系交织而成的金融市场实质上是一个具有必然性的价值关系体系。

一、信用关系：一种以道德维系的关系

金融市场是商品经济和信用经济发展的产物。早在前资本主义的简单商品经济条件下，货币除了作为商品交换的媒介之外，也可以作为支付手段，并用信用工具作为支付依据，从而产生了货币经营业和高利贷。这就是说，信用交易孕育了金融市场。

金融市场的真正形成和发展是在资本主义经济制度产生和发展起来之后。随着简单商品经济发展成为社会化的商品经济，在利润的驱动和竞争的压力之下，资本家必然要求冲破单个资本的有限性，使资本能在社会各职能部门之间进行转移，这就促进了信用制度的发展。于是，商业信用、银行信用、国家信用、消费信用、证券信用等多种信用形式也就出现了。相应地，信用工具的发行和流通、转让也就促进了金融市场从以银行为中心的货币市场到证券市场以及各种衍生子市场的发展。

1792 年 5 月 17 日纽约经纪商聚集在华尔街的梧桐树下，签订了关于买卖股票最低佣金比率和相互给予对方优先权的协议，这份协议不仅标志纽约证券交易所的诞生，同时也表明信用几乎与证券市场同时产生。之后金融市场的每一步发展，在本质上都是信用工具创新和信用关系扩张的过程。在信贷市场、贴现市场、证券初级市场，交易双方之间不是单纯的买卖关系，而是一种借贷关系，体现了在信用前提下资金所有权和使用权的暂时分离；票据市场的交易也是基于对票据持有人票据真实性的信任，而这种信任正是在先信用关系的延伸；股票市场、金融期货市场、期权市场、利率互换和利率协议市场等资本市场，日益虚拟化，要借助"信用提高"技术实现投资者的资本增殖目的。

可见，金融市场的有形发展，是信用无形推动的结果。然而，信用对金融市场的推动，表面看来是它作为一种交易的媒介，或者信息商品，甚至证券化的担保而显示出来的技术力量，实际上，这种技术力量背后的支撑是信用所蕴含的道德力量。

1. 信用主体是诚实守信的道德担当者

信用与诚信虽然是两个不同的概念，前者是一种客观的交往关系，

而后者是个人的一种德性。但是,二者又是互相联系的。在发达的市场经济中,商业信用是从事再生产的资本所有者之间提供的信用。这种信用是相互的,作为契约维系的商品或货币借贷是债务和债权关系。在这种关系中,每个人一面提供信用,又一面接受信用;一个人的支付能力和支付愿望往往同时取决于另一个人的支付能力和支付愿望。因此,每个人都有要求信用的权利,也有自己恪守信用的义务。

在这里,虽然信用是体现在商品交换和货币流通中的调节器,或者商品形态转化的桥梁,但是,信用关系得以维持下去则是以信用关系主体的诚信德性为前提的。信用关系建立之初,首先预设了信用参与者是守信用的人。一旦在实际的信用交易过程中发现信用主体存在机会主义行为,如金融契约签订之前以各种伪装导致对方逆向选择,或者契约签订之后不履行承诺的道德风险,则在以后这种信用关系就会因为主体的失信而中断。虽然因为在交易中存在信息不对称,也许失信行为不能被即时发现并做出反馈,但是,金融交易是一个长期重复博弈的过程,能够长期维持信用关系的人只能是那些具有诚信德性的人。

2. 信用关系是交易双方平等意志的体现

信用有不同分类方法,"依社会活动的性质,可以划分为经济信用、政治信用、法律信用、伦理信用。"①依此分类,金融市场的信用应属于经济信用范畴,是基于交易双方未来补偿能力和意愿的交易行为和资源配置,是一种关于信用双方权利、义务关系的客观事实。

但是,市场经济扩张了整个市场范围的经济关系,使作为客观事实存在的信用关系中渗透着一种价值观,即交易双方应该建立权利要求与义务践履对等的伦理关系。这是交易者心中的平等意志,在它的推动下,各金融主体在利益博弈中谋求均衡,建立公平的契约关系。如在银行信贷关系中,授信方让渡资金所有权,同时享有要求受信方到期还本并付息的权利,而受信方获得资金使用权的同时,必须承诺按约定的期限和条件,实际履行偿还和补偿对方的义务。信用交易双方的平等

① 王淑芹等:《信用伦理研究》,中央编译出版社2004年版,第14页。

意志所激发的道德力量,还能形成维护和践行契约的自我监督机制。一方面,它对金融市场监管部门和社会监督部门的监督有一种强烈的诉求,要求建立良好的信誉识别机制和奖惩机制,保障交易双方均衡利益的实现。另一方面,他们彼此承担相互监督和评价的责任,如交易所的自律、银行对受信方的资金使用去向进行跟踪监控,防止挪用而造成额外风险;或者要求违约和侵权行为人对自己的损失给以补偿,以伸张、矫正正义等。从此意义上看,金融市场的信用秩序与交易主体谋求平等的意志力密不可分。

3. 信用交易是信任和信誉的资本化

信用交易是交易各方利益和风险的均衡,由于信用交易存在时间跨度和许多变数,信任就成为影响利益和风险分配的直接因素。对银行、证券公司和共同基金等金融公司而言,通过帮助客户实现长期财务目标与他们建立信任关系,就能增加公司盈余,因为"更多的信任通常意味着可以管理更多的客户资产,从而产生更多的收入。"①事实上,资信程度高的银行,往往能成功地以贷款债权为抵押发行证券,从而分散贷款风险。在信用交易中,信任的意义在于可以资本化,因此,福山把社会或群体成员之间的普遍信任称为社会资本,认为:"一个社会信任程度的高低乃成为其影响经济的重要文化因素"。②

和信任一样,信誉也是资本化的道德。信誉指声望和名誉,是社会关于交易主体履行承诺能力和愿望的道德评价,它一般由专业性的征信机构和信用评估机构确定。信誉一旦形成,就成为一种具有商业价值的无形资产,被交易双方视为评估交易和合作风险的重要依据。现代金融创新中所谓"信用提高"技术,其实就是信誉的商业利用。它根据信用评级机构的标准,分别计算出每一种抵押品的风险,然后确定一组证券或其他资产组成的抵押品的总风险水平,并根据这一风险水平,

---

① [英]W·迈克尔·霍夫曼等:《会计与金融的道德问题》,上海人民出版社2006年版,第247页。

② [美]弗兰西斯·福山:《信任——社会道德与繁荣的创造》,李宛蓉译,远方出版社1998年版,第35页。

配发一定数量的更高信用等级的资产与之组合,以提高初级抵押品的信用等级。企业经过这种运作可以实现资本增殖,原因就在于信誉是一种道德资本,提高信用等级即提高信誉,就意味着增加了资本,从而就意味着更多的价值回报。

二、契约关系:一种以价值支撑的关系

金融缔约是金融市场的特征之一,随着经济的金融化和金融的社会化,金融契约日益成为人们利益关系最集中和最典型的表现形式。在中西文化史中,契约概念具有丰富的内涵,被广泛应用于法律、宗教神学、社会政治学、经济学和道德哲学。金融缔约虽然是在经济学意义上使用的契约概念,而且表面呈现的也往往是法律条文般的形式要素,但是,这些要素蕴含着丰富的文化内涵,尤其是社会伦理内涵。

1. 平等价值

人与人之间相互联系、相互影响、相互作用而形成的社会关系,归纳起来有两种,一种是纵向的服从与被服从的关系,如上下级关系;另一种是横向的平等主体间的关系,如契约关系。平等是社会契约论的基本价值取向,如霍布斯的"利维坦"、洛克的"政府"、卢梭的"公意"、罗尔斯的"无知之幕"等,都是为了实现契约的平等价值而进行的理论建构。金融契约作为未来金融资产交易的约定,也是契约主体在平等基础上达成的一致意见,其中渗透着平等价值取向,主要体现在三方面:一是契约主体平等对待。金融契约平等的实质是执行平等,也就是说,不存在因人而异的特例。费孝通先生说:"乡土社会的信用并不是对契约的重视,而是发生于对一种行为的规矩熟悉到不假思索时的可靠性"①,但是这种行为模式在以陌生人为主的现代社会中是难以应用的。而金融契约发生在契约社会中,其交易可以扩展到与交易主体完全陌生的他人,交易主体的广度就得到空前的扩展,甚至扩展到与自己根本没有任何接触的人群,如一些现代金融产品和衍生工具的交易,甚至不需要交易者有任何面对面的接触。发生在陌生人之间的这种金融

---

① 费孝通:《乡土中国·生育制度》,北京大学出版社 2002 年版。

交易遵循的原则是"铁面无私"的制度。例如,如果一条契约规定禁止内幕交易,那么对该规定所涉及的所有人都设定了一致的义务。在这一先决条件下,该契约规则实际上增进了各个当事人之间的平等。二是契约主体人格独立、互不依从。金融市场融合着政府、工商企业、居民、金融机构、中央银行等多种利益主体,虽然各自拥有不同的金融资产和不同的社会影响,但在金融缔约中,地位则是平等的,否则,在胁迫条件下订立的契约就得不到履行。如在一些政府主导的金融市场中,一些国有商业银行存在着大量的呆账和坏账,一个重要原因就在于它和国有企业之间的借贷合同是在国家意志控制之下签订的,双方都没有独立的人格,因而就不成为责任主体了。三是权利和义务的对称性,即契约双方所享有的权利与履行的义务相当,不是一方享有更多的权利,而履行的义务却很少。在金融契约中,由于契约双方谈判力不同,容易出现谈判力强的人享有的权利比履行的义务更多的情形,在金融交易这样的"零和游戏"中,另一方就必然履行的义务多于享有的权利。因此,权利义务是否对称直接影响到契约本身的正当性。

2. 自由价值

金融契约是契约双方在意见一致基础上形成的允诺和责任,这首先意味着契约的主体是自由的,因为责任的前提是主体的自由。正如萨特所说,人是自由的,所以必须选择,又因为是自己做出的选择,所以自己必须承担责任,即使痛苦、孤独,也不能逃脱。反过来说,一个人如果是在无知或被迫的条件下做出的选择,则他不能对这种选择负责,这就如同民法规定只有具有民事行为能力的人才能承担民事责任一样。

金融的实质是财产权利的交易,相应地,金融契约的实质是主体就财产权利交易而达成的一致约定,这种约定也是以主体自由为前提条件的。契约主体的自由体现在以下方面:一是他是财产的所有者,或者说金融契约是对个人财产权利的尊重和维护。一个人之所以与另一个人达成金融交易的约定,其目的就是为了让渡自己的财产权而获得补偿,或者支付一定成本给对方而获得未来的财产权。财产权的伦理意义在于它是自由的条件。布坎南曾对霍布斯论述过的由"丛林法则"

到"休战状态"并缔结和平公约大加赞赏,并作为自己的社会契约论的起点,但是,他对霍布斯的"公共财产的悲剧"却不以为然,因为"作为公共财产的分享者,人们之间的相互依赖性最大"。而在他看来,这种依赖性限制了人的自由,相反,对财产的分割能增加自由。他说:"对公共财产以一种特定的分派形式进行分割,以形成私人的和独立的活动空间,减少了个人对他人行为的依赖性,除非由任何能够产生更大价值的刺激—诱导动机。如果我们把自由解释为与个人的福利对于他人行为的依赖性具有相反的关系,个人自由就增加了。"①

3. 自主价值

自主与自由相关,只有获得自由的人才能在行动上真正自主。自主与自愿相似,只有根据自己的意愿行动才称得上是自主。金融市场与商品市场不同,它交易的是货币资金这个特殊商品,不仅其交易是跨期性的,而且其价格也是不确定的,甚至可以说,整个金融市场就是一个价格发现的市场。而究竟如何给金融产品定价,正是现代金融理论的一个核心问题,有很强的专业性。然而,参与金融市场交易的主体往往并不都具有这样的专业知识,至少委托人比代理人拥有更少的相关知识。但是,代理人和委托人之间的这种信息不对称是客观存在的,而且也正是因为有这种信息的差异,才会形成信托关系,这就要求契约主体有更强的自主性,否则,就不可能形成持久的契约关系,或者即使在一方不能自主的条件下建立了契约关系,也会面临毁约的威胁。而且,由于金融活动本身的不确定性和复杂性,金融契约本身也是不完善的,不管合同条款是如何的细致,总有些理解是非表达的,而只能是推定的。如委托人和代理人对信托责任的认识就存在着许多个人的推定。一般来说,客户对金融专业人士的信托责任给予严格的解释,认为之所以把自己的资产委托给专业顾问管理,是因为他们相信顾问具有相应的专业知识和能力,把资产委托他们管理比自己管理更能实现资产的

---

① [美]詹姆斯·布坎南:《财产与自由》,韩旭译,中国社会科学出版社2002年版,第2页。

价值最大化。因而,他们对金融专业人士责任的理解就是,既要实现资产价值最大化,又要行为出自忠诚的动机。相比而言,金融专业人士对信托责任的理解要宽泛得多,他们认为行为出于与个人利益有关的动机并没有违背信托责任。金融市场上这种信托责任的模糊性表明,金融契约主体不能倚仗"市场权势"(如信息优势)和政治影响,把契约均衡点向外推到对方自愿接受的底线(严格说来,这已经突破了"自愿"的意义),而应该是相互商谈,在自主自愿基础上达成共识。

三、监管关系:一种以共同善为旨归的关系

金融监管的产生和发展与金融市场本身的脆弱性分不开。1720年6月英国政府颁布的《泡沫法》,在世界金融史上,标志着国家正式对金融活动实施监管,而这部法律正是"南海泡沫"推动的结果。19世纪的西欧和美国在经济自由主义影响下,金融运行由"看不见的手"调控,结果出现银行挤兑,证券市场过度投机,使金融市场的泡沫和风险充分暴露,并最终导致1929—1933年世界经济大危机,这也就成为政府对金融市场进行严格而广泛监管的特定背景。西方国家的金融经历了20世纪70年代的放松管制后,80年代后期又遭遇了国际性股市风暴,尤其是东南亚金融危机,从而使政府再次加强了管制,直到21世纪,各国金融管制虽然相对放松,但国际合作更加紧密①。

问题的另一面是,尽管人们期待金融监管者是超功利的、公正的"第三方",但不同的市场监管理论从不同角度揭示出他们实际上又是面临多种利益冲突的"剧中人"。第一,公共利益。公共利益理论以福利经济学为立论依据,认为一旦市场失灵,导致自然垄断、外部效应和信息不对称等现象,不能通过资源的优化配置实现社会福利最大化,则政府应该从维护公共利益出发,对市场进行相机干预,以扭转可能出现的不利条件。因而,金融监管的主要目标就是要以低成本的方式强化交易便利和顾客信心,为公众创造更多的净社会价值。第二,集团利

---

① 黄运成等:《证券市场监管:理论、实践与创新》,中国金融出版社2001年版,第1—12页。

益。基于金融监管与公共利益的现实背离，一些经济学家和政治学家又提出了俘获论，认为监管者作为公共利益的代理人，往往容易被某些政治家或者被监管者俘获，并根据这些组织严密的利益集团的愿望来行事，而不是根据公众利益来行事，这就意味着金融监管的另一目标是维护特定集团的利益。第三，私人利益。激励冲突理论把监管者描述为自利的代理人，认为私人监管者，要在法律和政府监控的约束下，最大化与被监管对象的组合利润，又要通过与其他监管者的竞争，从组合利润中获得更多的份额。而政府监管者往往通过制定某些市场规则，把自己作为政府管理者所担当的宏观经济责任转嫁给被监管者，或者以牺牲不知情的纳税人利益为代价换取自己的私利。

不难看出，金融监管是为应对金融市场本身的脆弱性给交易者带来的不安全而产生的。监管者和被监管者之间实际上是一种契约关系，监管者是洛克社会契约论中的"政府"，也是卢梭笔下的"公意"，即使监管者有求私利的强烈欲望，也不能为满足这种欲望获得正当性辩护。相反，金融监管的目的应该是为了实现共同的善。

为此，金融监管要有正当的价值取向。金融监管理念是制定和监督执行金融交易规则的基本立场和观点，其价值取向直接影响着规则及其运行的伦理性质，因而是金融监管道德体系的基础。从各国实践看，尽管经济学家倾向于用自利性原理解释金融监管的必要性和运作模型，但监管者"往往把相机性的规则制定和实施描述为促进稳定、公平和经济效率"，[1]这表明他们关于监管理念的基本价值取向是追求公平和效率的统一，而不仅仅是谋求个人的私利。同时，监管者要强化职业道德。金融监管是监督和迫使交易各方服从交易规则的外部力量，政府将这种力量赋予监管者，是因为相信他是利益中性的无私者，而被监管者愿意接受这种力量的约束，则还因为相信他可以最小化交易成本。作为一种对等回报的承诺，监管者相应负有称职、忠诚以及关心等

---

① 刘仁伍、吴竞择:《金融监管、存款保险与金融稳定》，中国金融出版社 2005 年版，第 109 页。

道德责任。Kane认为,尽管监管者逃避责任的机会主义行为被认为是理所当然的,但是,"其强度会受到社会的、文化的以及个人高尚道德准则的制约"。而且,社会越强调这些道德规范,则其作用越强大,法律的约束也越宽松。因此,他主张通过延迟对监管者的补偿,形成对监管者的监管压力,从而强化其忠诚受托人的职业道德意识。①

当金融自由化导致金融市场的无序,引发金融危机,甚至经济危机时,人们呼唤金融管制;而当金融监管本身与利益集团合谋,演化为"披着羊皮的狼"时,人们宁可选择放松管制。不同情势下对金融监管的取舍虽然各异,但选择的宗旨始终是一致的,那就是维护共同的善,保障金融自身良好的秩序,并通过金融增进社会公共福利。

第三节　金融市场伦理的内容

在金融市场交易活动中,存在不同类型的伦理问题,有的是由于不正当的交易行为引起的,如金融欺诈和操纵。另一些则是由于金融市场本身缺乏规范而引起的,如信息不对称和其他的不平等。这两种类型的问题虽然是相互影响的,但从伦理道德的发展规律来看,前者应属于个体德性方面的问题,后者才是公共领域的伦理问题。因而,在这里,金融市场伦理所关注的问题是可以借以对人们的行为形成期待的规则,即协调和控制金融交易活动中伦理关系的原则和规范。

一、信息:公开

信用是交易主体未来兑现承诺的意愿和能力。信用关系的形成和维持取决于两个条件:一是产权明晰。只有产权明晰,权利主体才能对财产的所有权、处置权、分配权和收益权进行分散决策,也才能进行信用交易。而且,也只有产权明晰,才能对以信用方式让渡财产权形成合理预期,并愿意诚实守信,以通过重复博弈实现长期利益。与产权明晰

---

① Edward J. Kane, "Using Deferred Compensation to Strengthen the Ethics of Financial Regulation. "NBER Working Paper: No. 8399, 2001, 7.

相关,另一个条件是信息对称。这是因为,一方面,信息本身也是金融交易中非常重要的产权,与实物交易不同,金融交易是以信息为基础的虚拟交易,信息的优势决定着交易的优势。另一方面,只有拥有关于交易对方财产权的相关信息,才能对他未来兑现承诺的能力和愿望做出准确判断,为信用交易提供必要的决策依据。

　　然而,金融市场的客观现实是,由于信息的不对称导致了道德风险。斯蒂格利茨与韦斯在《不完全信息市场中的信贷配给》等论文中解释了信贷市场信息不对称所引发的道德风险。文章认为虽然不同的借款人具有不同的违约概率,但银行并不能将他们区分开来,而只能以相对较高的相同协议利率对所有人提供贷款。在高贷款利率下,那些将从事安全投资的借款人会无利可图而放弃贷款,而那些从事高风险项目的人却愿意借款。结果对贷款人而言,他们最终选择的对象实际上是违约概率最高的借款人。这就是信息不对称条件下银行的逆向选择。同样,由于银行无法对借款人进行充分的监督,这些进行冒险的借款人获得贷款后,为弥补高贷款利率而增加的成本,便从事高风险投资,一旦投资失败,他们就选择赖账违约,这就是借款人的道德风险。不仅如此,由于银行提高利率的筛选机制失灵,银行就会采取降低利率和实施信贷配给的办法,通过减少贷款来降低风险。而这种配给制使可贷的金融资源更加稀缺,这就给控制着该资源的金融机构以扭曲利用手中权力的机会。如贷款歧视,造成信贷机会的不公平。这就是银行的道德风险。可见,信息不对称条件下存在着多种道德风险。

　　金融市场道德风险问题的凸显客观上要求市场的公开和透明。首先我们应该承认金融市场的公开和透明不是自明的可操作性原则。如目前学术界和金融界对内幕信息及其权属并没有明确而一致的界定。财产权理论把内幕信息视为一种具有机密商业信息特征的财产,认为其所有权归公司。但是,这种做法实际上把公司推向了两难境地:如果禁止员工使用内幕信息,则员工把关于效益报告之类的信息用于股票交易之外的行为也被认定为偷窃了,这种做法显然过于宽泛;而如果允许员工使用属于本公司的特定信息,则对公司之外的社会投资者就构成了损害。公平理论认为买卖双方应该有足够的信息作出合理的决定,一方故意隐瞒信息而使无知的另一方受到损害是不公平的。这样看来,内幕信息的权属似乎是公共的,不能由少数人专属,因此各国证券法都作出了关于信息披露的严格规定。当然,这种理论也注意到了另一种情形,即认为投资者通过花大量的时间和金钱,利用自己的专有知识而获得的信息应该属于个人。但是,这种看似全面的观点也遇到了许多困难,如把"重大性"作为信息是否应该披露的标准过于含糊,适用性不强;笼统地否定个人对内幕信息的所有权,禁止内幕交易,会损害到信息优势者的利益;而内幕交易合法化,又会刺激代理人违背受托人义务,而过多关注对自己有利的信息;等等。

　　信息产权本身的模糊性更进一步要求金融市场的信息公开,否则,似是而非只能引发更多的伦理冲突。当然,公开应以公正和公平为前提。公开的目的不是共享所有信息,而是要对这些信息有所区分,依照一定标准明确哪些是应该公开的,哪些是不应该公开的,然后对前者加以公开,对后者加以保护。在这里,重要的不是以什么理论来对信息划界,而是标准的一致性和一贯性。正如以恶的程序实行良法和以善的程序实行恶法之间,我们会认为前者是更大的恶一样,信息公开首先要保障程序的公正。公开还要保障实质的公正。一般来说,那些会明显造成交易者之间不平等的信息有两种公正的选择,要么公开,使之成为共有信息,要么不公开,并同时禁止就其进行交易。前者如信用合同,授信方的"信用能力"和"受信方"的"信用度"等信息,直接影响到信用双方对信用的价值判断,是应该公开的信息,否则就有信用链条断裂的风险。如在美国次贷危机的因果链条中,有一环节就是"零文件"和"零首付",这实际上就是失去了基本的信息公开。类似的信息还有如股票交易过程中的即时信息,金融监管部门的查处信息等,这些信息的公开都有利于相互监督,促进良好市场秩序的形成。后者如内幕信息,由于它是被极少数人所掌握,而且这些人的信息优势不是基于自己的主观努力,而仅仅是因为岗位的特殊性,所以这些信息一般属于不能公开,同时也被禁止交易的信息。

二、交易:公平

和任何其他市场一样,金融市场的良性运行需要共同的伦理规则和行为期待,以维护市场的公平性。关于金融市场本身的公平,各国学术界和实践部门并没有形成一致的意见,我们认为综合起来可以从三个不同的层次进行规范。

1. 基于损害的公平

有人认为金融市场的交易是一种零和游戏,有人获利,必然有人受损,因而其目的不是防止损失和伤害,而是确保游戏的公平①。这种观点暗示,并非所有的损害都是不公平的,只有某种特定的伤害方式才被认为不公平。根据国内外经验,这种方式主要有:

内幕交易。它指内幕信息的知情人和非法获取内幕信息的人利用公司经营、财务和重大决策等内幕信息所从事的交易。由于金融交易的参与人是根据信息对金融资产进行判断和决策的,因此,内幕人士一旦利用具有价格敏感性的内幕信息进行交易,就既可以避免不确定性带来的风险,又可以从市场操纵中获得超额利润,使局外人成为自己利益的牺牲品。内幕交易的不公平性,不是因为内幕人士拥有信息优势,就像我们并不指责那些专业人士拥有信息优势一样,而在于:第一,他们的信息优势不是基于自己的努力,而是地位。这意味着局外人无论怎样努力,也得不到这些信息,除非向他们行贿或者采取其他非法途径。第二,他们不恰当地利用了信息优势,如故意泄露和市场操纵,并从中获取利益和补偿,并给其他投资者造成损害。如果前者的不公平性在于起点的不公平,那么,后者则无异于背叛了"不偷盗"的道德责任而造成了结果的不公平。

欺诈和操纵。金融欺诈指故意歪曲、虚报和遗漏重要事实,从而使依赖这些事实的人蒙受损失的行为。对操纵的一种解释是:"某些人为了创造一种价格变动假象或者误导性信息以诱使其他投资者跟进买

---

① [美]博特赖特:《金融伦理学》,静也译,北京大学出版社年2002年版,第33页。

卖证券的证券买卖行为。"①根据美国1934年证券交易法案对操纵的分类,这只是一种行为操纵。还有两类是信息操纵和交易操纵。欺诈和操纵的伦理错误除了对不知情者造成了实际损害外,更重要的是,这种损害是基于一种不公平的交易。它违背了诚实守信原则,利用公司购并打压或拉升股价,从中套利;或者利用信息发布者的声誉机制,制造和传播虚假信息,使不知情投资者产生错误的价格信念,做出错误的判断;或者以噪音交易制造市场假象,掩盖操纵行为。虽然投资者有自己当心的义务,但这种人为的易变性完全背离了金融资产的潜在价值,已超越了投资者自己当心的义务范围。由此而造成的损害,无异于侵占他人本该有的利益。

2. 基于权利的公平

有些行为即使没有给对方构成实际的伤害,甚至还带来了利益,也被认为是不公平的,因为它可能侵犯了当事人的某种权利。

对金融参与者来说,基于自主选择而达成的交易协议,通常被认为是公平的。但是,在美国,由于破产保护的滥用②,有些权利人却遭遇了被迫选择。自从关于破产的《第十一章》放宽了申请破产的条件以后,一些还有清偿能力的上市公司为了延缓或避免付款,违反合同,停止诉讼,逃避法律责任等等,把申请破产作为一种重新获取最大效益的经营策略。它的实施虽然并不直接否定权益人应得的补偿,但却迫使这些人不得不放弃原来的规则,而到另一套规则中去寻求这种权益,而且新的规则往往使他们要受到更多的约束。如被解雇的工人要就养老金问题重新谈判,那些赢得法院官司的缺陷产品的受害人被迫再次面对破产诉讼等,所有这些新的选择,都被迫在避免公司真正变得无偿还能力的框架下进行。所以,关于破产保护的这种实践,给了管理者重新洗牌的权利,而留给债权人、股票持有人、雇员以及缺陷产品受害人的"权利"唯有被迫接受。亚里士多德说:"被命令去做的事情总是痛苦

---

① [美]博特赖特:《金融伦理学》,静也译,北京大学出版社2002年版,第35页。
② "The Use and Abuses of Chapter 11", *The Economist*, March 18, 1989, 72.

的,被强制去做的事情总是可耻的。"①强制背后的不公平恐怕正是痛苦和可耻的缘由吧!

3. 基于公共利益的公平

随着金融化社会的到来,金融市场与人们的生活日益密切地联系在一起,有些金融行为虽然既没有造成交易双方的利益损害,也没有侵犯当事人的权利,但它影响到了市场之外的公共利益,对第三方造成了不利,因而是一种广义上的不公平。

基于公共利益冲突而引发的公平性问题,主要表现在:第一,股东利益最大化的所谓受托人义务,也许会使一些金融机构和上市公司为了提高公司财务绩效,而将员工解雇或工厂倒闭的善后问题甩给社会。第二,储蓄与放贷危机、国际商业信贷银行的破产、银行洗钱、市场操纵、股市崩盘等事件将造成毁灭性的社会灾难,如 2007 年以来的美国次贷危机、对冲基金和投资银行通过高杠杆比率的石油期货投机等,使石油价格疯涨,导致了世界性的通货膨胀和席卷欧亚的抗议活动,甚至暴力事件。② 第三,金融排斥可能导致贫困人群和地区无法从主流金融媒介获取服务,而只能求助于高风险、高费率的非正规金融,从而变得更加贫穷和衰败。③ 因此,有人认为:"只要银行涉嫌圈红,那么它们对社区的衰败就负有一定的责任。"④同样,拒绝向某些种族贷款的歧视做法,也背离了公平性原则。第四,投资筛选也会涉及社会责任问题,如一些特殊的共同基金和养老金许诺只选择那些合乎社会责任标准的股票,也有一些投资将目标锁定在环保、慈善、社区建设、产品质量安全、政治活动以及公众关注的社会问题,还有一些投资拒绝"罪恶股票",如军火、原子能、战争、毒品、烟草等不利于和平、环保和健康的股票。

---

① [古希腊]亚里士多德:《尼各马科伦理学》,苗力田译,中国人民大学出版社 2003 年版,第 43 页。

② 陈涛:"十年十倍,油价为何疯涨",《南方周末》,2008 年 6 月 19 日。

③ 田霖:"金融排斥理论评介",《经济学动态》,2007 年第 6 期。

④ [美]博特赖特:《金融伦理学》,静也译,北京大学出版社 2002 年版,第 13 页。

三、监管:公正

在西方文化中"公正"和"正义"是相通的,在古希腊语中都是"δικαιον",来源于正义女神狄克(Dike)的名字;在英语中都是"Justice",来自拉丁文的罗马女神禹斯提提亚的名字——Justitia。在汉语中,"公正"与"正义"不同。从字源上看,"公正"一词也是分开使用的。东汉许慎在《说文解字》中解"公,平分也,从八,从厶。八,犹背也"。据《韩非·五蠹》说:"古者仓之作书也,自环者谓之厶,背厶谓之公。"意思是说,"公"是平分之意,早在仓颉造字的时候,就把自己围绕自己称作厶,而把背离厶称作公。可见,"公"的本义就是不偏私,引申为公平、公道。《说文解字》对"正"的解释是"是也,从止,一以止。""一"是古文上字,表示在上位的人,用"一"放在"止"上,会合上位者止于正道之意。另有今人对"正"字作如下解释:"在甲骨文中,'正'作'𤴓',表示奔向远方某一目标,为'征'之本字,本义是'远行','长征',表示奔向某一目标,必须方向正确,故引申为'不偏,不斜'之正。"[1]综合以上观点,公正的主要意思是公平,不偏私。

亚里士多德主要把公正理解为一种优良的品质,他说:"所谓公正,一切人都认为是一种由之而做出公正的事情来的品质,由于这种品质人们行为公正和想要做公正的事情。"[2]但作为金融市场伦理,公正原则主要针对监管当局,具有公共性质,可以从两方面理解:一是均等。金融市场是一个复杂的利益关系网,交织着上市公司与投资者之间、中介机构与客户之间、金融监管当局与其他利益相关者之间、政府与银行、企业之间等都多种利益关系,而且这些利益常常处于冲突之中,面对这些冲突,监管当局作为政府和公共利益的代言人,应该平等协调各交易主体的利益分配问题。亚里士多德关于财物的分配性公正,强调

---

① 苏宝荣:《〈说文解字〉今注》,山西人民出版社 2000 年版,第 63 页。

② [古希腊]亚里士多德:《尼各马科伦理学》,苗力田译,中国人民大学出版社2003 年版,第 92 页。

财物应按比例关系进行分配。① 具体到金融市场,均等就是及时公开披露监管被监管对象信息,并对其不道德行为做出快速反应,以弥补受害者损失;保持监管者的相对独立性,避免利益集团的过度干预;以同样的原则公平对待各类投资者,向他们平等提供信息以及获得信息的渠道,保障每个交易主体得到应得。二是不偏私。如果说均等是监管当局作为第三方介入所遵循的原则,那么,不偏私就是监管当局协调自身和他人利益所应该遵循的原则。这里应避免的偏私也有两种类型,一是直接谋私利,如利用信息不对称和监管职责界划模糊,推卸监管责任,并从中谋利;利用服务于多个受托人的机会"搭便车"等。二是间接谋私利,即通过偏袒某些利益而获取远期利益,如经不起被监管者的利益诱惑和声誉诋毁,宽容其违背金融规则的行为。

第四节　金融市场伦理的作用机理

金融市场伦理作为一种非正式制度具有激励和约束兼容的作用机制。一方面,它能够赋予道德规范一定的他律性效力,形成对合理金融行为的激励,改变金融主体的支付函数,使他们产生长期预期;另一方面,又对非伦理金融行为产生非正式的强制性约束,以获得伦理基础上的市场效率,最终接近伦理性金融市场的运行。

一、金融市场的伦理激励

金融市场伦理作为金融交易的行为原则和规范,其运行机制是一种激励性规制。换言之,它是依托市场的力量,对遵守市场伦理原则和交易规范的行为提供激励,而对没有达到法律惩罚的程度恶的非伦理交易行为进行处罚。金融市场交易的伦理行为伦理激励的发生过程,反映了金融市场的伦理原则和交易规范对金融主体行为选择的影响过程;同时,也是金融主体对金融活动的道德认知和情感内化的品德构建

---

① ［古希腊］亚里士多德:《尼各马科伦理学》,苗力田译,中国人民大学出版社2003年版,第98页。

过程。金融市场的伦理激励是伦理规制实现的内在机理,其具体功效在于保持和提升金融市场运行的道德水准。在激励理论的范式下,金融市场的伦理激励不只是主流金融理论关于金融市场的一般交易规范的基本原则,它的内容是具体而丰富的。

1. 金融市场伦理激励的发生机制

金融市场的伦理激励具有客观的内生机制。一方面,正如前面的论述所强调,伦理需求不仅是金融市场健康运行的基本条件,更是金融市场的固有要素。另一方面,社会、经济和金融发展的系统协调是金融市场伦理激励发生及其维持的现实基础,因而社会、经济和金融自身发展的要求构成了金融市场伦理激励的强化因素。

从金融市场自身发展的内在强化来看,维护金融市场交易的公平性,对市场欺诈和操纵行为实施强制制裁是倡导市场伦理原则和交易规范的反激励;而全球伦理投资市场的兴起则反映了金融市场伦理激励的内在要求。Statman 以 1990—1998 年为样本期的经验研究说明,SRI(Social Responsibility Investment,译为"社会责任投资")与常规基金的风险调整业绩没有显著的不同。[1] Zakri Y. Bello 的研究进一步证明,Morningstar 跟踪的 SRI 基金的投资总业绩在长期看来与基准指数一致。[2] 在过去 30 多年里,伦理投资的资产规模增长率是其他基金的 5 倍,一些 SRI 基金指数在一个较长的时期里甚至超过主要的市场指数,如 Domini 400 指数超过了 5 年期、10 年期 S&P500 指数。可以说,伦理激励发生于金融市场主流投资行为的合理趋势,这种趋势反过来又进一步激发金融市场的创新和完善诚信的、持续发展的金融市场体系。

从社会、经济协调发展的外部强化来看,首先,金融市场动荡会引起社会资源的错误配置,极易造成金融机构的资产损失,而这些损失又

---

① Statman, M., 2000. "Socially Responsible Mutual Funds." *Finacial Analysts Journal* 56, pp. 30 – 38.

② Zakri Y. Bello, 2005. "Socially Responsible Investing and Portfolio Diversification." *The Journal of Financial Research*, Spring, pp. 41 – 57.

往往会直接或间接地转移到储户或国家身上,从而损害普通民众的利益,其至引发社会的信用危机,激发社会矛盾,威胁社会稳定。例如,美国的次贷抵押贷款经纪商利用欺诈手段诱售贷款、投资类机构又将这些贷款打包证券化隐含的利益冲突,引发了金融危机。正如中国银监会主席刘明康在2007年12月接受《财经》杂志访谈时所说:"美国次贷问题不是简单的证券化,我们不反对创新,反对在创新中违反了基本的客观规律;银行放低贷款标准不是创新,是道德伦理的败坏。"其次,随着人们对环境、资源、气候变化和社会贫困等问题的关注,生态金融、伦理投资、伦理购买(消费)的价值取向渗透到金融市场参与者个人的价值理念,社会工作者、宗教团体和非政府组织(NGOS)、慈善组织、社区、环保组织大力倡导金融市场的伦理价值,对市场的非伦理行为提出了谴责、批评,甚至发起抵制行动;如不购买使用童工、破坏环境、剥削农业工人、较少参与慈善事业的企业股权和债券。因此,合理平衡金融市场与社会发展的各种利益关系,是金融市场伦理激励的一种社会驱动。

当然,金融市场中的企业组织以及组织内的自然人作为金融活动的一类参与主体,其道德需求、道德认知和情感内化的品德构建过程,是金融市场伦理激励的最终动力,将在下一章行文展开。

2. 金融市场伦理激励的有效性

一般而言,金融市场伦理激励要在社会经济系统中既有道德知识存量的基础上,运用伦理原则和道德规范不断地评价和调控金融市场的运行过程,提升金融市场道德水平。但是,任何伦理原则和道德规范的激励效能是潜在的,在不同情境中,其激励效应发挥的程度是有很大差异的。因此,金融市场伦理激励所求解的是,如何针对伦理激励行为发生的合适条件,产生最优激励效果,从而达到金融市场最好的运行效率。伦理激励的有效性取决于伦理原则及其规范本身、伦理激励客体和伦理激励环境结构三个核心变量的相互组合和匹配关系。

其一,伦理激励标准的差异性和层次性。伦理道德本身是一个极其复杂的范畴,罗素从道德历史中发现不同时代和地域中的道德准则是不同的,每个民族都有自己的道德准则,不同行业的道德亦不相同,即使在同一社会中也存在着差异明显的伦理准则;功利主义者边沁认为,满足"最大多数人的最大幸福"是至善的原则,培根却把公利看成是善德的最高标准,可谓众说纷纭。就金融市场而言,其最基本的原则是禁止一切欺诈与操纵行为,维护市场交易的"公开、公平、公正"。然而,作为社会经济系统中最大的利益角逐场,金融市场存在信息不对称、参与者资金实力悬殊以及金融资产交易的跨期性、风险性、复杂性等多种引发利益冲突的因素,一般化的"三公"标准不能对行为和利益取向各异的参与主体提供具体恰当的伦理激励;另一方面,金融市场运行又都与既有的社会道德存量联系在一起,社会道德存量所显示的伦理准则是有较大差异的,因而市场运行的伦理激励标准是分层次的。

130   其二,金融市场伦理激励的客体属性(即金融市场的参与者或金融主体)是决定激励效果的重要变量。金融市场伦理激励客体的基本属性包括道德价值观、品德结构、一般知识和能力水平、道德知识存量等,具体对象涉及上市公司、证券公司、基金公司、证券律师、证券审计师和证券评估师等不同类型的市场参与主体。伦理激励的客体在道德知识存量、道德认知和道德标准方面存在量或质的差异。例如,道德的市场组织容易对伦理激励做出行动,Paul Webley 等人以实验方法证实了伦理投资者组织会保持投资持续性的行为,即使在业绩不好的情况下也是如此[1];Trevino 证实,具有较强道德品质的人比那些具有较弱道德品质的个人,更容易实行他们的道德意向。[2] 因此,在特定的制度背景和道德存量下,金融市场伦理激励的标准与激励客体的相互匹配具有内在的逻辑关系,要提高伦理激励的效果,就必须对不同的市场激励客体选择不同层次的道德标准。

其三,社会伦理环境是影响金融市场伦理激励的重要方面。斯金

---

[1]   Paul Webley, Alan Lewis, Craig Mackenzie, 2001. "Commitment Among Ethical Investors: An Experimental Approach." *Journal of Economic Psychology*, 22, 27 - 42.

[2]   [美]劳伦斯.A·波尼蒙:《会计职业道德研究》,李正等译,世纪出版集团、上海人民出版社 2006 年版,第 330 页。

纳指出,"人并非是因为他具有某种特殊品质或德行才成了道德动物,恰好相反,他是道德动物,因为他创造了一种促使他道德地行为的社会环境。"①由此看出,道德选择是由环境强化的相依联系所决定的,道德是随环境结构的变化而变化的。金融市场运行的社会伦理环境包括物质、制度、精神三个结构维度。物质环境主要是保证合法金融交易的正常利益和金融运行的先进技术手段,技术手段的进步扩展了金融市场道德关怀的范围,也为更加隐秘和技术化的败德行为提供契机,极易引发新的伦理冲突,需要更加专业的伦理激励标准。制度环境是社会法律、法规体系,它对金融主体的底线伦理形成强有力的制度维护,也是强制性协调和解决市场伦理冲突的约束机制。正如萨拜因所言:"当人们处于从恶能得到好处的制度下,要劝人从善是徒劳的。"②精神环境主要是金融市场运行的契约精神,当这种契约精神内化为金融主体的现实价值观时,伦理激励就由他律转化为自律。契约精神与金融主体价值观的结合是金融市场伦理激励效果的最好体现。

　　总之,在特定环境下,金融市场伦理激励应针对不同的激励客体选择相应的道德标准;当相应的道德标准确定之后,要具体分析激励对象;面对具体的环境结构,分析道德标准与激励客体之间的合理匹配。如此,金融市场伦理激励才能达到最好的效果,并使市场伦理价值由潜在状态转化为现实道德行为,从而作用于金融市场效率的改进。

二、伦理激励对金融市场效率的动态改进

1. 金融市场效率的一般理解

　　在主流的金融经济学文献中,关于金融市场效率的含义有颇为丰富的论述。西方学者主要从经济学的视角侧重研究金融市场本身的技术效率,包括配置效率、信息(定价)效率、运作效率和监管效率;国内学者在吸收西方文献的基础上提出了一些新的看法。王广谦较早地开

---

① [美]斯金纳:《超越自由与尊严》,贵州人民出版社 1988 年版,第 199 页。
② [美]萨拜因:《政治学说史》(下),盛葵阳、崔妙因译,商务印书馆 1986 年版,第 492 页。

展了对金融市场效率的研究,他认为,"金融市场效率的研究可以从两个角度去分析:一是金融市场自身的运作能力;二是金融市场运作对经济发展的作用能力。"①徐艳拓宽了金融市场效率的研究视野,认为"金融市场的效率高低既包括经济绩效的考虑,也暗含着伦理价值目标的实现⋯⋯在一个高效率的金融市场上,市场伦理价值的不可或缺性,其实就是要求所有的市场参与者都能够在公开、公平、公正的市场中战胜对手,而不是尔虞我诈、自欺欺人。"②

应该说,学界对金融市场效率的解释都有其特有的视角和见地。但是,现代金融市场的运行嵌入在社会经济系统中,当社会以最先进的技术推动金融市场发展时,其本质就是对金融资源、风险和发展权利进行重新分配的过程。从 1720 年英国伦敦股市的"南海泡沫"事件到 2007 年下半年以来美国次贷危机引起的全球性金融危机,无不凸显了金融和金融市场的社会性。从金融和金融市场的社会性考察金融市场效率可能更有利于理解金融市场效率本身以及金融市场效率与金融伦理相互作用的关系。

从金融市场的社会性看,它作为一种金融资源的配置机制,要求社会的可利用金融资源达到优化配置,而金融资源又是市场契约人(市场参与者)动员和分配其他经济资源的手段,其分配和配置状态直接决定了经济资源的分配结构与利用状态。因此,判断金融市场是否实现了金融资源的优化配置有三个评价标准:帕累托最优、瓦尔拉斯均衡和社会福利最大化。如果金融资源配置满足一个条件,则相对于该条件是有效率的;如果三个条件都满足,则是最有效率的。这三个条件在实现金融资源配置经济效率的同时,也配置出金融市场发展的道德形式。帕累托最优体现了金融交易签约人应不以牺牲他人利益来增加自己利益的道德原则;瓦尔拉斯均衡表现为金融资产投资者效用的最大

---

① 王广谦:《经济发展中金融的贡献与效率》,中国人民大学出版社 1997 年版,第 152 页。

② 徐艳:《伦理与金融》,西南财经大学出版社 2007 年版,第 213—217 页。

化和融资者要素价值的最大化,体现了金融契约人互利的道德准则;社会福利最大化一般地体现了金融市场中金融资源的供给与分配达到社会效率和社会公利的最大化。可以说,脱离伦理道德的金融市场效率是不可能存在的,金融市场效率是在市场运行与市场道德发展的统一过程中得到实现的。

2. 伦理激励对金融市场效率的改进

金融市场伦理激励对市场效率的改进可以从两个方面考察,一是伦理激励作用于金融市场运行的关系要素对效率的改进;二是伦理激励作用于金融市场发展的社会经济基础对效率的改进。

评判金融市场运行效率的关系要素是多方面的,从伦理学的角度分析,主要包括公正与效益的平衡关系、金融产品的选择机会和市场交易成本三个层面。其一,由于信息不对称,不平等的谈判力量以及不对等的资源数量,金融市场作为一种利益—风险的分配机制,极易产生不公正的收益行为,引发伦理冲突,并影响金融市场运行效率。伦理激励将为金融市场运行提供市场求利行为的道德尺度,解决金融市场的一般道德判断和价值观问题,即什么样的市场行为是善行和美行,什么样的市场行为是恶行和丑行,什么样的市场行为是社会鼓励或禁止的,从而使某些有悖市场基本道德标准的行为,如市场操纵、虚构利润、内幕交易行为等等成为市场主体所不齿。其二,金融市场运行要通过提供合适的金融商品来满足投资者的需要,合适的金融商品供给和众多投资者竞争既有利于金融市场产品的创新,又为投资者提供正当求利和投资机会;反之,如果投资者没有机会选择适当的金融商品,就很难建立有效组合以规避风险、获得正常收益,从而影响潜在投资者的进入和市场流动性,降低市场效率。金融市场的伦理激励为市场交易树立公平竞争和正当求利的价值理念,支持市场交易中契约义务如期履行,增强市场流动性,达到改进市场效率的目标。其三,金融市场的一切交易是在信用的基础上进行的,如果市场参与者不遵守诚信原则,缺乏交易的合规意识和责任感,那么,金融契约交易签订之前存在较高的信息搜寻成本、谈判成本,契约签订后的执行成本及对方违约成本将大大提高。市场伦理激励在于弘扬市场交易的正义和良知,确立各类主体参与市场交易的道德标准,从制度上铲除不守诚信交易的行为,褒扬个人或行业道德自律,降低金融市场交易成本,增加市场流动性和利益获取的公平性、透明性,改进市场交易效率。所以,金融市场伦理激励有助于提升金融交易的道德水平,增进市场效率,推动金融市场发展。

金融市场发展及其运作效率的落脚点是促进经济和社会的整体协调发展,包括市场对社会融资需求的满足能力、市场提供融资的方便程度,市场运行与经济和社会发展的协调能力;反过来,如果金融市场能够方便、快捷地满足社会的融资需求,就能增强金融与经济、社会发展的协调能力,进一步奠定金融市场效率可持续的社会经济基础。福山指出,"我们了解到人类的经济生活其实是根植于他们的社会生活之上,不能将经济活动从它所发生的社会里抽离出来,和该社会的风俗、道德、习惯分别处理。"①金融市场作为社会经济活动一个核心部分同样根植于它所运行的社会生活环境。所以,从伦理激励作用于金融市场发展与社会经济协调的关系看,它对金融市场效率的改进主要表现在,完善和优化金融市场的社会基础结构,获得持续性效率,逐步逼近伦理性金融市场。

首先,金融市场伦理激励将诱导市场关注社会责任,增加伦理性金融产品的供给。图 4-1 表示金融资源有限约束下的金融市场的产品供给边界,PPF_1 为一定金融资源总量下金融市场上金融产品的生产可能性边界,横轴表示非伦理金融产品类型(产品开发只考虑经济利益)Ⅰ的数量,并不对服务对象做出伦理筛选,纵轴为伦理金融产品类型(产品注重社会责任,强调经济利益和社会价值的统一)Ⅱ的数量,该类产品对服务对象进行伦理筛选;U 为融资者选择金融产品的无差异曲线。PPF_1 可以理解为金融产品的数量由内侧移动到边界之上,是既定的制度要素和技术要素下可能实现的最大的金融产品数量,A 点表

---

① [美]弗兰西斯·福山:《信任:社会道德与繁荣的创造》,李宛蓉译,远方出版社 1998 年版,第 20 页。

示中性条件(即不强调金融产品的社会性)下金融市场的产品供给组合。假设产品Ⅰ和Ⅱ的市场风险价格线由经过B点的切线L_2表示,它的斜率是两种产品的风险价格比率。由于金融市场伦理激励的引入(如责任投资、小额信贷、扶贫信贷),市场伦理产品与非伦理产品的供给组合开始移动,根据经济学原理,从A点向B点移动是金融市场效率的静态改进,并在切点B达到最优。这时,产品类型Ⅰ和Ⅱ的转换率之比与它们的市场风险价格比率相等。显然,金融市场效率并没有达到最优。当A点沿直线L_1向C点移动时,金融产品的供给边界随着时间的推移向外侧扩大,即金融产品的生产可能性边界PPF_1外移至PPF_2,并在C点(L_1与PPF_2的切线L_3的交点)达到最优。那么,在金融市场可以动员的资金一定的情况下,社会可获得的金融产品类型持续增加,并且伦理产品增加的速度快于非伦理产品,这时,金融市场的效率获得动态改进。

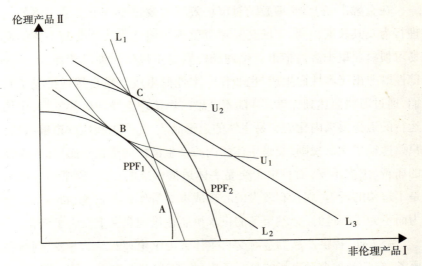

图4-1　伦理激励与金融市场效率

其次,金融市场伦理激励拓展了市场效率的社会基础。金融市场与社会和经济结构的匹配是其效率可持续性的基础。如果金融市场的产品供给结构适应了经济结构和社会结构的现实要求,体现了金融资源配置权的公平性和均衡性;那么,每个参与市场交易的有能力的自然人和法人就可以平等地获取社会的金融资源,并以自身的努力改变着其他经济资源和经济优势的分配状况,金融市场效率的可持续性就具备了坚实的经济和社会基础。图4-1说明,随着金融市场伦理激励效应的发挥,支持伦理产品供给的制度和技术要素逐渐增加,A 点沿直线 L_1 向 C 点移动,市场产品的提供边界向外侧扩大,这时,融资者尤其是适应弱势群体的产品类型大大增加了,他们的效用曲线明显上移到了 U_2;并且,新的制度要素和技术要素不断从边际上修正原有短缺或者被扭曲的金融供给结构,改善现有经济结构,并逐步突破 PPF_2 向外移动。如此,金融市场在道德价值的导向下不断增加产品类型和供给数量,促进经济结构的改善以及经济与社会发展的协调和均衡,从而持续改进金融市场效率。

三、伦理导向的金融市场供求机制

在金融市场上,伦理激励对市场效率的改进支持了交易主体的伦理行为及其长期预期,市场交易规范就逐步演化为各个交易主体的交易习惯。亚里士多德指出:"伦理德性则是由风俗习惯沿袭而来,……德性既非出于本性而生成,也非仅乎本性而生成而是自然地接受了它们,通过习惯而达到完满。"①随着金融市场伦理激励功效的发挥,市场运行的道德要求内化为交易主体的道德品质,并产生相应的道德判断。只要违反了交易规则,交易主体的内心产生消极的道德情感,如内疚性的痛苦、焦虑不安,而且由于交易主体道德水准的提升,原来没有认为是不道德的行为,现在有较大的心理成本而看作是不道德(immoral)行为而不为了。这时,金融市场的供求机制在伦理意义上发生了变化:

一方面,提供产品的金融交易主体致力于伦理产品的开发、创新和服务,自觉维护金融市场的运行秩序,将责任、义务和逐利统一起来,获得长期上升的社会声誉,这不仅增加了可以为他们带来有形收益的无

---

① [古希腊]亚里士多德:《尼各马科伦理学》,苗力田译,中国人民大学出版社2003年版,第25页。

形资产,而且使他们能够在精神上实现自我认同。

　　另一方面,产品需求者(投资者)的内心对金融市场的道德规范有很强的认知度、认同感和自我开发能力,能够针对金融市场创新和社会的要求做出道德推理,强调投资的经济效益与社会效益相结合,这种对金融市场交易规范的自我认同使投资主体体会到了一种高层次、高质量的幸福,找到了作为人的意义,从而成为市场中的稳定力量,在新的、更高的层次上体现出金融市场道德的秩序价值。

第五章
金融机构伦理

通常说,金融机构是从事投融资活动的机构,其活动基于他人信任和监管干预下的委托—代理关系,不仅具有一般企业的公司治理问题,如股东与经营者之间的利益冲突问题,而且更加突出了股东与债权人、股东与监管者之间的利益冲突问题。毫无疑问,这些问题的解决需要强化金融机构的公司治理,尤其是内部治理和替代性的外部治理即金融监管。但是,由于行业的特殊性,金融机构的治理具有更加突出的伦理性质,其核心问题是通过伦理决策理顺各利益主体的伦理关系,形成合理而正当的伦理秩序。

第一节　金融机构概述

一、金融机构的界定

目前对金融机构的界定大都针对所从事的业务。如有人把提供一种或多种以下服务的金融企业称为金融机构:将从市场上获得的金融资产改变成各种更易于接受的资产以自身负债的形式提供给客户;代表客户交易金融资产;自营交易金融资产;帮助客户创造金融资产并把这些金融资产出售给其他市场参与者;为其他市场参与者提供投资建议;管理其他市场参与者的投资组合。① 也有人认为金融机构是指提

---

① 潘英丽、吉余峰:《金融机构管理》,立信会计出版社 2002 年版,第 1 页。

供诸如吸收存款、证券交易、资金管理或证券发行等一种或多种业务的金融企业。[①] 这些观点虽然对所从事的业务进行了具体描述,给人比较直观的感觉,但是,由于这些业务在实际金融活动中是交织在一起,没有明显界限,因而,这种经验层面的定义反而让人难以整体把握。相对来说,曾康霖教授所给的定义更简洁明了,他认为金融机构包括融资机构和投资机构,前者主要从事将储蓄转化为投资的行为,后者则主要通过资金运用取得回报。[②]

金融机构和金融中介机构是一对经常被等同起来使用的概念,应该说这与现代西方金融理论对金融中介机构过于宽泛的界定有关。《新帕尔格雷夫经济学大词典》关于"金融中介"词条的解释是:"金融中介是从事买卖金融资产事业的企业。"依照曾康霖教授对这一词条的理解,由于它强调了金融中介在资产选择、组合中的作用,实际上这里的金融中介已经是广义的了,把属于"金融经营"的机构,如吸存机构和投资基金也都包含在金融中介中了。[③]

而依照我国对市场经济中中介机构约定俗成的认识,它是介于企业、个人之间,为其服务、沟通、监督、协调为主要职能的社会组织。如行业性中介组织、公正性中介组织、服务性中介机构。相应地,金融领域的中介机构应当仅指那些从事融资活动和提供各种金融服务的金融机构,而不包括那些经营金融商品的机构,也就是说,它不是广义上的金融中介机构。

所以,简单地说,如果广义上使用金融中介机构,则金融机构就是金融中介机构。但是,为遵循习惯本书倾向于从狭义上使用金融中介机构,即它是一个包含金融中介机构的概念。当然,金融中介机构是主要的金融机构,而且有些金融机构既从事金融中介服务,又从事金融经营活动,但这并不意味着概念上可以等同。

---

① [美]弗兰克.J·法伯兹等:《金融市场与机构通论》,康卫华译,东北财经大学出版社 2000 年版,第 34 页。

② 曾康霖:《金融学教程》,中国金融出版社 2006 年版,第 9 页。

③ 同上书,第 11 页。

二、金融机构的分类

在现实生活中,金融机构有多种类型,而且依据不同标准,有不同分类方法。按投融资是否借助于中介可以分为:直接从事投融资的金融机构和间接从事投融资的金融机构。前者如商业银行、保险公司、证券公司、基金公司、财务公司、租赁公司、典当公司等;后者如信用评估公司、信贷担保公司、专业的会计审计事务所、律师事务所等。按功能可以分为:投资经营型金融机构、经纪服务型金融机构、公证仲裁型金融机构、社会保障型金融机构。当然,一个金融机构可能具有单一功能,也可能具有多种功能,如商业银行和信托公司,既融资,又投资,还提供各种金融服务;再如证券公司,有的只从事经纪业务,替客户买卖证券,而有的则还有自营业务,进行投资活动。

正是因为金融机构本身的复杂性以及所从事业务的多元交叉性,使金融领域的利益冲突更加容易发生。

三、金融机构与金融市场的关系

在这里之所以要把金融机构与金融市场的关系做一些交代,是想说明金融机构伦理和金融市场伦理的区分只是相对的,二者作为连接金融制度伦理和金融个体道德的桥梁是密不可分的。

金融机构与金融市场相互支撑。二者是不同的组织或不同的制度安排,它们共同构成一国的金融体系。金融市场靠金融机构的产品支撑,金融机构的展业靠金融市场支撑。当金融机构提供的产品具有标准化并趋于成熟时,这种产品就会成为金融市场的对象;当金融市场的包容能力增大,化解风险的能力增强时,金融机构的资产就能证券化融入金融市场。

金融机构与金融市场相互推动。金融机构的有效运作将扩大市场供求关系体系,而市场供求关系体系扩大,又要求金融机构结构的外部调整和内部治理改善。如个人委托贷款业务的产生。个人委托贷款建立在对金融机构信任的基础上,但金融机构又不能作出承诺担保,它只能起到牵线搭桥的作用,这样,它要有效运行就必须有良好的信用环境和健全的信用制度。为此,就要求有信托型金融机构、担保和信用评估类金融机构介入,而当它们有效介入后,市场便扩大了。同样,随着市场的扩大和契约关系的复杂化,金融机构也要改善内部治理,以适应市场的变化。美国经济学家默顿(Merton)认为机构与市场之间的联系是动态的螺旋式的推进,意思是金融交易的产品从无到有、从特殊到一般、从不成熟到成熟,始终产生于一种动态的过程中。这一过程也就是金融创新的过程。近几年金融过度创新实际上是金融市场自由化程度提高和金融机构共同推动的结果。

金融机构与金融市场相互补充。这是基于融资的多元化供给和多样化需求。就机构融资来说,有融资的"百货公司",也有融资的"专卖店";有公有银行,也有民营银行,而且各金融机构的信用状况、技术平台、市场定位也不一样。这种情形意味着资金需求是多样化的,资金供给也是多元化的。机构与市场在选择中起到了互补作用。

金融机构与金融市场相互替代。二者的相互替代主要基于交易成本、风险度和资产流动性等因素的考虑。一般来说,在金融机构和金融市场之间,人们会选择融资成本小、风险度小和资产流动性有利的一方。除非基于其他非正常因素,如在商业银行混业经营情况下,可能出现"以债收贷"或"以贷承债"。不过,这种替代会产生有损于投资者以及社会公众的替代。

第二节　金融机构伦理的根据

金融机构伦理是协调和控制金融机构公司治理活动中伦理关系的原则和规范。资本结构的特殊性、金融资产交易的非透明性和金融监管的严格性等特点,形成了金融机构特殊的内外部关系,使金融机构公司治理的伦理性质更加突出。

一、特殊的公司资本结构:一种必要的责任指向

金融机构作为一种信用中介,可以凭借自身信誉集聚大量小额资金,并向资金需求者大额投资,履行资产转换的职能。这样,金融机构的资本结构就具有不同于其他企业的特征,以银行为例,至少有三个突

出特点:一是高资产负债比。银行业的负债比率往往高达90%以上,即使作为全球银行业监管标准的巴塞尔协议,对银行自有资本的底线要求也仅仅是8%,这意味着银行高负债是一种合法的常态。二是债务结构分散。银行负债主要是中小额存款,即使是企业存款,单一企业的存款占银行总存款的比率也非常低。因此,银行债权人是分散的,债务结构呈现分散状态。三是资产负债期限不匹配。银行为满足小额投资者不同的风险—收益偏好,为投资者提供了各种流动性较强的存款合同,而其资产往往是由各种期限较长、流动性较差的贷款构成。其他金融机构的资产结构虽然与银行不完全一样,但是,作为一种金融中介,它们共同的特点是自有资产都非常有限,其手里的钱大多是别人的,而且这些把钱交给它们的人又都处于分散状态,难以形成有约束力的"公意"。

142

　　金融机构资本结构的这种特殊性凸显了股东和债权人之间的利益冲突,其主要表现是金融机构股东行为存在着比一般工商企业股东更大的道德风险。这是因为:一方面,由于金融机构的高资产负债比,股东与债权人之间收益与风险分摊存在更大程度的不对称性,债权人只能按固定比例获取投资回报,而股东可以获得剩余索取权,这就刺激了股东进行资产替代、债权稀薄、过度投资等转移债权人财富的过度风险选择。[①] 另一方面,债权人缺乏监督和制约股东道德风险的条件和动力。股东道德风险对债权人来说是一种代理成本,本来可以通过费用结构契约(或报酬体系)的设计来约束,但其前提条件是债权人和股东应具备同样的谈判能力,如相关的专业知识和信息。而事实上,债权人并不具备这些条件,而且这正是他寻求代理人的原因所在。更重要的是,在债权结构分散下,中小投资者为减少交易成本,往往在契约交易中存在搭便车的动机,再加上政府或明或暗的存款担保,如非常时期(金融危机爆发)的政府注资和其他救市行为,客观上又使债权人彻底

---

　　① 潘敏:"商业银行公司治理:一个基于银行特征的理论分析",《金融研究》,2006年第3期。

丧失了监督股东从事过度风险投资的动机,从而使股东更加肆无忌惮地过度投资,将债权人置于更大风险之中。但是,债权人的资金是金融机构资产的主体,是金融机构持续投资,实现资产职能转换的基础。股东如果失去风险防范和预警意识,为谋求个人利益而长期从事高风险投资,把债权人置于风险之中,一旦遭遇投资失误或金融腐败,特别是金融体系信用链条的中断,则债权人会对金融机构失去信心,转而发生银行挤兑、退出股市、退保或者抵触任何金融机构,危及金融稳定和安全,扰乱整个经济和社会正常秩序。所以美国次贷危机爆发之后,世界著名投资家巴菲特一针见血地说,"大潮退后,就知道谁在裸泳"。其意暗示那些高负债的金融机构在制造泡沫,以便掩盖自己赤裸的身体。这是金融机构漠视债权人利益的必然丑态。

由此看来,在金融机构中,实际上形成了一种不同于一般工商企业的利益矛盾,即股东与债权人之间的矛盾。在一般工商企业里,主要的委托代理关系是股东和管理者之间的关系,而在金融机构中股东与债权人之间的关系更加突出。如果说工商企业公司治理理论强调对股东利益的保护,是基于管理者对股东的委托责任,以及股东在委托代理关系中的弱势地位,那么,这一原则具体运用到股东和债权人之间,则应该强调对债权人的责任。因为:第一,债权人与股东之间虽然没有如同股东和管理者之间那种显性的委托理财关系,因而,彼此之间没有形成"风险共担、利益共享"的契约关系,但是,债权人与股东之间存在隐性利益关系。债权人之所以把自己的资金盈余存放在某金融机构,是基于对该机构的信任,包括对他们忠诚服务的信任。也就是说,当他把自己的资金盈余给对方时,相互之间就形成了一种信用关系,对这种信用关系的认同和实现,除了有显性的利息回报之外,还有安全、省心、愉悦等隐性的精神回报。事实上,新制度经济学在考察制度变迁时,也把这些精神性因素作为一个重要的效应变量。至于其他社会科学也对人们这种精神需求给予了肯定,如法律中有精神补偿的条款,伦理学中有过美好生活的追求等。股东如果不顾债权人的资金安全,怂恿管理者进行过度风险投资,则会加大债权人的精神损失,而这是有违债权人利益的非伦理行为。

第二,债权人是一个大而弱的特殊群体。依照罗尔斯差别原则,正义的制度并不否认差别,而是"社会的和经济的不平等应该这样安排,应使它们①被合理地适合于每一个人的利益;并且②依系于地位和职务向所有人开放。"①如前面已经分析的,在股东和债权人之间,债权人队伍虽然庞大,且其资产是金融机构的主要资金来源,但他们却处于弱势地位。如由于他们自身的分散性,不能对董事会和股东行为进行监督和控制;在公司治理结构中他们没有真正的代言人,本来代言他们利益的独立董事很难"独立"。这样,股东就有机会从机构的过度风险投资中获得丰厚回报,而债权人虽然同样面临风险(指因违背忠诚义务而产生的风险),却只能分享金融机构的利润。显然,这种分配结果的不平等已经超越了罗尔斯所说的"有理由期望它们对每个人都有利"的限度,因为债权人不能期望以"股东利益至上"的治理机制对自己有利。要矫正这种不公平的分配方式,一方面靠监管部门的风险预警机制和惩罚机制,另一方面更靠金融机构内部的责任约束。

第三,对债权人不负责,其后果将波及社会。债权人利益不同于股东利益,公司对它负有支付固定利息的义务。一旦金融机构不能兑现这一承诺,则债权人合法利益就受到了损害,如果其损害在公司内部得不到化解,就将延伸到社会,如游行、抗议,甚至闹事都是他们寻求化解风险的方式。而这些方式只不过是金融机构把风险转嫁给社会的"外部性"行为。因而,基于资产特殊性所衍生的以上问题表明,金融机构的内部治理应是一种对债权人负责的伦理治理。

二、非透明的金融资产交易:一种必需的伦理诉求

以银行为例,由于不同借款对象的信用状况不同,对其贷款的交易条件,如利率、期限和偿还方式等,往往采用非市场化、非标准化的一对一合同交易方式,这种方式虽然能满足不同收益——风险偏好者的需

---

① [美]罗尔斯:《正义论》,何怀宏、何包钢、廖申白译,中国社会科学出版社 1988 年版,第 56 页。

要,但是,也导致了银行资产交易的非透明性,主要表现在:第一,对于外部投资者而言,银行贷款的质量往往不易观察,而且可以隐藏相当一段时间。第二,由于贷款不能在有效的、流动性的二手市场进行交易,银行非透明性更加严重。第三,银行比一般非金融性企业更容易改变资产的风险构成,如通过贷款延期、贷新换旧等方式很容易掩盖那些不能履行债务合约的问题贷款①。第四,在许多发展中国家和转轨经济国家,银行贷款总额中关联贷款所占比率都非常高②。与银行类似,其他金融机构的交易也存在非透明性,如共同基金经理由于在为别人管理资产的同时,也被允许为自己进行交易,他们就有机会利用自己所掌握的关于将要进行交易的内部信息,进行领跑交易(这一般被视为个人交易的滥用),而且不易被外部人察觉。

金融资产交易的非透明性使基于管理者业绩的激励机制面临许多伦理难题:一是股东因激励契约成本加大而处于不公平契约关系之中。在契约签订之前,由于金融商品的技术性强,而股东专业知识相对缺乏,在金融资产交易不透明情况下,股东很难准确把握每一个金融衍生产品和资产组合的潜在风险和预期收益,为此,股东只能在有限信息下进行选择,这是股东面临的起点上的不公平。在契约履行中,股东也会遭遇不公平。如银行管理者很容易通过对风险较高的借款人发放高利贷款来增加利息收入,制造短期业绩假象。由于短期业绩可能涉嫌损害金融机构长期利益,从而减少股东未来收益,因而股东不得不加大信息投入,以甄别和衡量管理者的实际经营业绩。更进一步,由于董事会常常被经理层控制,在制订报酬补偿激励计划时,经理层可能会通过牺牲金融机构长期的稳健经营,以达到设计有利于自身补偿计划的目的,这种有"自我激励"性质的行为在伦理上的错误是,它有偏私性。而

第五章 金融机构伦理

---

① 李维安、曹廷求:"商业银行公司治理——基于商业银行特殊性的研究",《南开学报》(哲学社会科学版),2005年第1期。

② La Porta et al(2003)的实证研究表明,墨西哥占银行总贷款20%的商业银行贷款与关联贷款有关。转引自潘敏:"商业银行公司治理:一个基于银行特征的理论分析",《金融研究》,2006年第3期。

且，这种偏私打破了股东和管理者之间的平等契约关系，又会引发进一步的不公平。如即使目前被国际公认最有利于形成长效激励机制的"金手铐"①也常有"铐不住"的时候，因为它是一种"同甘而不共苦"的机制。一般来说，当公司股价上涨时经营者和股东之间形成利益共同体；当股价下跌时，股东利益受损，而经营者则可以选择不行权而回避经营不善对自己收入的影响。显然这种缺乏责任追究的机制对股东来说有失公允。同样，"金降落伞"计划也引发了有悖初衷的伦理问题。股东及薪酬委员会实施"金降落伞"计划，其主要目的是期望通过给予高管丰厚的解职补偿，使他们乐于考虑，甚至会积极寻找能够最大限度为股东创造利益的并购交易，而不过多关注在交易完成后是否会对他个人的职业生涯产生影响。实际上这个理论上"双赢"的"金降落伞"计划却把高管引向了对自己利益的更多算计，如该计划中的"遣散费"是数倍于自己的年收入，年收入如何计算，究竟是几倍于年收入直接关系到离职礼包的分量轻重。而由于金融交易的不透明，遣散费的计算方式其实是经营者算计的结果。事实上，无论"金手铐"还是"金降落伞"都要以经营者的实际经营业绩为考量的依据。可是，金融机构的业绩不只是取决于经营者的经营能力和愿望，还取决于许多其他因素，如整个国家的宏观经济形势、金融行业的发展状况等。所以，如果经营者把基于外在的"特殊机遇"而增加的业绩归于自己的经营贡献，并从中获得高收入，这也是不合理的。还有，"金降落伞"在系统性金融危机到来时更进一步显示出其内在的不公平性。据位于波特兰的独立公司治理监督机构 The Corporate Library 的资深研究员保罗·霍奇森计算，美国次贷危机后世界著名金融机构的 10 位首席执行官都拿到了不菲的离职"大礼包"。如雷曼兄弟首席执行官福尔德的离职礼包价值 2.99 亿美元；美林集团首席执行官斯坦利·奥尼尔拿走了 1.61 亿美

① "金手铐"是股票股权激励制度的形象说法，其目的是通过把经营者和股东利益捆绑，形成基于经营结果的长效激励制度。它与"金降落伞"(Gold parachutes)共同构成股东和经营者之间的制衡机制。

元;美洲银行首席执行官肯尼斯·刘易斯的礼包价值1.202亿美元;花旗集团前首席执行官查尔斯·普林斯拿走了总额4210万美元的大礼包。① 虽然同为世界顶级金融公司掌门人,离职礼包却轻重不一,显示了经营者之间的不公平,但相对于在危机中受损的普通股东而言,这种不公平也许不值一提。

二是扩张性的企业文化培育了不道德的行为。在业绩激励机制作用下,扩张性的企业文化虽然能最大限度地发挥个人的积极性和潜能,但也挑战着管理者和一般从业人员的职业道德。如在一个扩张性的保险公司,由于每份保单的佣金集中到头几年,甚至有的第一年佣金几乎达到当年保费的40%以上,销售人员就很容易在利益的驱动下,做出误导、隐瞒和欺骗客户的行为。同时,管理者在良好效益的蒙蔽下,往往疏于监控、甚至姑息纵容和鼓励不道德行为。如2004年花旗集团在日本丸之内支行的误导性陈述、意大利帕玛拉特公司金融欺诈案、2008年法国兴业银行交易员欺诈案曝光后,其管理层几乎都被政府或媒体指控有监管责任。据美国一份对哥伦比亚大学1000多位商学院毕业生的调查显示,40%的被调查者因曾采取"有伦理问题"的行动而被奖赏,31%的被调查者相信曾因拒绝采取他们认为不道德的行为而受到某种程度的惩罚。② 以股东利益最大化的扩张性企业文化甚至还会扭曲金融机构的基本价值观。如我国一些银行一方面推出贷款优惠措施,以吸引更多的贷款客户,另一方面又设置许多限制条件,想方设法使这种优惠在大多数人那里落空。杨明教授针对这种现象一针见血地指出:"部分银行采取设门槛,不主动告知,不自动转折的做法,不能不说是一种心存故意。"③显然,银行的故意就是让弱者牺牲,让自己赚钱。这是利益刺激之下的一种价值观扭曲。

---

① 劳伦·扬、葆拉·莱曼、詹纳·麦格雷戈、戴维·坡莱克:《商业周刊》中文版,李正宁译,2008年第1期。

② 转引自博特赖特:《金融伦理学》,静也译,北京大学出版社2002年版,第27页。见"Doing the 'Right' Thing Has Its Repercussion," Wall Street January 25, 1990, B1.

③ 引自《新华日报》对杨明教授的采访,2009年2月16日。

　　以上伦理难题表明,对资产交易具有非透明性的金融机构而言,业绩—报酬敏感性高的激励机制在伦理上是危险的。因为这种机制不是控制,而是刺激人对金钱的无穷欲望;它也不是关注所有利益相关者的得失,而是只狭隘地关注经营者和股东之间的利益均衡问题。很难想象在一个缺乏透明性的环境中,一种不断刺激经营者求利欲望的机制在伦理上不会伤害到其他人。即使这种求利不是完全为了自己,但只要把其他利益相关者的利益视为一种手段,而不是目的,则经营者和股东所构成的"利益共同体"就只不过是伦理上的"同谋"而已,并不表明它是善的。更何况,人的欲望虽秉于天,不可改变,但应该节制。如《老子》所说:"知足不辱,知止不殆,可以长久。"又如《荀子·正名》中说:"欲不待可得,所受乎天也;求者从所可,所受乎心也。"金融机构内部治理要解决的主要问题,不只是如何刺激经营者忠诚服务于股东,还有他们要共同面向的、超出个人利益的社会责任问题。

三、严格的金融监督管制:一种正当的秩序期待

　　金融机构资本结构的特殊性和资产交易的非透明性,使金融系统具有内在的脆弱性,同时,由于金融在现代经济中的核心地位和作用,其系统危机具有极强的负外部效应。因而,即使倡导金融自由化的国家,金融行业也较其他行业有更严的管制和监督。至于处于转型期的发展中国家,早在 1973 年,麦金农就率先揭示了"金融抑制"现象[①],并基于发展中国家金融的实际状况,在后来的《经济市场化的次序》中肯定了"财政控制应当是优于金融自由化"。

　　金融管制与监督的严格性表现在多方面:第一,市场准入的严格限制。如各国不仅对银行牌照的发放有严格的条件限制,而且在股权结构、代理权争夺和并购等控制权竞争方面,受到严格的程序和条件限制,不像其他企业存在控制权竞争的市场机制。第二,在具体经营过程中,金融机构受到内容繁多的管制约束。如银行有资本充足率、流动

---

　　① ［美］罗纳德.Ⅰ·麦金农:《经济发展中的货币与资本》,上海三联书店1988年版,第76页。

性、贷款分类和集中度、呆账准备金等方面的严格监管。证券交易所的信息披露、证券公司的净资本与负债的比例、净资本与自营、承销、资产管理业务的比例等风险控制指标、风险基金存管、从业人员资格等都受到监管部门的监管。第三,行业监管者众多,以银行为例,"在封闭经济条件下,商业银行面临国内中央银行、银行、证券和保险监管机构、存款保险机构等不同监管机构的监管。在开放经济体系中,商业银行除受到来自国内各类金融监管机构的监管外,还受国际银行监管机构、国际金融机构监管规则的约束。"[1]

政府进行金融管制和监督的原动力来自对金融体系脆弱性及其消极后果的担忧,其目的在于通过政府干预为金融提供安全网保护。但是,严格的管制和监督又对金融机构的公司治理产生了消极影响。从内部治理看,由于对股东身份和持股比例的政策性限定,客观上阻碍了股权的集中,限制了大股东作为监督者在内部治理中的作用,尤其是在发展中国家,因为政府要实现有计划的发展目标,要支持既得利益集团,所以它们在银行等金融机构广泛参股,使政府之外的股东监管能力进一步减弱。另外,为保证存款人利益,维护金融稳定,政府实行存款保险制度,央行成为最后贷款人。这种政府信誉担保不仅使分散的小额存款人监管管理者的努力完全消逝,而且由于它在一定程度上能弥补高风险行为的可能损失,从而也激励了股东和管理者的风险偏好。从外部治理看,多数国家的监管部门对金融投资领域和产品创新的严格管制会影响银行数量和市场集中度,从而降低产品市场竞争对经理层的威胁;严格的行业准入和参股限制、复杂的核准程序提高了金融机构的并购成本,如 Houston 和 Ryngaert 研究发现,收购银行要承受平均2.3%的名义损失[2],这就降低了并购的成功率,使并购机制在公司治理中的作用减弱;另外,各国监管部门对金融机构高级管理人员的任职

第五章　金融机构伦理

---

① 潘敏:"商业银行公司治理:一个基于银行特征的理论分析",《金融研究》,2006年第3期。

② Houston and Ryngaert, "The over gains from large bank mergers", *Journal of Banking and Finance*, Vol. 18, 1994.

资格也有限制,也在一定程度上会降低经理人市场在外部治理中的作用。

以上分析表明,由于受到严格的行业管制和市场监管,金融机构的股东和债权人对管理者的内部监管作用减少了,产品和经理人市场的竞争机制、并购机制等外部治理也弱化了,甚至以政府信用为担保的管制手段还强化了股东和管理者的风险偏好。在这种情形下,金融机构的管制和监督实际上是作为外部治理机制的替代机制而发挥作用的,在维护广大分散的中小投资者和社会公众利益方面,担负着比一般企业监管者更多的责任,同时也将拥有更大的权利。如何承担责任和行使权利,对监管者来说,面临着伦理道德的考验。第一,监管中可能滋生利用公权力"寻租"等腐败现象,如 Barth,Caprio and Levine 的研究显示,银行管制与银行腐败成正相关关系,而与银行发展水平呈负相关关系。[1] 第二,监管者被少数利益集团俘获,放松管制,使整个金融市场失序。第三,监管不公正,导致中小投资者和公众利益受损。虽然现代金融理论相信这些问题可以通过技术手段、博弈模型和法律得以解决,但客观上依然存在的问题表明,仅有技术、法律和理论模型是不够的,因为从市场角度看,"一个有效率的市场制度,除了需要一个有效的产权和法律制度相配合外,还需要在诚实、正直、合理、公平、正义等方面有良好道德的人去操作这个市场。"[2]对金融机构的监管,最重要的道德要求是公正,在监管者与股东、管理者之间,股东、管理者与所有利益相关者之间、尤其是与债权人和公众之间,监管者应该维护公共利益而不是个人私利,维护所有利益相关者利益而不只是股东和管理者的利益。

---

① Barth, J. R., Caprio, G. Jr. and R. Levine, "Bank Supervision and Regulation: What Works Best?", *Journal of Financial Intermediation, forthcoming*, 2003.

② [美]道格拉斯. C·诺思:《经济史中的结构与变迁》,陈郁、罗华平译,上海三联书店 1994 年版。

第三节　金融机构伦理的内容

哈佛大学教授琳·夏普·佩因（Lynn Sharp Paine）在《哈佛商业评论》上撰文指出："许多管理者认为,道德是个人的事情,与管理无关⋯⋯事实上,道德与管理息息相关。企业不正当行为可以完全由行为者品行不端来解释的情形是非常少的。更常见的情形是,不道德企业行为涉及他人的默许或合作,反映出公司的价值观、态度、信念、语言、行为习惯等。一个管理者如果不能提供促进道德行为的恰当的领导,建立必要的机制,那么,与那些设想、实施企业不道德行为并从中牟利的人一样负有责任。"[①]这段话无疑也很适合用来描述金融机构伦理对个体道德的意义。对金融机构而言,在金融制度和金融市场伦理原则既定的前提下,它将以怎样的价值观和行为规范来协调和控制公司治理活动中的伦理关系,就成为直接影响机构及其从业人员道德水平的决定性因素。

然而,金融机构究竟应该以怎样的价值观和规范来引导其行为却并不是一个简单的问题。亚里士多德早在两千多年前就判定高利贷以及所有以利润为目的的商业,既反社会,又不道德,更谈不上体面庄重。而近代亚当·斯密虽然自信每个人从自利目的出发,一定会有社会的繁荣,但现代学者,甚至越来越多的人,却并不满意这种繁荣。如罗伯特.J·希勒干脆直接把这种混乱金融秩序下的繁荣称为"非理性的繁荣",所罗门则在一再申明自己并不反对证券交易大厅经纪人高回报的前提下,还是说"我要质疑的是这个体系的道德规范,他完全脱离了社会、生产力与人,它本身像一个'游戏'。"[②]这样看来,似乎金融机构本身的存在就是一个伦理上要考问的问题;或者说,金融机构的伦理不

① Lynn Sharp Paine, "Managing for Organizational Integrity", *Harvard Business Review*, March - April, 1994.

② ［美］罗伯特.C·所罗门:《伦理与卓越》,罗汉、黄悦等译,上海译文出版社2006 年版,第 15 页。

第五章　金融机构伦理

过是"自私的德性"(安·兰德语)。人们对金融机构伦理的深层质疑,我们不能忽略。

所罗门关于商业伦理的思考被弗里曼称赞为"蕴含了大量的实践经验",而他对这个体系却充满了内心的矛盾。这不仅因为他在实际咨询中"不曾遇到过哪个管理人员是不关注伦理问题或是不愿意谈论伦理问题的——即使会有些不快。"①更在于这个问题本身的复杂性。因而,为避免学术上的"粗鲁"和"武断",关于金融机构伦理这个本该做得更加具体的问题,却反而要抽象一些。也许这是对问题本身的忠诚。

一、价值理想:促进共生

"共生"是 1994 年出台的《考科斯圆桌企业原则》所提出的一个企业伦理理想。已故佳能公司总裁 Kaku 对"共生"的定义是:"为所有人的善而一起生活和工作。"②关于企业究竟是否应该,又到底能否促进所有人的善,或者说,对所有人尽责,是整个 20 世纪争论不休的问题。但一个客观存在的事实是,在近 30 多年里,企业组织应当把伦理结合到它们的政策和实践中的观念日益强烈了,有些学者们已经开始了企业道德管理策略的探讨,一些社会组织也纷纷推出企业"道德指数"、"腐败指数"等道德审计指标,世界著名企业领导还促成了旨在以伦理规范公司的《考科斯圆桌企业原则》,等等。

所有这些表明,将伦理道德纳入企业公司治理之中已经不是一个可以自由选择的问题了。面对股东、管理者、员工、客户、供应商、社区等不同的利益主体,企业决策者首先必须明确企业的价值目标,如自利、守法、还是正直?③ 彼得.F·德鲁克(Peter F. Drucker)指出:"企业

---

① [美]罗伯特.C·所罗门:《伦理与卓越》,罗汉、黄悦等译,上海译文出版社 2006 年版,第 5 页。

② Kaku, R. (1997) "The Path of Kyosei", Harvard Business Review 75(4):55 - 63. 转引自陆晓禾、金黛如:《经济伦理、公司治理与和谐社会》,上海社会科学院出版社 2005 年版,第 325 页。

③ 这里的"正直"不指个体德性,而是指企业不局限于合规,而是忠实于立法精神,强调责任。

目的必须在企业本身之外,事实上,企业的目的必须在社会之中,因为工商企业是社会的一种器官。"①松下幸之助认为:"买卖或生产的目的,并不在于使商店或制造者繁荣,借工作和活动使社会富足,这才是真正的目的。商店、工厂繁荣永远应该排在第二位。"②

其实,应该促进人类共生的又何止工商企业,金融作为现代经济的核心,作为配置社会资源的"总调度",更应如此。对金融机构而言,为人类共同的善尽责任,是贯穿金融活动始终的目标。相对而言,在金融创新中,法律仅仅是跟在后面的"诸葛亮",只有责任才是"先遣部队",它才能对"军情"及时作出判断和回应。

如前面所分析的,金融机构的公司治理面临许多利益冲突。之所以说是"冲突",就在于它们都有自己存在的合理性,就像角色冲突一样。因此,我们事实上不是消除冲突,而是依照一定的价值观协调冲突,目标就是要促进共生。

第一,超越企业本身的利益。从经济学观点看,企业的责任非常清楚,那就是"追求利润",因为企业本来就是为了降低交易成本而存在的。金融机构作为企业,其性质不同于慈善机构,因此,为股东赚钱并不必然是恶,除非股东没有获得财产权的资格。然而,根据伯勒和敏斯的观点,"那些在现代公司中投资的财产拥有者实际上就是将自己的财富交给了公司的控制者,这样它就将自己独立的拥有者身份换成了资本报酬的接受者身份。"③但是,金融机构不能专注于企业自身的利益。所谓不能专注于,是指企业的利益只是许多利益中的一种,并不具有优先性,金融机构要努力谋求那种"双赢"的行动计划,而不仅仅是自利。如面临自身利润和环境责任时,金融机构不能为了利润而把资金投向那些污染严重的企业,否则,这种行为无异于助纣为虐。同样,

---

① [美]彼得.F·德鲁克:《管理——任务、责任、实践》,孙耀君等译,中国社会科学出版社 1987 年版,第 81—82 页。

② [日]松下幸之助:《经营者 365 金言》,潘祖铭译,军事译文出版社 1987 年版,第 18 页。

③ Berie and Means: *The Modern Corporation and Private Property*, p. 3.

它也不能因为利润薄,而放弃对那些致力于环保的企业提供投资。"共生"是从超越自我利益的使命出发而达到的理想状态,如同尤努斯当初不忍目睹那些食不果腹的穷人死在自己的大学校园外,而毅然掏出 27 美元给 42 户家庭发展生产,并从此开始了自己的格莱珉银行事业一样,既获得盈利又帮助了穷人。

第二,正视债权人的利益。由于金融机构的高负债率,协调股东和债权人之间的关系成了公司内部治理的一个重要问题,董事会在实现股东利益最大化的同时,更要承担对债务人的伦理责任。例如,关于银行董事的职责,有人认为,受到存款保险保护的银行董事应充分考虑其决策对银行安全和稳健所产生的影响,要把对股东的信托责任、勤勉敬业、诚实义务等伦理责任延伸到债权人[1]。为此,董事会应增加独立董事的比例,让更多的人站在公正立场上维护债权人的利益。虽然有研究表明,谁都有可能成为银行的客户,从银行获得贷款,因而银行业董事的独立性其实很难得到保证。[2] 但是,这种现象恰好说明,在债权人既没有参与经营决策和监督股东行为的动力,又缺乏真正代言人的情形下,金融机构在公司治理中正视债权人利益应成为促进共生的必要组成部分。

第三,增进利益相关者的利益。这是对金融机构更进一步的要求,它不仅要求不伤害,还要求有利,要求"己欲立而立人,己欲达而达人"。利益相关者是指所有影响企业或受企业行为影响的人,包括雇员、客户、供应商、经销商、社区、政府以及其他社会团体等。虽然目前金融机构在增进雇员利益上所起的作用到了令人忌妒的程度,但是,它们对其他利益相关者要做的则还有很多,如开发针对社区的金融产品,促进社区发展;增加社会责任投资,促进经济、社会和环境的协调发展;为居民提供方便服务,尽可能拓宽居民理财渠道;协助政府保障经济安

---

① Macey J. R. and M. O'Hara: "The Corporate Governance of Bank", FRBNY *Economic Policy Review*, 9, 2003, pp. 91–107.

② Hadlock Houston and Ryngaert, " The Role of Managerial Incentives in Bank Acquisitions"; *Journal of Banking and Finance*, Vol. 23, 1999.

全,维护社会稳定,等等。

二、行为原则:他人是目的

这句话的另一半是,"他人不只是手段",这是康德所谓的"绝对命令"。但康德从善良意志出发向人们宣告的这一命令,却并非都如此认同。经济学家弗里德曼是反对公司社会责任的代表之一,他说:"这种观点显示了一种对自由经济的特点和性质的误解。在这种自由经济中,商业活动只有一种社会责任,这种责任就是,遵守游戏规则,利用自己的资源,从事增加利润的活动。"[①]在他看来,因为社会责任不能成为公司增加利润的手段,所以他不赞成企业社会责任的主张。但在另外的情形下,他又持一种肯定态度。那就是他看到了商业活动中确实存在一些别的"游戏规则",它们会对公司施加一些他所意识不到的责任与义务。因此,为了公司的最终利益,必须对这些社会责任予以考虑。不难发现,对同一个问题,他的结论虽然不同,但理由是一样的,即一切以是否能增加利润为标准。显然,即使他主张企业承担社会责任,这种责任也不过是他谋求利润的手段,与康德义务论主张是背道而驰的。

金融领域这种观点颇为流行,许多企业之所以勉强履行社会责任,是因为伦敦证券交易所道德指数、道·琼斯可持续发展指数等会影响股票价格,他们只是从增加企业业绩角度承担社会责任的。应该说,提倡公司伦理道德的价值,不仅仅体现在风险控制上,如果仅从控制经济损失来看待公司道德体系的价值,就会造成对公司道德和价值观的误解,也势必无法达到减少经济损失的目的。控制损失只是提倡公司道德和价值观的一部分功效,其根本原因在于,公司作为现代社会的一员,必须符合社会的期待。也就是说,公司基于道德要求而尽的责任本身就是目的。所罗门也很反对这种把服务他人作为手段的伪道德行为,他说:"如果一些马基雅弗利式的管理者意识到了高尚行为的价值,并能够熟练地运用理论来保护自己,那么没有什么比这来得更糟糕

---

① Milton Friedman: *Capitalism and Freedom*, University of Chicago Press, 1992, p. 133.

了。我们都很清楚,最危险的骗子不是那些公开吹嘘自己'道德底线'的人,而是那些为了自己的目的肆意扭曲道德标准的人。"①

因此,对金融机构来说,真正符合伦理的行为,不是简单地增加了对方的利益,还要看他是否把别人作为目的,而不仅仅是手段。这是性质不同的伦理问题。如一个保险经纪人劝你换保单,他告诉你新的保单对你更有利,而事实上也真的能给你带来更多回报,但他这样做的目的并不是为了你,而是自己可以获得更多的佣金,它给你增加的收益不过是他的收益的副产品。显然,这并不是伦理上允许的,金融机构不能纵容这种行为。

同样地,金融机构公司治理中以业绩—报酬敏感性的激励机制,因为也是把给予管理者丰厚报酬作为服务于股东的手段,所以在伦理上也是需要改善的:第一,满足管理者的价值需要。金融机构管理者不只是把投资当作追求利润的手段,往往还是一种他们表达价值观和信仰的方式。如一些银行家把诚信、责任和亲和视为银行伦理的三个方面,他们在管理实践中强调忠诚服务客户,在投资决策时注重社会责任投资,在产品开发中注入伦理要素,体现利润分享、风险共担的价值理念等。② 即使被认为是金融投机家的索罗斯,也希望做个赢家并以一个公民或人类的身份增进公共利益,实现和平、正义和自由等社会价值。第二,发挥管理者的自律作用。正如亚里士多德所说,美德是在行动中形成的,管理者对股东受托义务的忠诚美德来自忠诚的行动。自1990年英美证券市场先后推出社会指数、市民指数、可持续发展指数、道德指数以来,越来越多的互助基金、退休基金等机构投资者,抵制那些破坏环境,涉足赌博和武器,使用童工,作假账和欺诈的公司股票,转而将资金投向社会责任公司。虽然有人从股东利益最大化出发,认为金融机构的管理者进行社会责任投资有悖受托人义务,但从管理者谋求机

---

① 〔美〕罗伯特.C·所罗门:《伦理与卓越》,罗汉、黄悦等译,上海译文出版社2006年版,第7页。

② C. J. Cowron. "Integrity, responsibility and affinity: three aspects of ethics in banking", *Business Ethics: A European Review*, Vol. 11, No. 4, 2002.

构的长期回报来看,并不失其对股东的忠诚。更何况,管理者进行社会责任投资筛选和决策的过程,实际上就是约束和规范自己行为的自律过程。第三,培育企业的伦理文化。机构中的个人的道德水平与整体的文化密切相关,一般来说,业绩激励机制下的扩张性文化有损个人道德的完整性,而伦理激励下的伦理文化更能把个体行为引向更高道德水平。Stephen D. Potts 和 Ingrid Lohr Matuszewski 认为"公司治理最重要的是把伦理整合到组织文化中,只从表面勾画伦理规范不会影响组织的改变,也不能激励公共诚信。"①

第四节　金融机构伦理的作用机理

金融机构是金融市场的主体组织之一,其伦理的作用机理具有一般组织伦理的共性,其道德认知、道德判断和道德自律开发的深层基础来自机构的内在要素及各个要素之间的相互关系。"企业伦理与组织结构紧密联系在一起,企业组织的内部结构建立了一个构成企业组织的全部个体的激励集合。"②金融机构伦理的作用机制意在将伦理准则、伦理培训整合于组织治理结构和绩效评估中,通过贯穿于机构全过程的伦理决策创立金融机构的道德发展模式,形成一整套改进机构伦理行为的政策,提升机构及机构中个体的道德品质和道德推理能力。

一、金融机构伦理决策的影响因素

在金融市场中,作为市场主体的金融机构是一个关系网络,它由机构中的个人组成,其任务的分解完成、目标的实现及自身的发展,依赖于成员及成员之间相互关系的协调。Danielle S. Beu 和 M. Ronald Buckley 指出:"企业组织中的个人被包含在许多不同的关系之中,需要从这种关系的结构中进行考察。随着这些关系的扩大,个人被组织

---

① Stephen D. Potts and Ingrid Lohr Matuszewski. "Ethics and Corporate Governance", *Ethics and Corporate Governance*, Vol. 12, No. 2, 2004.

② James A. Brickley, Clifford W. Smith Jr. Jerold L. Zimmerman, 2002. "Business ethics and organizational architecture." *Journal of Banking & Finance*, 26, pp. 1821 – 1835.

中其他成员所观察的可能性也增加了。如果组织中关键性的个体认为他们必须对大众证明其正当行为,相信存在某种回报或者制裁的力量,他们就会感到对大众的责任感并尽可能地去做大众所希望的事情。"①因此,金融机构的伦理决策是一个多维度的关系整合过程,其基本的影响因素包括机构中的个体、机构及其个体面对的伦理问题本身、金融机构的背景和结构。

1. 伦理问题本身

在复杂的金融市场中,金融机构的类型、职能及机构中的个体存在很大的差异,他们经常面对形形色色的伦理难题,这些伦理问题本身要影响到金融机构的伦理决策。

首先,不同类型金融机构的目标差异产生不同的伦理难题。银行金融机构作为信贷交易主体的金融机构,在中外银行业发展史上,一直存在诸多的伦理难题:其一,监管当局放松了监管政策,允许储蓄机构有较大空间的利率浮动幅度,各个储蓄机构为了防止客户流失,不惜争相提高存款利率、创造信用衍生工具,这就使机构面临着降低资本充足率、进行高收益投资的诱惑。而高收益就意味着高风险,储蓄机构倒闭的风险大大增加,当储蓄机构倒闭时政府就会以纳税人的钱偿付,从而引起公平问题。其二,银行账户的保密性是多年的惯例,但这种保密性也为不道德的用途提供了方便,如隐藏腐败分子的非法存款,为贩毒等非法活动提供结算便利。其三,银行金融机构在发放贷款时,相对于借贷者来说,银行处于更为有利的地位,因而有责任向客户和潜在的客户提供有关投放贷款的完整信息,包括贷款条件、实际利率和违约的处罚规定;客户把钱存入银行有权了解银行真实的财务情况,而银行又担心因此暴露商业秘密,等等。在银行内部,也面临内部控制的伦理问题。

作为上市公司的金融机构,通过发行股票、债券等金融工具从市场

---

① Danielle S. Beu, M. Ronald Buckley, 2004. Using Accountability to Create a More Ethical Climate. *Human Resource Management Review*, 14, 67 - 83. Jackall, R, 1988. Moral Mazes: The World of Corporate Managers. New York: Oxford University Press, p. 101.

中筹集资金。按照公平交易的伦理原则，上市公司应该与股东、外部监管机构建立和谐关系，及时、准确、全面发布公司信息，使股东、潜在的投资者与监管机构能够真实而快速地了解公司所发生的重大事项，保证交易的公正和公平。但是，上市公司作为一个追求利润最大化经济组织，要面临内外的多种伦理选择：其一，从外部要求看，组织总会考虑尽量降低披露信息成本，较少发布或不完全发布公司的有关信息；选择有利于公司融资和吸引投资者的会计处理方法；尽可能地封锁公司经营业绩下滑等不利于管理者的信息。其二，从上市公司内部组织结构来看，上市公司内部存在股东、经营者、债权人、普通员工之间的利益冲突，上市公司的代理人（经营者）存在着利用自己的信息优势侵占委托人（股东）利益的机会主义行为选择，大股东存在危害小股东和债权人的行为，普通员工可能受到公司的不公正待遇等。

　　机构投资者主要包括保险基金、养老金基金、证券投资基金、从事自营的证券公司、私募基金和投资银行，与个人投资者相比，其对市场价格的影响力和控制力较强。内幕交易和价格操纵是机构投资者经常面临的伦理问题，因为对有些内幕交易、操纵行为存在判断与辨别上的困难，内幕交易的信息产权也是一直以来争论的焦点。但内幕交易、价格操纵等案例却一再显示出金融市场的伦理冲突。

　　作为中介机构的金融机构，是为交易提供服务的，其伦理问题的实质是这些机构是否诚实地坚守信托责任，独立地进行自己的判断。具体表现在：对市场的评论是否误导了投资者交易；经纪公司的自营交易与中介业务的相关程度；中介机构中的从业人员进行个人交易与中介业务的关系；是否挪用了客户的保证金；是否为操纵股票价格的行为提供便利条件；相关的注册会计师、律师是否保持了独立性、公正性等。

　　此外，监管机构作为一个非盈利的金融市场组织同样存在伦理难题。既有监管水平限制所引起的监管质量问题，也有监管与市场自行调节之间的两难选择甚至存在监管中的合谋。

　　其次，金融机构的不同发展阶段存在不同的伦理问题。现代组织经济学的一个成熟命题是，组织的每个特定阶段有不同的发展特征。

因而，普遍认为市场里的企业组织是从一个很小的、回避或较少受到竞争环境的创业企业演化到一个在充分竞争环境下的成熟的市场企业。不过，组织阶段的演化要经过成长疼痛（Growing Pains），即组织发展阶段的技术和管理系统与其收入所决定的规模不适应。在这里，组织技术和管理系统包含了匹配组织发展的道德文化，如果道德文化不能进行调整去适应新的规模和复杂的组织架构，结果就会形成一个引导组织发展的道德缺口（Moral Gap），并产生诸多的道德问题。任何规模的企业组织，包括大的集团组织，必须克服道德缺口引发的组织疼痛，否则，它的市场行为就可能导致组织的失败或破产，从"安然破产"到"三鹿奶粉事件"都证实了这一点。这里隐含着一个重要的结论：组织的不同发展阶段对应着相应的道德发展阶段，组织要从内部经营管理要素入手，跨越道德缺口引起的道德问题。在理论上，"组织的道德发展要经历三个阶段：重视组织自己的利益；重视相关群体的利益作为发展自身的工具性手段；扩展战略使命，涵盖社区内所有成员的利益。"[①]那么，在这三个不同阶段会引发何种典型的道德问题呢？其一，在组织的创立和成长时期，主要活动和行为动机是保证自己的生存和发展，道德价值的指向是以自我为中心，组织总是忙于发展那些可以增加自己利益的各种关系，强调财务成果和经营绩效，管理目标和奖励机制是利润导向的，凡能增加组织收益的行为都被认为是道德的；在这个过程中，对别人的关心是纯粹工具性的，任何有益于其他团体的行为都是派生的或偶然的。或者说，组织较少关注外部的道德标准和道德期望，甚至可能在有意无意中产生不道德的行为，从而很容易与外部的道德期望相冲突。其二，在组织迈向成熟的发展中，逐步进入追求规模和资源整合的时期，组织的道德价值目标是道德的实践能够确保利润，道德动机是追求能够产生长期利润的实践行为；对利益相关者的关心作为"文明的自利"而受到组织的肯定，以减少组织未来行为被限制的可能性。

---

① ［美］劳伦斯.A·波尼蒙：《会计职业道德研究》，李正等译，世纪出版集团、上海人民出版社 2006 年版，第 71 页。

其三,随着组织发展的成熟,进入组织公民时期。这时的组织认识到利益相关者的利益在本质上是有价值的,尽管某些道德政策可能损害财务业绩,组织依然将利益相关者和社会利益纳入自己的使命;组织的管理目标和绩效突出道德的价值,财务报告和会计系统会反映社会导向的测量指标,诸如职工的生活质量、健康和安全,产品的安全以及社会和自然环境问题;组织的道德决策对所处的情境和外部环境十分敏感,其行为一般地表现出对利益相关者和社会的责任。金融机构作为一种组织,在自身不同的发展阶段也面临着不同的伦理问题,需要针对不同阶段的问题进行伦理决策。

2. 金融机构的组织背景和结构

组织道德理论较早就认识到组织运行是建立在社会宏观观念基础上的事实,从而组织和组织中个体的行为都以组织背景为依托。这种依托主要表现是:一方面,组织文化作为社会道德文化在组织中的反映,是遍及组织整体的、共同的规范、价值观和期望体系,它包括正式的伦理规则和影响伦理选择的非规则性的行为预期;而共同的价值观源于组织的文化管理,并"促使组织成员去遵循一种价值惯例意义上的、与成功有关的导向。"[1]另一方面,"组织中个体的道德价值取向和代理人的价值观必然会反映在组织代理人代表组织所采取的行动上。"[2]这说明,高层管理者对组织建立追求卓越的风格和将这种风格整合于组织文化发挥着重要作用。因此,组织从产生开始所具有的对权威的服从和对结果的一种责任一直影响组织的道德选择,并通过相应的奖励和制裁机制引导员工的行为;不过,在财务指标界限的压力下,激励也可能诱发管理者的不道德行为。

对于任何确定的组织背景,金融机构要通过建立适当的架构以促使其中各个成员的行为始终服务于组织的特定目标。在具体的组织结

---

① [德]施泰恩曼、勒尔:《企业伦理学基础》,李兆雄译,上海社会科学院出版社2001年版,第34页。

② Quinn, D. P., and T. M. Jones, 1995. An Agent Moral View of Business Policy. *Academy of Management Review*, 20: 22 - 42.

构设计中,组织的各个成员被分配在具体的岗位并提出其责任和行为
要求。换言之,"组织结构在伦理意义上是选择性的——它一方面事
先规定了应该做什么,另一方面也明确了员工不应该做什么。"①其一,
组织内部不同岗位的劳动分工决定了各个成员只是承担专业化的局部
工作,这在一定程度上排斥了组织成员发挥伦理行为的作用,因为组织
成员受到专业化的制约而缺乏对决策的伦理推理能力。其二,组织内
部分层决策权的配置总是与相应的财务业绩或经营业绩指标联系在一
起。例如,经理既要对董事会负责又要对其下面的员工负责,如果经理
人员在道德和法律的范围以内尽了最大的努力而没有达到相应的业绩
指标,这在道德上是不应该受到谴责或处罚的。然而,当经理的决策权
与业绩挂钩时,在许多情况下为了完成指标不得不采取伦理上的不正
当手段。至于分层决策的等级命令极有可能抑制下属对组织中不道德
实践活动的看法和纠正动机。其三,在扁平的团队组织中,每个成员的
价值观互不相同,甚至成员在团队活动中对同一任务目标的追求活动,
也可能出于完全不同的价值观。例如,有的为了显示自己的能力,有的
是出于自己的责任心、事业心,有的则想多获得一份报酬。凡此种种,
个体价值观的重大差异将会对组织活动的伦理导向产生很大的影响,
如果以团队组织内部的处罚来达到行为的一致,同样可能压制团队成
员的伦理反思。

3. 个体特征

组织中的个体涉及管理者及其领导的人员,他们属于一个广大的
社会系统的人员,相互发生作用。作为社会系统的一般人员,组织中的
个体是具有社会属性和精神属性的人,其道德需要和道德行为是使之
成为"人"的基础。马斯洛的自我实现理论说明,道德需要是人类自我
实现的主要要素,人在自我实现的过程中具有很强的道德意识、明确的
道德标准,能明辨是非、善恶。然而,人的需要又有利己本性的一面,这

---

① [德]施泰恩曼、勒尔:《企业伦理学基础》,李兆雄译,上海社会科学院出版社
2001年版,第27页。

种利己本性必然导致人对满足私欲的渴求,人的道德有助于调节人的利己本性所产生的对私欲的无限渴求。在组织里面,个体的性格、性别和认知道德发展各不相同,他们所面对的伦理问题的强度和对伦理问题做出反应的环境也处于动态变化之中,这就意味着置身于各层关系中个体的道德推理和道德行为并非固定不变。Jackall 指出,"道德在一定程度上不是表现为内心坚持的信念或原则,而是源于正在进行和改变的一种与其他人的关系,包括某些同行、社会网络以及有紧要关系的小圈子。"①因此,金融机构中不同层次的个体在不同的层面影响着机构的伦理决策。

二、金融机构伦理决策模型

在金融市场的实践中,金融机构的伦理规制是将机构及机构内部的管理者、员工面临的伦理问题导入伦理决策过程,使组织形成一种政策和程序,提高管理者和员工伦理行为的可能性,从而演化出道德组织,最终在金融市场各种复杂的、激烈的利益联系中建立一种微观道德秩序。

1. 伦理决策变量

在过去的 20 多年里,应用伦理学对组织伦理决策的变量进行了探索性的研究,一般区分为个体变量和情景变量。"个体变量的识别包括道德发展的认知水平、场所控制、教育水平;情景变量主要涵盖工作背景、组织文化、外部环境影响。"②遵循 McDevitt 和 Hise 的逻辑及金融市场实践,伦理决策的变量可以进一步整理和细分为个体变量、组织内情景变量和外部变量。

第一,个体变量的内容有:年龄、性别、宗教信仰(或价值观)、本我力量(ego strength)、专业依赖性、场所控制(locus of control)、个体的道德成熟度。在这些变量中,年龄、性别、宗教信仰是个体的基本变量。

---

① Jackall, R. , 1988. *Moral Mazes: The World of Corporate Managers*. New York: Oxford University Press, p. 101.

② McDevitt, R. and J. Van Hise, 2002. "Influences in Ethical Dilemmas of Increasing Intensity. "*Journal of Business Ethics*, 40 (3) , pp. 261 – 274.

本我力量与个体的自信或自我控制的技能相联系,本我力量强的个体对自己的判断很有信心,相信自己有能力去做自己认为正确的事情。个体的伦理决策过程也与个体的专业领域有关,专业依赖性可以测量个体识别指示物的独立性;具有专业依赖性的个体将通过专业技能来辨别相关的指示物,以解除自己在伦理问题上的模糊性。个体的场所控制有内部场所控制和外部场所控制,它在个体的伦理决策过程中发挥极其重要的作用,Forte 指出,"有些个体经常将其失败或成功归因为场所控制。"①一般而言,具有外部场所控制的个体,认为伦理困境超越了他的控制范围;而具有内部场所控制的个体,相信他能够做好他周围的事情,愿意为他的行为承担责任,并积极采取行动去解决所面临的伦理问题,甚至为了某种需要可能顶住社会压力去执行某些不道德的行为。个体的道德成熟度是科尔伯格论证过的、已被广泛运用的个体变量。

第二,内部情景变量有两个层次:一个是工作背景,包括工作组同行的影响、实际操作能力和管理行为及相应的预期;另一个是组织背景,具体指组织文化和伦理定位、激励和惩罚机制、行政领导(执行)能力。

第三,外部变量存在于组织外部,由于金融市场运行是嵌入在社会经济和文化的大环境之中,因而进入主体组织伦理决策过程的变量异常复杂,主要包括社会文化和社会规范、政治和法律制度、产业规范标准、职业行为准则、个人和家庭责任、经济竞争强度。外部社会文化是组织文化的基础,社会规范形成了组织参与金融市场的外部环境因素。Sims 和 Gegez 的跨文化研究表明:"社会规范的差异可能导致伦理实践和决策的不同。"②政治法律制度规定了金融市场中借贷、投资、承销、

---

① Forte, A., 2004. "Business Ethics: A Study of the Moral Reasoning of Selected Business Managers and the Influence of Organizational Ethical Climate." *Journal of Business Ethics*, 51(2), pp. 167 – 173.

② Sims, R. L. and E. Gegez, 2004. "Attitudes Towards Business Ethics: A Five Nation Comparative Study." *Journal of Business Ethics*, 50 (3), pp. 253 – 262.

中介服务和其他交易行为的合法性问题,是伦理决策的基本起点。对组织的管理者而言,产业标准和经济竞争强度创造了一种不确定的外部环境,可能导致不道德的组织决策。职业行为准则不仅是抑制决策中不正当行为的屏障,也为决策者处理伦理问题给出相应的指导。对个人与家庭的责任反映了个体的特征,它是组织环境里个体道德行为强有力的激励因素。

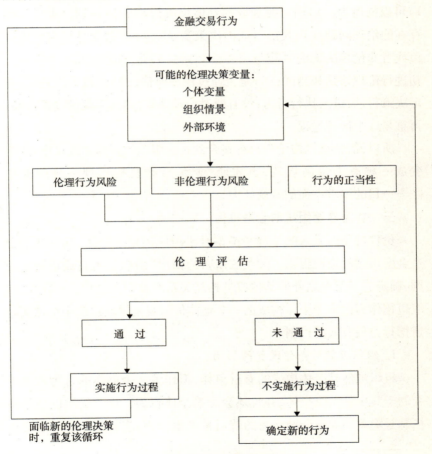

图 5-1　金融机构伦理决策过程

2. 伦理决策过程

在金融市场实践中,机构及组织内具体职业或岗位的个体面临伦理问题时,其伦理选择的一般做法是求助于组织和职业行为规范,但由于技术条件、交易行为差异和复杂性以及外部环境的不确定,这些行为规范不能直接用于解决所面临的伦理难题,并导出伦理决策;伦理决策变量指出了可能存在伦理冲突的地方,当这些变量运用于组织及组织内个体的决策程序时,就会引导组织及其个体达到伦理决策,并执行相应的行为,最终创造金融市场健康运行的道德组织。具体过程(图5－1)可以描述为:(1)确定要采取的具体决策行动;(2)识别决策中可能存在的伦理问题;(3)找出可能的决策变量;(4)根据变量提出伦理决策或者非伦理决策的风险与正当性疑问;(5)运用伦理方法对决策行动进行伦理评估和测试;(6)是否通过伦理评估;(7)通过伦理评估,确定决策行动,进入执行行为;没有通过伦理评估,则选择新的决策行动,再重复这个循环过程。

所以说,金融机构伦理只有整合到企业组织的内部治理之中,才能变成一种有力量的规范,也才能"避免金融机构出现一种职业危险——目的追求方面的失衡。"[1]

三、作为道德组织的金融机构

伦理规制所导入的伦理举措整合于组织的伦理决策,其目标是创造金融市场的道德组织。阿兰·斯密德指出"组织是为其成员制定规则、确定它与组织之外的其他成员相互关系的准则的过程。"[2]因而,组织道德作为由多个个体构成的一个集体价值观是推动组织中个体实施道德行为最有效的机制。

1. 组织道德对个体道德的影响

组织虽然是个体构成的有机整体,但作为一个整体的行为者并不受制于其中的单个个体,并且还会影响个体行为。由于组织的道德特征总是隐藏在参与金融交易的背后来产生作用,当组织作为一个整体

---

[1] 陆晓禾、金黛如:《经济伦理、公司治理与和谐社会》,上海社会科学院出版社2005年版,第327页。

[2] [美]阿兰·斯密德:《制度与行为经济学》,刘璨、吴水荣译,中国人民大学出版社2005年版,第119页。

的行为者进入金融市场时,社会关心的是它作为金融体系中一个主体成员所采取的行为,从而使组织道德与个体道德在特征上产生了差异。与个体道德相比,组织道德更加突出对规则的遵守,更强调组织的社会责任;组织道德发展一般地要求组织自主开发一系列的价值和实践行为,以确保客户、利益相关者和股东的利益。诚如乔治所言:"如果一个企业的运作符合道德标准,他们所建立的结构就应该鼓励和推动企业所有员工的行为遵守道德标准;企业必须建立起上向、下向和侧向的责任渠道与程序;企业必须确立各种输入渠道,使企业能够了解其雇员、顾客、股东和公众的种种担忧、需求以及他们对企业法定责任的认识。"①换言之,一个道德的组织在参与金融市场交易以谋取利益的时候不仅要遵循市场伦理规则和商业道德,而且应自愿地承担包括其自身行为对金融稳定、社会安全和环境等方面的责任。

组织的道德价值观更加强调其行为的责任,这种责任最终会转化为组织的政策,并通过组织激励和处罚机制、组织文化等要素指导和规范组织内成员的实践行为。在金融机构内部,个体道德与组织道德是一种互动关系,一方面,个体道德是组织道德的基础,组织中高层管理者的个体道德又发挥着独特的作用;另一方面,道德的组织更多地表现为一种责任组织,它将禁止个体的不道德行为,并可能将不道德的个体驱逐出组织。

2. 组织道德的传递及其扩张

伦理规制和伦理决策的理想目标是创造道德组织,在这个创造过程中,组织道德可以在组织内外产生道德传递和扩张效应。

第一,组织道德传递了一种与社会一致(social consensus)的责任价值观。道德问题的社会一致性表现为社会对组织市场交易行为"善"或"恶"的共同认识,这种认识影响着组织的伦理决策过程。组织参与市场活动的败德行为可能受到制裁而给自己造成经济损失,但为

---

① [美]里查德.T·德·乔治:《经济伦理学》,李布译,北京大学出版社 2002 年版,第 234 页。

了控制损失风险而建立的组织道德价值观只是组织道德的一个低层次的功效,从长远看无法达到减少经济损失的目的。道德组织所创造的伦理准则和价值观把组织作为现代社会的一员,将决策纳入社会过程,主动承担社会责任,达到社会对组织的道德预期。在组织内部,社会一致的责任价值观可以帮助组织成员正确理解"道德行为"和"不道德行为",使组织成员的道德预期变得更加清晰,组织的伦理原则也因此得到社会一致地支持,以创造更好的伦理环境,形成一种遍及组织各个部门和每个个体的道德文化;在组织外部,社会公众或其代言人不断运用社会道德标准来评判一个企业组织及其高层管理、甚至员工的行为和绩效。组织与社会一致的责任价值观同时也向社会传递了其企业文化、道德形象和组织声誉,最终贡献于企业的战略资产和持续的竞争优势。

第二,组织道德传递了社会性"自利"的价值取向。参与金融市场活动的企业组织,谋求利益是必然的,即使是伦理投资基金,其谋取利益的动机并没有改变,只是谋利手段的正当性和利益用途的"善性"决定了它的本质。作为金融市场参与主体的组织,其交易行为(监管机构除外)融入了社会,同时也融入了道德价值。金融市场中的道德组织所传递的道德价值是一种责任,它所倡导的交易行为是一种把利他性和利己性、服务性和谋利性内在地统一起来的社会性"自利"行为;在这种价值指向下,组织会不断调整内部员工之间、组织与组织之间、组织与社会和国家之间的利益关系。所以,道德组织的自利不是不择手段,而是社会性的自利,是一种被社会认可和尊重的自利。就如罗伯特·所罗门所言:"自利不是指自私自利,它和在我们身上、并使我们获得认同的社会美德——生产能力和金融才智就是两种社会美德——密不可分。"①

第三,组织道德传递了组织高管的个人道德品质。组织高管的个

---

① [美]罗伯特·所罗门:《伦理与卓越——商业中的合作与诚信》,罗汉、黄悦译,上海译文出版社 2006 年版,第 100 页。

人道德无疑是组织道德的缩影。在组织内部,组织的管理和控制是一种小群体(如董事会)控制,这种控制无论设计得多么完美,都可能是外在的强制力量,并不能完全反映员工内心的诉求。当高层管理者的道德标准和个人品质整合于组织的管理控制系统,其对组织成员的思维方式和行为方式的影响就是潜移默化的,如果组织中每个成员经过组织道德熏陶从"被动接受"转化为"自觉参与",就达到"无为而治"的控制境界。在组织与外部的关系中,高管的个人道德品质以及个人品质演化出来的组织道德及其扩张将领导组织付出长期坚持商业伦理准则,社会责任和社会自利,不仅会激发出组织成员更多的热情与创造性,而且给市场发送了诚信、责任、产品和服务可信赖的信号,管理者的品德也因此成为社会弘扬的企业家(金融家)的职业精神。

第四,组织道德传递了个体道德行为优化的路径。科尔伯格论证了个体道德认知和道德行为的发展过程,指出了个体道德不断走向完善的阶段。然而,由于金融交易的趋利性,组织道德发展不仅要求组织参与金融市场交易的行为合法或者合规,更要求组织中的个体——管理者和普通成员的道德行为与具体交易实践相匹配。对此,Gates深刻地指出,"仅仅遵守行为规则不会产生组织文化的变革。目前的行动规则把遵循规则看作道德行为;但真正的道德行为不只是符合规则,而是理解规则的价值并努力去完成它。"① 因此,在错综复杂的金融实践过程中,组织的道德目标为个体道德行为的优化提供了适当的路径。一方面,尽管组织的管理者尤其是高级管理者,领导组织创造了组织共同的道德文化,但他们和中层管理者的行为必须与组织的价值观和规范一致,并且在实践中不断开发出获取正当利益的方式和行为,把个体自我的道德完善与组织道德发展统一起来。另一方面,普通成员的行为都是由组织的道德文化所规定的,并直接指向组织目标,甚至

---

① Jacquelyn B. Gates, 2004. The Ethics Commitment Process: Sustainability Through Value-Based Ethics. *Business and Society Review* , 109: 4, pp. 493 – 505.

组织及其管理者每天交流的道德语言都将引导员工更加关注决策的道德含义。在这种道德氛围里，个体行为就沿着组织所倡导的道德价值指向不断做出新的调整，从而不断增强自己作为道德主体的意志和信心。

第六章

金融个体道德

　　金融个体道德在金融伦理体系具有特殊意义,它既是金融个体对金融制度伦理、金融市场伦理和金融机构伦理的内化,表现为一种主观性的德性;作为一种既已形成的、被社会认同和期待的个体行为规范,它又是维护金融制度伦理、金融市场伦理和金融机构伦理的基础,表现为一种客观性的约束力量。合理的金融秩序是这种客观性的力量和主观性的德性相互推动的结果。所以,本章的目的是,通过把金融个体置于金融制度、金融市场和金融机构(或者更广义一点,金融市场的组织主体)的伦理关系中,揭示其内在的德性根据和具体道德规范,并进一步探讨个体道德对整个金融领域伦理秩序的作用机理。

第一节　金融个体道德的存在根据

　　严格说来,金融个体不是一个规范的专业术语,但在经济学中,既然个体是对应于组织的一个概念,那么,我们还是有可能对照企业组织概念大致界定金融个体。

　　从狭义上理解,金融个体指金融组织中的自然人。人们将市场要素投入存续期不等的、合作性的、以目的为导向的安排称为组织。个体就是被投入市场组织的这样一种特殊要素,一方面,他作为有自主意识的人,是组织结构的创设者,是组织功能的完成者;另一方面,他作为一种被安排的"要素",又在某种层级秩序中受到各种制度和命令的混合协调。

从广义上理解，金融个体除了指金融组织中的自然人，也可以是参与金融市场的非组织成员，还可以是金融制度所涉及的所有其他人。

金融个体道德实际上是人类自身为自己的行为所进行的道德"立法"，它的根据在于金融个体有道德的需要，而这种需要又源于人存在的二重性及其需要的二重性。一方面，任何人都是一个个体存在物，这是由于每个人都是作为一个独立的自然有机体决定的。作为个体存在物，每个人都会有维持自己生存和发展的需要，即有所谓的个人利益。因此，个人利益从来都不是一个道德律令，仅仅是一个客观存在的事实而已。另一方面，任何人又不是"纯粹的个人"，"不是单个人所固有的抽象物，在其现实性上，它是一切社会关系的总和。"① 人作为社会中的一部分，又有维持社会共同体存在和发展的需要，即所谓公共利益。人的这种需要或利益，不管自觉与否，也都是客观的、必然的，因为它是个体利益的依托。正因为如此，马克思指出，人的需要或利益表现为两种形式：一是"自然主体的那种个人需要"；二是"表现为社会需要的个人需要"。这样，人类就必然面临着协调和处理这两种需要和利益的问题，个体道德正是基于这一问题而产生的，或者说，个体道德就是人类自身在具体协调和处理这些问题的实际活动中为自己完成道德"立法"的。同样，金融个体的存在也是个体性存在和社会性存在的统一，他在一定的金融制度、金融市场和金融组织中进行活动，并与其他人结成相互关系，其个人需要也就不只是满足自己作为自然主体的需要，还有满足自己作为"社会"主体的需要。然而，这两种需要虽是每个人所必需的，但面对具体的利益选择，二者往往又是矛盾的，正是人存在和需要的这种矛盾性，成为金融个体道德产生的内在根据。

一、金融制度中个体的二重性存在：自利与他利博弈

金融制度对制度中的人意味着什么，这要从我们对制度本身的理解开始。按照诺思在 1990 年的著作《制度、制度变迁和经济绩效》中

---

① 《马克思恩格斯选集》，第 1 卷，人民出版社 1995 年版，第 56 页。

给制度的定义,制度是调节人与人之间、人与组织之间以及组织与组织之间互动关系的规则。在这个定义中有一个容易被人忽视的东西,即它把制度限定在人与人之间的互动规则上。这里的"互动规则",我们应该理解为是对个人决策过程的一种限制,而不是对决策结果的限制。从某种意义上说,这种对过程而不是结果的限制,是对人的主体性的一种认可,因为它实际上把制度看作了所有制度中人相互博弈的结果。康芒斯对制度的理解则更进一步,他认为制度是限制、解放和扩展个人行动的集体行动。这个定义中有两个要点:一是强调了制度的主动方面,它不只是限制个体行动,更可以通过摆脱其他个体的侵害而解放个体行动;二是强调了制度一定是一种集体行动,它的制定和实施必须通过集体来完成,任何单方面的决定都不能称为制度。因此,实际上任何与制度相关的人都不可能是"纯粹的局外人",即使我们很难说清具体某项制度的哪条哪款是自己意志的表达,甚至这些制度与自己意志相背离,也不能表明我们是制度之外的人,因为既定制度下人们的行动将对制度产生反作用。比如,消极对待,或者积极对抗的策略选择就将成为影响下一轮制度变迁的因素之一。

　　制度对制度中人主动性和互动性的依赖表明,金融制度中的个体是一种二重性的存在方式。一方面,金融个体作为自然主体,在既定的金融制度下,他要维护自己的利益,尽量满足自己作为自然人的需要,即个人利益的需要。这会有两种不同的满足方式,一是在不违背既有制度的前提下最大化个人利益。如在自由资本市场制度下,利用一切可能的手段,实现资产的价值增值,包括投机、兼并收购、金融创新等。二是试图突破既有制度的限制。这可能是对不公平金融制度的一种合理对抗,如当面对市场准入受到严格限制的银行制度时,你可能为了实现自己的资产增值目标而进行地下金融活动。也可能是完全基于自利目的,而并不是因为既有制度不合理。如一些人利用制度漏洞,进行金融欺诈活动等。类似这些行为,都是金融个体作为自然主体的存在物,而实现的对自我利益的满足。金融制度也正是在各个个体的自利动机推动下,不断生成和变迁的。另一方面,金融制度既然是一种互动规则,是一种集体行动,那么,金融个体就不可能只是自然主体,还必须是社会主体,因而,他不能只满足自我利益,还必须满足他人利益。这种满足的实现有两种形式:一是制度强制。其作用机制是,当交易双方都从自利出发而在长期的动态博弈中选择道德行为时,长远的利益会抵挡短期的机会主义行为,从而使道德的行为得以延续下来,并使这种行为作为一种标准而成为制度的一部分。而在这个特定时间和空间中,制度就成为既成的了,具有其必然性和权威性,且会形成一种路径依赖的现象,即这种作为制度一部分的"道德"形成了一种外在的约束力,它使"社会中的人也会在重复的交易中感受到遵守交易道德所带来的收益,并体会到不遵守交易规则带来的惩罚和损失。"①从而在交易活动中选择符合道德的行为。值得注意的是,这种收益和损失不只是物质上的,还有精神上的,如内疚、自责。二是自觉认同。金融个体在一定的制度规约下与其他个体交往,并形成一个共同体。在这里,共同体中的个体活动总是受到共同体其他个体行为和共同体作为一个行动单位的目标的影响,个体可以在相互的学习和模仿中,体会到什么是共同体内部的"合宜"的行为,什么是最适宜于个体生存的行为,什么是最有利于提高共同体整体效率的行为等,并在实际的行动中自觉的践行这样的行为。

因此,金融制度中的个体始终处于自利与他利的博弈之中,这个博弈过程对金融个体道德的生成意味着两点:一是它为金融个体道德提供了自发生成的客观基础,这就如同哈耶克在"没有指令的秩序"中对晶体的描述那样,"尽管那些比较熟悉由人来安排物质的人士通常会觉得难以理解自生秩序的形成,但在很多场合,我们必须依靠各个组成部分的自发协调,才能形成(哪怕是)物理学的秩序。"②二是它表明金融个体道德的生成还需要人为的推动,这就像虽然我们不能直接安排或匹配原子和分子,但还是要为分子或原子的结合创造条件一样。无

① 王曙光:《经济转型中的金融制度演进》,北京大学出版社 2007 年版,第 28 页。
② 哈耶克:《自由秩序原理》,邓正来译,三联书店 1997 年版,第 200 页。

论属于哪种情形,金融个体道德的根据在于,制度中人必须面对自利和他利的二重性存在及其由此产生的利益冲突。

二、金融市场中个体的二重性存在:欲望与理性较量

哲学伦理学与经济学对理性概念的使用有时是相通的,如伦理学把理性看作一种法则,在康德那里理性就是"绝对命令",就是"善良意志";经济学也把能按照一定规则行事的人称为理性人,而把受情绪情感因素影响而作出利他行为的人称为"有限理性人"。但有时伦理学和经济学又在完全不同的意义上使用理性概念,如在伦理学看来,理性是对欲望的适度控制,其意类似于"理智",是人的一种美德;而经济学正相反,把能最大限度满足自己求利欲望的自利行为看作理性行为,而把那些有利于他人,无益于自己的行为视为非理性行为,其意所指与美德似乎南辕北辙。

不过,伦理学和经济学在理性概念上的这种分歧并不妨碍我们对金融市场个体生存状态的描述,因为我们实际上可以把问题转换成个人理性与集体理性。这样,欲望所指就是个人的自利,属于个人理性;而理性所指就是个人对社会规范和秩序的认同,属于集体理性。应该承认,近代以来,随着科学理性的张扬和人性的解放,人们对理性的推崇到了无以复加的地步,以致走向了另一极端,即反理性,后现代思潮的出现就是一例。在经济领域,自从古典经济学派鼻祖亚当·斯密发现了"看不见的手"的巨大作用之后,理性就成为主流经济学毋庸置疑的公理。可是,当人们遵循自利的理性原则行事时,却陷入了两难境地,即在某些情况下理性地遵循自利会导致与所有参与者的自利背道而驰。尤其是当现代经济学依照自利原则不断把人的经济活动技术化之后,则"人们不仅发现了一只看不见的手,也发现了一道看不见的墙。"[①]鲍曼认为这道"看不见的墙"就是在集体理性与个人理性之间形成了一道难以逾越的鸿沟。

---

① [德]米歇尔·鲍曼:《道德的市场》,肖君等译,中国社会出版社2003年版,第23页。

　　现代金融市场的技术化特征也把金融个体推向了这种两难境地。一方面,每个金融个体都怀揣着最大限度满足自利欲望的梦想进入金融市场。金融市场是金融商品交易的场所,他们来到这里,其目的要么是投资,要么是融资,要么兼而有之。这些目的虽然具体表现形式不同,但又可归为一个目的,即满足人的自利欲望。投资是通过资产增殖而实现自利,融资则是通过资金融通节约成本而实现自利。金融市场的存在价值,就在于最大限度保障金融个体实现这一目的。为此,金融市场不断进行技术创新,以满足金融交易者的求利需求。如当购房者有贷款需求而又没有足够的信用担保时,市场甚至可以"零文件、零首付"提供次贷;而当银行担心这些次贷成为呆账、坏账时,市场又会把这些票据证券化,通过资产组合技术提高其信用度;而当投资银行为这些证券的风险担心时,市场又为之推出了保险;而当为次贷证券提供保险的机构担心信用链中断时,市场还暗示他们有政府的隐性担保。事实上,为支撑脆弱的金融市场,各国政府出台的降息、注资以及其他救市措施也证明了这一担保的客观存在。从这些不难看出,金融市场在强烈地刺激,也在设法满足所有交易者的欲望。因此,每个进入金融市场的个体最大的理性就是,最大限度地满足自己作为自然主体的自利欲望。从市场满足欲望的功能角度看,身处其中的个体为满足自己欲望所作的种种努力,也算是对市场功能的回应,本身并非道德问题。

　　但是,另一面,个人欲望的过度膨胀又会导致市场的崩溃。欲望是人的天性,自利是一个客观事实,本身不是一个道德问题。但是,欲望既然会成为道德问题的诱因,那就必然是与道德相关的。或者说,在一定情形下,一个人会因为欲望而要受到道德谴责,要承担道德责任。1971 年,哈里·法兰克福在《意志自由与人的概念》中提出了一个"二阶意志"的概念,这一概念建立在二阶欲望概念基础上。通过这一概念,我们或许会明白欲望在什么情形下会成为一个道德问题。法兰克福把自己的欲望("一阶欲望")的欲望,称为"二阶欲望"。通过对一阶欲望的反思性评价,一阶欲望就有了可欲与不可欲之分。而意志自由的引入就在于运用意志的力量主动地弃绝一种一阶欲望而选择另一种一阶欲望。这种能动的力量,就是"二阶意志"。① 法兰克福之所以认为即使人的意志是不自由的,他可能也要对所做的事承担道德责任,因为他有二阶意志,通过它,人应该对自己的欲望有所区分,并做出正当的选择。

这也就是说,把人的欲望与人的意志联系起来考虑时,金融市场中的个体应该对自己的欲望有所控制,否则,欲望的过度膨胀就会变成道德上的恶。那么,这个控制人的欲望的意志是什么呢? 其实就是集体理性。无数事实表明,在金融市场中的个人不是缺乏理性,正相反,是理性太强。他们真正缺乏的是面对过于张扬而又彼此冲突的个人理性进行合理决策的能力,或者说缺乏一种集体理性。②

金融市场的真正目的是功利的,也是道义的,它不仅要使利益总量最大,还要使获得收益的人的数量最大。因此,金融市场作为一个整体,其集体理性是自由和平等的,它不允许任何个人从自利欲望出发,实行市场封锁和垄断,通过构筑竞争壁垒把其他人排除在市场之外,从而保证自己的高额回报。也不允许利用权力,形成利益集团和特权阶层,把金融市场作为维护和增殖既得利益者利益的工具。同样也不允许任何搭便车行为和欺骗行为,市场中人的所得都应该建立在互利和合作基础上。

因此,金融市场本身的性质规定了市场中的个体生存状态,既有对个人欲望的合理满足,又有对集体理性的必要认同和遵循,正是金融个体的这种二重性存在方式,构成了金融个体道德生成和发展的又一内在根据。

三、金融组织中个体的二重性存在:角色与自我冲突

金融组织是金融市场的主体,除了金融机构之外,上市公司作为参与金融交易的融资者,也是重要的金融组织。组织与个体、群体的主要

---

① 应奇、刘训练:《第三种自由》,东方出版社 2006 年版,第 46 页。
② [德]米歇尔·鲍曼:《道德的市场》,肖君等译,中国社会出版社 2003 年版,第 24 页。

区别在于,它是按照一定结构构成的、具有一定功能的有机整体。组织中的个体、群体基于一定的分工被安排在一定位置上,在组织系统中,他们要各自扮演不同的角色,并履行相应的责任,共同求得相互间的适应,达成彼此固定的关系,并使这种适应模式成为一种行为规范。而且,在涂尔干看来,这种规范"不仅仅是一种习惯上的行为模式,而是一种义务上的行为模式,也就是说,它在某种程度上不允许个人任意行事。"①

从此意义上说,在现代企业中,个人淹没于组织之中,只有少数碰巧控制了组织的个人所掌握的权力可以增长到异乎寻常的程度,而对大多数其他人来说,首先必须以角色形式而存在。这种存在方式在道德上对个体意味着什么,学者们并没有形成一致的意见。麦金太尔从他一贯的历史主义立场出发,把人的社会身份视为德性的根基,而把自我仅仅看作角色之衣借以悬挂的一个"衣架",它对角色的看重可见一斑。关于社会的道德责任理论②基于角色和自我的融合,认为个体应该扮演好自己的角色,并承担由角色而产生的道德责任。它认为责任基于赞赏和责备的社会实践,不应当根据行为者与其行为之间的因果关系,而应该根据行为者所担当的角色和社会职业。因此,在他们看来,机构总裁即使自己没有做不道德的事情,基于他的领导角色,也应该对公司发生的不道德行为负责。但也有人否认个体通过扮演角色而成为一个有道德的人的可能性。博特赖特指出"当大公司的责任被分散到许许多多的个人中间,最后实际上无人'真正'负责,这时该公司内也会出现不道德行为。"③这种观点对金融机构中的一些现象确实具有一定的解释力。如在一些所谓"行规"或"潜规则"下,大家都做着某

---

① [法]埃米尔·涂尔干:《社会分工论》,渠东译,三联书店2000年版,第17页。

② 美国芝加哥大学的伦理学教授威廉·史维克在《责任于基督教伦理》一书中,把以往所有的道德责任理论归纳为三种类型:行为者的(agential)、社会的(social)和对话式的(dialogical)。

③ [美]博特赖特:《金融伦理学》,静也译,北京大学出版社2002年版,第27—28页。

种交易,没有某个个人创造或编出这种做法。当这种做法开始时,没有人意识到活动的广度与严重性;而且,当这些活动既已被大家接受,并给大家带来益处时,谁也不会站出来制止这些行为,因为任何干预都会遭到指责,并被要求对额外收入上的损失负责任。于是每个个体继续从事着这些不道德的活动。

理论上关于角色对个体道德的意义,解释的困惑恰好映射出在实际的金融组织中,每个个体其实无法真正逃脱角色所赋予的职责。一般来说,组织中的角色在道德上的天职就是忠于职业,也就是,职业要求干啥就应该干啥,无须考虑其他(主要是该不该做之类的道德问题)。一些金融机构中的个人感到机构的压力而失去自我应有的分辨能力和愿望,即使他们意识到别人的某些行为或自己被迫也要参与其中的一些行为,在道德上是不应该的,他们也要假装自己是无知的。在一项调查中,许多年轻的管理者都报告说,他们已经"从他们中的高级经理那里收到了非常明确的指令或感到非常强的压力去做一些他们认为不怎么样的、不道德的、有时不合法的事情。"①但是,这种情形也有可能与个体作为"自我"是相统一的,那就是,自我也认同了那些不道德的行为。

当然,忠于角色并不总是要求个体去做那些对公司有利,而道德上不允许的事情,更多的情形是,要求个体不做对公司不利的事情。这种角色与自我之间的冲突或许更具有普遍性。一般来说,人总是有较强的自利欲望,并设法满足这种欲望。如金融机构的管理者作为股东的代理人,往往存在着机会主义行为;股东也有可能无视债权人和利益相关者的利益,进行过度风险投资;债权人也有可能搭便车,把本来应该承担的责任外嫁;债务人则有可能赖账,等等。金融组织从整体良性发展的需要出发,为每个角色制定相应的行为规范和职业道德,并要求所有个体履行职责,这是基于个体角色存在的道德要求。因此,那些为了

---

① [美]博特赖特:《金融伦理学》,静也译,北京大学出版社2002年版,第26—27页。

自己的私利而违背职业道德的行为,不仅在一般社会道德意义上,而且在金融组织道德上,也是不允许的,诸如金融从业人员对客户的误导、欺诈等行为,其正当性始终难以获得道德辩护。

即使正如米德符号互动理论(symbolic interactionism)所揭示的,"个体经验到他的自我本身,并非直接地经验,而是间接地经验,是从同一社会群体其他个体成员的特定观点,或从他所属的整个社会群体的一般观点来看待他的自我的"①,因而金融组织中个体的角色存在和自我存在是可以自发相通的,也并不表明金融个体道德就失去了存在的根据。正相反,因为每一个个体自我都渗透着他人的自我,每一个他人的自我也渗透着个体的自我,这就"已经蕴含了个体在日常生活中可以从'泛化的他人'(单个的他人或共同体)角度出发来扮演自己的角色,安排自己行为的可能。"②这种可能正是个体道德的另一种存在根据,即关于可能性的根据,而当个体角色存在和自我存在发生冲突时,金融个体道德的存在根据是一种关于必要性的根据。

第二节　金融个体道德的内容

当金融伦理作为一种制度伦理、市场伦理和机构伦理时,对个人而言,还仅仅是一种**必须这样**的普遍行为方式。此时的个人只是在巨大的行为习惯推动下以符合伦理要求的方式行事,个人对这些伦理要求还没有进行道德的反思,也没有形成道德的自觉,还不能成为维护金融伦理秩序的可靠基础。金融伦理只有最终内化为个体的道德,成为个体自觉自为的一种行为规范,才能把合理的金融伦理秩序建立在更加牢靠的基础之上。反过来说,个体的道德自觉首先是对这种客观伦理关系的自觉,个体为自己的道德立法是为抑制金融活动的恶而设的。

---

① [美]乔治.H·米德:《心灵·自我与社会》,赵月瑟译,上海译文出版社 2008 年版,第 124 页。

② 杨明、张伟:"也谈社会公共伦理",《道德与文明》,2008 年第 3 期,第 53 页。

当然，人置身于金融活动中，作恶的形式会多种多样，用以控制恶行、引导善行的规范也不止一种，以下基于金融领域主要的伦理关系，择其要者加以规定。

一、诚信

把诚信作为个人美德的观念在中国古代早已有之。如孔子强调做人要"言而有信"，否则，"人而无信，不知其可也"。孟子认为"诚者，天之道也，思诚者，人之道也"。王夫之则把"诚"字看作无一字可以代释，无一语可以反衬的极顶字，认为它"尽天下之善而皆有之谓也，通吾身、心、知而无不一于善之谓也"。中国古代诚信观的基础是以物易物的实物市场经济和以家庭为核心的社会结构，它是"一对一、面对面"的商业交易规范，是以血缘和地缘为纽带的熟人社会的道德法则。在熟人社会中，由于世代居住在一起，彼此十分了解，一旦谁背信弃义，则不仅他本人会遭到熟人圈子其他人的舆论谴责，甚至他的后代也会背负骂名，几乎难以雪耻。这种来自系统内部的自发惩罚机制使人们倾向于超越商业伦理的等价交换原则，无条件地诚恳老实，有信无欺，说老实话，办老实事，做老实人，成为一个具有"君子"人格的人。因此，熟人社会的诚信美德表现为对自然情感、人格等的尊重。

然而，以信用为中介的金融交易已经冲破了熟人世界，有了时间、空间、形态和主体距离。如马克思在阐述早期资本主义商业信用时就指出，商业信用是从劳动力买卖开始的，而劳动力的让度和价值的实现在时间上是分开的，有一个时间差，因此这就构成了工人与资本家之间的一种信贷关系。信用制度的产生，大大拓展了资本的空间，也加强了市场主体相互之间的联系，使市场经济能够不断向广度和深度发展。随着交易不断冲破时空的限制，交易主体已经不再彼此熟悉，交易也无须建立在彼此熟悉的自然基础之上，如人们购买某公司的股票，并不必然要认识这个上市公司的首席执行官等等。因此，在陌生人世界，为了稳定信用关系，维护信用制度，人们以契约形式约定交易各方的权利和义务。这样，契约就成为信用关系能否持续的外在约束力量。

但是，在金融活动中，形成契约并不等于就有了稳定的信用关系，这有两个原因：一是契约本身是交易者信息价格均衡的结果，一旦信息价格失真，则契约所维护的信用关系就面临风险。二是契约表现为一种外在的强制性约束，如果交易者内心没有认同这种约束，或者有故意背离约定的动机，则既已形成的信用关系也会中断。可见，在一个彼此并不熟悉的社会中，契约本身的作用取决于交易者的诚信品质，这种品质主要表现为一种契约精神，即基于对契约真实性和权威性发自内心的虔敬和信奉，由此而产生的对自己、对交易对象和社会的心诚、言诚和行诚。

所谓心诚，指"心意的真实性和一贯性。"①心意的真实性要求一个人忠于自己的心灵，不要违背己心，不要拂逆己意。心意的一贯性要求一个人保持自己的心意先后同一，不要三心二意，不要反复无常。这里值得注意的是，由于人的心意并非天生是善的或恶的，因此，衡量一个金融个体是否做到心意真实，并不能简单看他的动机是善或恶，善的动机有可能是出自迫不得已，如理财顾问帮助委托人资产增殖，可能并不是他的"真心"所为，而是他作为代理人的职责使他必须这样。强调心意的真实性，当然也不是说一个内心恶的人就应该赤裸裸地张扬这种恶，而是说人不能假心假意，当你的心术不正时，不能伪装成君子。因为如果这样，别人就会对你未来的行为产生"君子"期待。而事实表明，那种假心假意的人总是伺机而动（主要依据对自己是否有利），其心意在金融活动中常常三心二意，不能保持一贯，这就容易导致人们对他的"君子"期待最终落空。而且，行为的反复无常，也会增加交易对方的信息甄别费用和交易风险，提高对方契约成本。所以，心诚是金融契约公正性和金融市场有序性的内在保障，它要求金融个体的德性修养直指内心，保持内心的纯净和安定，不为外物浸染和左右。

所谓言诚，是指"言语的真实性和一贯性以及言语与心意的一致性。"②言语的真实性是指所言的人、事、物与实际相符合，不夸大，不贬

---

① 杨方："诚信内在结构解析"，《伦理学研究》，2007 年第 4 期，第 18 页。
② 同上。

低,不伪造、歪曲和篡改事实。在金融活动中,一些金融个体受利益的驱使,或者组织的压力,言语容易失真。如保险经纪人为了推销产品,把保险产品的风险说成回报,故意回避产品的责任限制条款,虚构公司的经营业绩,随意解释隐含合同、不完善合同,掩盖公司的服务丑闻等言语,都是误导和欺骗客户的失真之语。当金融个体以这种失真言语与他人交往时,实际上就是在向他人传递错误信息,这种信息进入金融市场就是一种噪声,会干扰市场定价,导致金融契约失去应有的公正性。相反,言语的真实性要求全面、准确地反映事实真相,以避免金融契约订立前的逆向选择。言语的一贯性是指保持话语前后同一,不出尔反尔,不朝令夕改。就金融活动而言,契约订立之前,双方可以就各种信息进行充分谈判。但契约一旦达成,则具有强制性约束力,双方应该对契约所规定的责任和义务抱有神圣不可侵犯的敬畏感,如同康德景仰和敬畏"在我之上的星空和居我心中的道德法则"①那样,不敢越雷池半步。言语与心意的一致性是指要求说真心话,心口如一。如金融从业人员不能嘴里说顾客是上帝,而在心里想的却是顾客不过是任我宰割的鱼肉。也不能嘴里承诺诚信第一,而心里想的是利润第一。就金融交易而言,言语往往是听得见的口头承诺,如果仅仅把它当作一种打动人心的语言技巧,而不同时是一种发自内心的忠诚,则无异于孔子所说的"巧言令色",只不过是不仁不义的欺骗。

所谓行诚,是指"行动的真实性和一贯性以及行动与心意及言语的一致性。"②行动的真实性要求金融个体把做事和做人建立在实际可行的基础之上,既尽力而为,又不不自量力。行动的一贯性要求金融个体保持行动前后一致,不此一时彼一时,经不起困难和挫折的考验,半途而废,或者故意伪装诱惑他人,之后原形毕露。行动与心意和言语的一致性要求心手如一,言行一致,想到、说到即做到。实际上,金融个体如果做不到这些,则其行为一定是失信的。如一个没有偿还能力的人,

---

① [德]康德:《实践理性批判》,韩水法译,商务印书馆 2003 年版,第 80 页。
② 杨方:"诚信内在结构解析",《伦理学研究》,2007 年第 4 期,第 18 页。

信誓旦旦地向人借钱,并承诺很快还款,结果到头来无力偿还。显然,这种失信就是不自量力的结果。同样,金融领域一些老谋深算的投资传奇人物麦道夫,虽然在长达二十年中能以高回报兑现投资承诺,但随着 500 亿美元金融欺诈浮出水面,最终他不再有能力兑现承诺。这种失信是长期他玩弄"庞式骗局"的必然后果。有一些人虽然有善心,也有好的行动计划,但是没有实际的行动,则他所想、所说就成为别人斥之不诚的把柄。所以,行动的诚信主要要求金融个体一方面,谨慎承诺;另一方面,一旦承诺,就要恪守承诺,即使在没有具体合同协议的情况下,也要以更广泛的伦理原则公平对待他人利益。

二、节制

从行业形象来说,金融领域常常被描述为贪婪和欺诈,美国次贷危机之后,这种形象特征更加鲜明了。行业形象如同一个商标,不仅用以区分此行业与彼行业,而且还以一种分化出来的"共性"规定着行业中人。面对金融行业既已形成的形象,个体的唯一选择似乎就是认同了。但是,本质并不先于存在,行业形象不是先验的,它是行业中人主体意识彰显的结果,也可以随着行业中人自主自由活动而发生改变,只不过这种改变需要"一片一片地覆盖"。就金融行业而言,这可以一片一片覆盖的材料便是个体的节制德性。何谓节制?亚里士多德认为"节制是在快乐方面的中间性。"[1]灵魂上的快乐和有些肉体上的快乐无所谓节制和放纵,节制只针对那种引起欲望的快乐。因此,节制表现为对欲望的适度控制,"节制之人的欲望部分应该和理性相一致。两者都以高尚为目标。一个节制的人欲求他所应该欲求的东西,以应该的方式,在应该的时间,这也正是理性的安排。"[2]就金融个体而言,追求金钱并不应该受责备,只有那种追求过度的金钱,或者以过度的方式追求金钱,才会受到责备。所谓追求过度的金钱,是指对金钱的追求已经超越

---

[1] [古希腊]亚里士多德:《尼各马科伦理学》,苗力田译,中国人民大学出版社 2003 年版,第 62 页。

[2] 同上书,第 67 页。

了物质性需求，异化成了纯粹的本能行为。当金钱作为一般等价物时，其价值表现为满足人们购买其他物质性商品的需要。但是，金钱一旦符号化，被置于目的序列之中，人们对它的追求就不只是满足物质性需求，而异化为一种自己无法控制的本能，而且这种出于纯粹本能的行动"在作为行动起因的心理状态和继之而起的结果之间丝毫不存在内容上的一致"①，因此，对这种金钱的过度追求必然表现为放纵和贪婪，而这正是引发金融市场祸患的心源，节制就是要求把对金钱的追求控制在适度的范围之内。所谓过度方式，是指不应该的方式，如误导和欺诈。相反，有节制的方式，就是应该的、符合理性的方式，至少是符合金融制度和市场规则的方式，更高标准则是符合规则精神的方式。

节制还指知止和知足。中国道家在这一点上有精辟论述，《老子》说："名与身孰亲？身与货孰多？得与亡孰病？是故甚爱必大费，多藏必厚亡。故知足不辱，知止不殆，可以长久。"（《老子》第四十四章）这里强调了人过于爱名利必定要付出很大的耗费，过于庞大的储藏必然招致巨大的损失。所以，一个人懂得满足，就不会受到屈辱；知道适可而止，就不会有危险。金融领域无数事实表明，不知足、不知止，不仅会使金融市场面临风险，自己也会遭受损失。如世界著名的投资银行美林的创始人西美尔在1930年大萧条来临之前，因建议投资者"买空"了手中的股票而名声大震。接下来的第九任总裁在世界各地建立了密密麻麻的经纪人网络，他们深信美国的经纪人业务可以复制到全世界。于是，他们疯狂地向全球圈地和扩张，直到把美林推到国际最大的经纪人公司、最活跃的投资银行的顶尖位置。但是，由于高层被虚华和成就所俘获，不知足、不知止，继续迷恋于"抢滩式"扩张，结果终因雇员膨胀、管理能力有限而在竞争中落后于对手，直到美国次贷危机时被收购。

节制的另一层意思是节俭、节用。它是一种内敛、向下、务实的思

---

① ［德］西美尔：《货币哲学》，陈戎女等译，华夏出版社2007年版，第135页。

维方式。所谓内敛是指不盲目扩张,以现实社会做基础,充分利用现有的资源,通过发展实体经济、提高回报率和降低成本达到赢利目的。金融过度创新所增加的利润是无根的浮萍,表面繁荣,却经不起风浪。所谓向下是指金融平民化,通过日常理财增加收入。所谓务实是指尽量减少风险,减少过度投机。节俭也是一种平和的心理状态。俭和朴相关,不雕琢,不追求虚华的东西,不贪慕不必要和得不到的东西,保持内心的本原状态。因而,面对金融市场的风险,可以做到"人立风险之中,心立风险之外,以淡然之心应莫测之险,险而非险。"①节制、节俭也代表一种价值观和信仰体系。从某种意义上说,缺乏信仰内容的金融发展,在金钱数字背后往往是苍白而危险的毫无节制,也无所节制。相反,如果心中有弱者、有穷人、有使命感,金融行为就会有所节制,就不会为自己赚钱而不顾他者风险,而会把金融资源配置到最能促进社会和谐的地方去。

三、责任

有人认为"大部分商业危机是由食物链顶端的少数领导者行为不当引起的,但是,目前危机的祸源却是覆盖整个行业的系统性问题。没有单一的人或者个体能够承担主要的责任。"②确实,当一个组织、一个行业处于道德集体无意识时,这个组织、行业也许成为一种异己的力量,个体被裹挟其中,身不由己。他服从组织命令,遵循行业规则(包括潜规则),干出不道德的事情,这能怪谁呢? 所以,面对这种有作恶事实,却无作恶动机的尴尬,充满智慧的哲学家汉娜·阿伦特创造了"恶的平庸"概念。这个有点中庸的概念,平衡了组织和组织中的个人所应承担的道德责任。

在这里,"责任"首先是一种责任事实,指既已发生的行为过失,它关注的重点是已经发生的过失由谁负责。但是,"责任"还是一种责任

---

① 韦正翔:《逃离国际经济中的伦理风险》,中国社会科学出版社 2008 年版,封面语。

② [美]理查德·比特纳:《贪婪、欺诈和无知》,覃扬眉、丁颖颖译,中信出版社 2008 年版,第 XVI 页。

意识,指对人类长远的、未来的、整体的命运所具有的强烈责任感和负责精神,它关注的重点是人类面对一些行为所应该持有的谨慎态度,具有伦理规范意义。伦克对这种责任概念下了一个颇为著名的定义:某人为了某事在某一主管面前根据某项标准在某一行为范围内负责。①根据这一定义,对责任主体来说,最重要的是要具有承担责任的意识,也就是说对道德规则以及自己的行为后果拥有最起码的认知和责任感。Hans Jonas 把科技时代人们所应具有的责任意识作了这样的阐述:它要求人类通过对自己力量的"自愿的驾驭,而阻止人类成为祸害";它要求人类的政治、经济、行为要有一个新的导向,即"要这样行动,使得你的行为的后果符合人类真正的永恒生活","绝对不可拿整个人类的存在去冒险"。② 规范意义上的责任,不是以追究过失者、责任人为导向的,而是以行为后果为导向的,甚至以它为基础的。虽然这种以或然性行为结果为依据进行行为选择的主张被人驳斥为荒谬,但是,在科技时代,未来的不确定性属于人类生活条件的事实,现实的生活是正在发生的未来,"如果人类整体继续不负责任地摧毁自己的生存基础,那么人类就根本没有未来,这一后果是完全可以预测的。"③因此,组织中的个体对自己的恶行要承担道德责任,其根由在于他没有尽到"对人类未来和整体负责"的义务。

同样,随着金融组织和金融市场与现代科技的日益融合,金融领域的不确定性不仅仅表现为正常的风险,如信息不对称、市场环境变化等,而且表现为非正常风险,即金融制度及其运行方式对金融体系和金融活动所涉及的人群有着某种威胁和危害,如金融的过度创新使金融体系失去了实体经济的支撑而处于巨大风险之中,而风险的剧增又将导致金融危机,金融危机的爆发又会引起经济危机和社会危机,最终影

---

① 甘绍平:《应用伦理学前沿问题研究》,江西人民出版社 2002 年版,第 120 页。转引自伦克:《在科学与伦理之间》,美因河畔法兰克福 1992 年版,第 81—82 页。

② Hans Jonas: *The Imperative of Responsibility: In Search of an Ethics for the Technological Age*. Chicago: University of Chicago Press, pp. 11 – 16.

③ 甘绍平:《应用伦理学前沿问题研究》,江西人民出版社 2002 年版,第 129 页。

响到人们过一种幸福的生活。还有,金融的过度自由化助长了贪婪和欺诈,使金融领域成为一个唯利是图、无视社会公平和生态改善的领域,等等。也就是说,现代金融活动已经在拿人类的幸福和安宁冒险了。因此,金融组织中的个体在服从组织命令,为组织赢取利润的同时,其行为应该遵循责任规范,具有对人类整体和人类未来负责的强烈意识。

就金融个体而言,首先应该具有角色责任意识。角色责任是从自己在金融组织中所扮演的角色、所承担的任务以及所认可的协议中分配得来的那种责任。从某种角度说,这种责任相当于职业道德意义上的责任。尽管现代性组织面临着工具理性和价值理性的冲突,但"根据科层制原则动作的大型组织,在未来一段时间内,将仍然是社会景观的重要组成部分。"①在日益分化的现代社会中,个体只有接受组织对自己的"脱域",成为某一"结构"的要素,才能具有某种功能和价值,否则就会成为一种碎片,组织也就随之陷入无序之中,无法执行作为一种社会器官所担当的社会任务。从此意义上说,金融个体对自己所属的组织负责,遵循金融组织的职业规范,履行组织职责,其意义也就不仅仅是维护组织利益,同时也是通过组织对社会负责。具体来说,金融高管作为组织的领导者,组织道德的设计者和实施者,与其角色相当的责任意识至少包括两方面:一是成为组织的道德典范。美国学者分别在20世纪60年代、70年代、80年代研究了什么是影响员工道德水准的最重要因素,他们列举了"上司的行为"、"同事的行为"、"本行业的伦理惯例"、"正式的组织政策"、"个人的经济状况"、"社会的道德风气"六个因素,要求被调查者按重要性大小对它们进行打分。结果表明,在三项研究中,"上司的行为"均名列第一。② 可见,高管在组织中的影响程度是最高的。因此,金融高管应该成为组织中最负有责任感和使命

① [美]彼得·布劳、马歇尔·梅耶:《现代社会中的科层制》,马戎等译,学林出版社 2002 年版,第 193 页。

② Archie B Carroll, Business and Society: Ethics and Stake—holder Management, 2nd ed Cincinnati, Ohio: South—Western Publishing Co, 1993, p. 137.

感的人。二是对组织实施道德管理。金融高管是金融组织的领导核心,其责任意识决定着整个组织的道德水平,"除了组织上的制约因素外,企业中非伦理行为的发生也可以从领导个人的价值观上得到解释,特别是那些处于较高或最高管理层,决定着企业政策方向并常常被企业其他成员奉为行为楷模的经理的基本态度上得到解释。"①在现代金融组织已经对人类未来的幸福和安宁构成威胁的特殊背景下,金融高管要把优化金融秩序、促进社会公平、改善生态环境、增进人类幸福作为新的价值理念,而不是仅仅把实现股东利益最大化作为经营的最高价值取向。

金融个体还应该具有能力责任意识。能力责任是一种与能力相当的责任。一个人的能力有现实和潜在两部分,金融个体在金融活动中所具有的责任意识,既要与已经具有或应该具有的行为判断能力相当,又要与潜能相当。前者属于底线要求,如不造假、不欺诈、不误导、不歧视、不操纵、不作明显对社会不利的其他事情。后者属于完美要求,是凭良心自我产生的责任,是由于自己而不是因为其他主管或制裁机构强迫所产生的责任意识,是自己要自己负责。② 如果前者主要表现为避免损害的话,后者则主要表现为增进幸福,如尽最大能力促进股东、员工、社区、政府以及其他利益相关者的利益,促进环境保护,改善人类生活;尽最大能力减小金融活动对经济发展的阻碍,对社会稳定的破坏,对国家安全的威胁。对金融高管来说,其能力责任意识主要表现为凭自我良心办事的责任感和使命感。一般来说,他们进行行为判断和选择时,不应把别人的不负责行为作为自己效仿的对象,而是扪心自问,反观内省。如面对污染严重,生态恶化,银行应该如何尽责,能力责任意识强的高管,会根据自己的能力开发环保金融产品,为节能减排企业提供优先贷款,而不会因为别的银行无所作为,或法律、法规没有明

① 尹继佐、乔治·恩德勒:《企业伦理学基础》,上海社会科学院出版社 2001 年版,第 38 页。
② 甘绍平:《应用伦理学前沿问题研究》,江西人民出版社 2002 年版,第 123 页。

确规定,就也无所作为。所以,能力责任更能表现出金融高管独特的道德人格魅力。

第三节　金融个体道德的作用机理

金融个体道德的最终目的是要内得于己,外得于人,为形成金融领域的伦理秩序提供道德基础。因此,金融个体道德的作用机理有二,一是内化,二是外化。前者指金融个体通过提升道德认知、培育道德情感、磨炼道德意志、坚定道德信念等一系列连贯的心理过程形成优良的道德品质,后者指具有优良道德品质的个体影响、作用于金融制度、金融市场和金融机构,使优良道德成为一种更具普遍性和稳定性的社会风尚。这两个过程是互动的。

一、金融个体道德的内化

孔子曾强调:"为仁由己。"他认为一个人能否从善立德、成贤成圣,全在于自己的选择和修养。金融个体的道德修养是一个在金融交易活动中,不断审视自我,矫正自我和塑造自我的过程,也是一个不断提升道德认知、培育道德情感、磨炼道德意志、坚定道德信念、并最终形成道德品质的道德内化过程。人的道德品质不是天生的,而是随着道德实践活动的丰富而逐步成熟起来的,其发展过程大致要经过以下几个阶段:

1. 提升道德认知

认者,辨明、辨认之意。知者,了解之意。道德认知就是要明辨关于自己、他人的动机、行为、品质的是非善恶,知道是什么,应当是什么。道德认知是个体道德品质形成的起点,一个人只有明辨了是非善恶,才能产生美好的情感体验,也才能锻炼出坚强的道德意志和坚定的道德信念,最终形成优良的道德品质。

金融个体获得道德认知一是通过自我审度,即自己对自己的行为进行观察、分析、思考、权衡、估量和品评。如金融从业人员反省自己的服务是否符合职业道德规范、向委托人推荐金融产品是否出于忠诚动

190

机、作出的审计是否公正无欺,等等。金融个体通过这种反省认清自己做了什么,从而对自己的品行有一个基本判断;同时也进一步明白自己和委托人、投资者、债权人、其他利益相关者等之间的关系,明确自己应当承担的责任。二是模仿他人,尤其是道德范例。实际的金融活动复杂而多变,既有的规则和法律往往抽象而滞后,因此,除了借助一定的道德推理外,道德范例就成为人们获得道德知识最直接的方式。三是在实际交易过程中感悟。金融交易是一个长期博弈的过程,一般来说,符合道德规范的行为能够赢得长期合作,而那些违背道德规范的行为,如金融欺诈、财务造假等,会被其他交易者拒绝。金融个体可以从这种合作关系中感悟到行为之"应当"。

2. 培养道德情感

道德情感是"基于一定的道德认识,对现实道德关系和道德行为的一种爱憎或好恶的情绪态度体验。"①道德情感是个体从他律向自律转化的催化剂、润滑剂和加速器,因为"有了某种道德认识,并不一定会有相应的道德情感;而没有强烈的道德情感,当然也就不会有对善的热烈的追求。"②

金融个体在金融活动中通常能够体验到两种主要的道德情感:一是广泛的义务感。如金融机构中的金融从业人员,不仅能感到自己作为机构中的一个角色,有通过自己的服务为公司赢利的义务,而且还会感到来自客户、竞争者、社会等多方面的压力,从而产生广泛的义务感。二是羞耻感。羞耻感是对自己和他人行为、动机和道德品质给予谴责时的内心体验。中国有句古训,叫"君子爱财,取之有道。"金融作为替别人管钱的行业,可以说到处充满着金钱的诱惑,因此,如何赚钱就成为每个金融个体必须面对的问题。据一些实证研究显示,金融从业人员的羞耻感与其从业时间成负相关关系,也就是说,进入该行业越久,对欺诈、造假、歧视等一类不道德行为越没有羞耻感。这就表明,金融

---

① 曾钊新、李建华:《道德心理学》,中南大学出版社 2002 年版,第 135 页。
② 郭广银:《伦理学原理》,南京大学出版社 1995 年版,第 420 页。

个体的道德情感需要不断给予外在刺激,如道德教育,尤其是典型教育;法律制裁,对不道德行为能起到威慑作用,但并不意味着行为者对不道德行为已经产生了羞耻感。

3. 磨炼道德意志

道德意志是个体根据一定的道德原则和要求进行道德抉择和行动时,调节行为、克服困难的能力,是在履行道德义务时所表现出来的决心和毅力。由于每个人的道德实践经历不同,对道德的认知有差异,对道德的心理感受也不一样,因而会形成不同的道德意志。道德意志表现为行动的一贯性,即一旦获得关于自己行动的社会意义之后,就始终如一地贯穿到底的意志品质;抉择的果敢性,"果"是果断,"敢"是勇敢,果敢性是对是非善恶的准确明辨和果断取舍;过程的坚韧性,即一种克服一切困难,不达目的不罢休的意志品质。

道德意志是磨炼的结果,磨炼的核心内容是恰当选择,而选择意味着既有自由,自由又不充分。所以,金融个体的道德意志很难在一个高度垄断型的金融体系里产生,因为置身其中的金融个体,要么没法选择,如私人投资者在一个由国有资本垄断的银行体系中,是进还是不进,这不是一个可以自己选择的问题;要么可以随心所欲,如国有商业银行的经营者可以冒最大的风险去做他想做的事情。前者因为自由太少无法选择,后者因为自由太多无需选择,这两种情形都不利于个体道德意志的磨炼。同样,严格管制和放松管制,也不利于道德意志的形成。金融个体的道德意志是在个体的金融交易活动中,通过试错机制实现的,害怕在道德上出错,而以家长式保护或强制力威慑的做法,都不足以锻炼出金融个体坚强的道德意志。

4. 坚定道德信念

道德信念是行为者对道德理想、道德原则规范等抱有深刻信任感的心理状态。它的主要功能是"使行为者不折不扣地完成道德准则的要求,忠诚地履行自己的道德义务。"①

---

① 郭广银:《伦理学原理》,南京大学出版社1995年版,第393页。

道德信念首先表现为一种价值理想。由于角色和道德实践能力的差别,不同的金融个体往往具有不同的价值理想。如一般金融从业人员会把公司利益高于个人利益作为一种价值理想,而随着经济的金融化和金融的社会化,金融高管则把超越企业利益,谋求社会整体利益视为自己的价值理想,他们尽力在全社会范围内公正合理地分配金融资源,增加居民收入,促进人的全面发展和经济、社会、环境的和谐统一,推进诚信文化建设等。其次,道德信念表现为一种完美的人格理想。在中国传统文化中有许多关于理想人格的模式,如儒家的"大人"和"圣人",道家的"至人"和"真人",墨家的"成人"和"完人"等。人格理想是关于人格的理想化形态,代表着一个人在人格上的最高追求,金融高管作为社会的"精英",金融组织的决策者,其行为不仅影响着机构内部从业人员,还影响到他的委托人、客户、社区、政府和环境等,所以,他们拥有比一般从业人员更高的人格理想目标,不仅有高超的专业技能,更有崇高的德性;在德性上,不仅"不伤害",而且"止于至善"。

二、以金融制度为载体的外化

追问制度和个人行为之间的关系,如同追问先有鸡,还是先有蛋。我们追问的真正意义可能不是要确证究竟从何时开始鸡下了蛋,或蛋变成了鸡,提出这个问题本身就是有意义的。因为它让我们思考鸡和蛋是如何相互演进的。同样,在第三章,我们已经揭示出一个正义、有效而和谐的金融制度是如何培育个体优良道德品质的,那么,在这里,我们将揭示问题的另一面,即金融个体如何把优良的个体道德渗入金融制度之中,使之形成更具普遍性和稳定性的道德风尚。

金融制度的生成和演进不可能是完全自发自生的。在人类社会中有一个明显的事实,即人类总是在相互交往,因此,我们既要从社会联系中来考察人的行为,又要从人的行为来考察社会以及社会制度。目前关于制度的演化理论,越来越多地关注制度中人的作用。即使以反对计划经济著称的哈耶克也"绝对不是反对市场参与者对制度的主观能动性,它反对的,是让一个社会计划者来整体上设计一套社会模式。"①波普也承认避免一切人为设计是不可能的,他认为"一片一片的设计"是可以的,应该反对的只是"全盘设计"。事实上,关于制度的许多有影响的观点,如肖特的"均衡"、布迪厄的"场域"、诺思的"互动原则"、康芒斯的"集体行动"以及近几年才引起足够关注的哈耶克早期著作《感觉的秩序》中对制度的知识论解释,等等,都肯定了个人对制度的意义。

不仅如此,制度经济学家、制度哲学家以及社会学家还发现,影响制度变迁的个人之间是互动的,而且这些作为"人"的个体是以越来越丰富的内涵作用于制度的。首先,制度中的人既不是混沌的整体,也不是孤立的个体。如果制度的形式化就是形成一定的社会,那么,这个社会"并不是哪个个人作为目的、可以所为或创造出来的;它是某种隔热(不管他愿意与否)属于其一部分的东西,是一种[连接]那些互为依存的个体架构。"②它虽然能部分地代表整体,但它不等于整体。哈耶克之所以把由一个人对制度进行整体设计称为"理性的狂妄",大概也是看到了个体存在的这种有限性。其次,正因为人是个体性的存在,而每个个体既有的知识、经验、关系、愿望等存量不同,因而个体关于制度的"意义"也不同。

而且,这个"意义"既是一个历史符号,有约定俗成的东西在里面;也是一个前瞻性的符号,代表着未来的某种追求。最后,存在于制度中的个体是一个新型的个体,即包含"主我"和"客我"的"自我"。米德认为这种"自我""是一个过程而非一个实体","这个过程并非独立存在,而只是整个社会组织的一个阶段,个体是该组织的一个成员。"③也就是说,制度中的个体是"关系"中的,是"互动"的,制度是他们集体行动的结果。诺思认为:"经济变迁在很大程度上是

① 汪丁丁、韦森、姚洋:《制度经济学三人谈》,北京大学出版社2005年版,第94页。
② [德]诺贝特·埃利亚斯:《个体的社会》,翟三江、陆兴华译,译林出版社2008年版,第11页。
③ [美]乔治.H.米德:《心灵、自我与社会》,赵月瑟译,上海译文出版社2008年版,第160页。

一个由参与者对自身行动结果的感知所塑造的深思熟虑的过程。感知来自于参与者的信念。"①

以下想通过孟加拉小额信贷的例子具体说明个体道德如何在"关系"和"互动"中作用于金融制度的。小额信贷是近些年比较引人关注的一项金融制度安排,之所以如此,从技术层面看,因为它实行的是无抵押贷款,而且借贷对象的偿还能力一般较弱,面临较大金融风险;从社会层面看,它帮助许多弱势人群改变了生存状态,促进了社会公正。目前这项制度所蕴含的伦理价值日益凸显,金融应该建立在对人的基本信任基础上,平等服务所有需要金融资源的人等价值观念,正在从尤努斯的个人德性逐步演化为一种金融制度美德。那么这个过程是如何推进的呢?无疑首先有一个有德性的人发起。尤努斯是一个富有同情心的吉大港大学教授,20世纪70年代孟加拉闹饥荒时,他常看到有人死在自己的校园外。他震惊于这些人的死亡原因,既不是战争,也不是疾病,而是无果腹的粮食。此时,他出于同情(一种个人美德),萌生了要帮助他们的想法。接下来,他到处奔走呼号,因为他知道他只是一个经济学教授,他的呼吁必须"是一份发起运动的呐喊,应该具有能够唤起人们行动的分量。"②在他的感召下许多其他个体加入帮助的队伍中,包括他的学生、所在大学的校长、当地一些热心的教师等。这些人加入进来,不是基于自利,甚至没有工资,他们和尤努斯一样,是为了人生的"意义"。再接下来,他们要面对更加复杂的问题,也就是说,一个关于"善"的行动并不是我们想象的那么理所当然被所有人接受,有着、为着不同人生意义的人之间要进行博弈。他们经过实地调查发现,当地很多妇女本来是有生存技能的,她们会编织,也很勤劳节俭。所以他们决定从这里突破。可是由于当地的宗教信仰,妇女不能外出,甚至不能见陌生男人;当地官员也不配合,因为这与文化传统相违背。于

————————

① [美]道格拉斯·诺思:《理解经济变迁过程》,中国人民大学出版社2008年版,第2页。

② [孟加拉]穆罕默德·尤努斯:《穷人的银行家》,三联书店2006年版,第30页。

195

第六章 金融个体道德

是,他们要说服,也要有妥协(注意,既有文化下的制度已经形成了一种均衡,必须借助于外部力量来打破这种均衡,否则,新的价值观念就难形成。)经过外部力量的不断渗入,如改善当地的基础设施,让他们直接体验用"借来的钱"所带来的变化,终于有妇女打破了均衡。这时关于金融价值的意义均衡点也开始了漂移,即金融不只是为了赚钱,还要帮助人;金融也不同于慈善,借贷可以不要抵押(因为赤贫家庭没有抵押物,实行有抵押贷款无异于排斥他们),但不能不要利息。此时,新的金融价值观还没有足够的影响力,也还没有构成新的均衡,需要已经接受这种观念的人进一步推动。孟加拉的小额信贷之成功,与那些妇女的推动分不开。当她们把平等享有融资权视为正当的金融制度诉求时,一种正义的金融制度就被赋予了"意义",并获得了现实基础。

从孟加拉的例子可以看出,金融个体道德向制度的外化是一个长期的演化过程,它不仅经历同时期不同金融个体之间的"道德"博弈,而且每个个体的道德又是历史进程的一部分,既是以往金融制度沉淀的结果,又是影响下一个金融制度进程的环节。因此,每一个有德性的金融个体其实都是金融制度道德的推动者。

也许有人认为,强制性金融制度变迁下,个体道德的作用机理会是另一种情形。其实,除非是高度专制制度下的制度变迁,否则,在一个民主的政治制度中,即使强制性的制度变迁,也只是采取了"强制"的形式——不是"我"的意志,而是"他"说了算——而实质上仍然是非强制性的。因为这个"他"(制度的设计者)并不只是他自己,还代表推选他、监督他、支持他和阻碍他的人的意志。如中国银行体系的多元化、市场化和国际化,彰显了金融制度的正义性,但它不是某个具有正直品质的人单独设计出来的,而是所有制度中人诉求正义而相互作用的结果,其中甚至包括那些以非法地下金融活动扭曲表达这种诉求的人的作用。

三、以金融市场为载体的外化

从 20 世纪 80 年代开始,关于现代金融理论,金融学家进行了广泛的新探索,一方面,在过去的金融理论模型中嵌入了制度因素,着重研究金融契约的性质和边界、金融系统演化、法律和习俗等制度因素对金融活动的影响。另一方面,开始引入心理学关于行为的一些观点,来解释金融交易的异常现象,如有限套利、噪音交易、从众心理、过度投机等。

行为金融的核心理念是,投资者心理是影响投资行为的重要变量。随着投资者心理的变化,其交易行为会发生相应的变化,从而改变金融资产价格和风险收益分配的格局。而这种格局的变化,又反过来影响投资者心理及其投资行为。而且,这种心理的变化不仅可以自我影响,还会相互联动。投资者心理与行为的这种互动关系,以及对金融市场的影响,暗含着一种可能,即金融个体道德作为一个心理因素,作用于交易者行为,并成为优化金融市场伦理秩序的动力。

为使个体道德对金融市场的作用机理易于理解,我们以伦理投资为例。最近关于金融市场上的伦理投资研究已经注意到:它是否真正"伦理"。在英国,由 Lewis 及其同事的首项研究揭示"道德责任有很高的价格弹性"[1]:有同情心的投资者选择伦理基金是将其作为混合投资组合的一部分,期望其尽可能长期表现合理。但如果财务回报差,他们进行伦理投资的热情就会下降。同样,诚信的管理者热心于发展伦理基金,也是把"伦理"视为一种可以"卖出"的交易特性,他们向投资者传递的信号是他们有蛋糕可以分享。显然,这些伦理投资行为都是在赚钱意义上表达其道德关怀的。Lewis 还以这样的真实图景证明了这一点:他们与十个伦理基金的投资者见面,告诉他们要把钱投向一个第三世界的小项目,并承诺支付 2% 利率。结果发现他们的行为存在两个明显的"异象",一是虽然他们愿意放弃个人利益,但当利率提高时,他们都表示愿意增加投资;二是他们不仅拥有伦理基金资产,也拥有伦

---

① Paul Webley, Alan Lewis, Craig Mackenzie, "Commitment among Ethical investors: An Experimetal Approach," *Journal of Economic Psychology*, 22(2001), 27 – 42.

理上有问题的资产。Lewis 用前景理论①和心理账户理论②对这种现象进行了解释,认为他们的伦理投资行为实际上是建立在这样的心理认知前提下的:其一,预期伦理投资从长期看会有好回报;其二,这些用于伦理投资的钱,在心理账户中只不过是"闲置资金",对这部分投资的回报期待和其他投资并不一样。

从 Lewis 的解释看,我们确实不能武断地说伦理投资者的投资动机一定是"伦理"的,但有一点可以肯定,即他们确实是实际的伦理投资者,而这种投资行为正在改善金融市场的伦理秩序。那么,这种改善是如何发生的呢? Lewis 和他的同事进行了进一步的试验。他们把投资者分成伦理投资者和标准投资者,通过分别向两组投资者展示不同的场景,来观察他们投资组合所发生的变化。试验过程是,随机先后展示八个不同场景,每个场景展示结束后,要求投资者对特定类型基金投资数量做出"增加、减少或一样"的选择。其中四个展示了在未来五年单位诚信业绩可能发生的变化,比如,如果小公司业绩比平均水平高,则伦理诚信业绩良好的单位未来业绩会更好;如果大公司业绩比平均水平高,则普通诚信业绩良好的单位未来业绩会更好;如果小公司比平均水平低,则伦理诚信业绩差的单位未来业绩会更差;如果大公司业绩比平均水平低,则普通诚信业绩差的单位未来业绩会更差。另外四个场景展示了与伦理基金有关的一些细节,如某个颇有影响的教授发表报告,证明伦理投资不能使公司行为更伦理(这是一部分人选择伦理投资的目的);揭露伦理基金丑闻;报告行动主义者为使公司行为更伦理而公开战斗;报告伦理单位信托基金业绩很糟糕。

试验得出两个重要结论:一是不同投资者之间对伦理投资的选择

---

① "前景理论"由 Kahneman 和 Tversky 在 1979 年提出,认为个体进行决策实际上是对"期望"的选择。而所谓期望即是各种风险结果,期望选择所遵循的是特殊的心理过程与规律,在行为上表现为"异象",如在股票市场中过早卖出获利的股票,而继续持有亏损股票的现象。

② "心理账户"指在决策中人们常常将决策问题的各个方面分开考虑,而不是综合考虑的现象。

存在差别,即伦理投资者对伦理基金业绩的增加比标准投资者更敏感,而对伦理基金业绩的减少更不敏感,在这种情况下,甚至更多的伦理投资者不仅不减少投资,反而还会增加投资。二是不同类型单位业绩的变化对投资选择有不同的影响,就伦理诚信单位而言,其业绩的增加会引导伦理投资增加投资,业绩差时,也会引导伦理投资略增;而就普通诚信单位而言,业绩的增加几乎没有引起投资多大变化,业绩的减少却使投资比例下降。[1]

这一结论表明,只要金融市场存在着真正的伦理投资者,则无论其投资单位的业绩如何,他们都不会放弃伦理投资;只要金融市场存在着真正的伦理投资单位,则无论其业绩如何,都能获得投资的增加。在这两种力量推动下,金融市场的投资表现出稳定的伦理价值取向。所以,个体道德向金融市场的外化效果取决于以下因素:一是金融个体的道德信念。一般来说,信念越坚定,个体对伦理行为的价值期待越高,越不容易受其他不道德行为影响,并在羊群效应、风险厌恶等因素作用下,还可以影响其他投资者的情绪,带动更多的人作出同样的伦理投资选择。二是金融市场的伦理引导。就伦理投资来说,伦理投资单位的存在,实际上就是一个这样的引导力量。除此之外,还有金融市场的道德指数、社会责任指数、可持续发展指数,以及投资顾问的伦理引导和暗示,等等,都有利于推动个体道德向市场的延扩。

四、以金融组织为载体的外化

尽管组织能否成为一个道德主体在理论上还受到传统道德哲学范式——个体——的限制,但组织日益呈现的自由品格和对其成员越来越多的异化和"去道德化"现象表明,组织成为道德责任主体只是理论本身的突破问题,正如有学者所主张的那样,是一个需要"实现道德哲学范式的辩证转换"问题。[2] 事实上,现代组织理论关于组织主体性的

---

① Paul Webley, Alan Lewis, Craig Mackenzie, "Commitment among Ethical investors: An Experimetal Approach," *Journal of Economic Psychology*, 22(2001), 27-42.

② 王珏:《组织伦理》,中国社会科学出版社 2008 年版,第 15—22 页。

澄明已经为这种转换提供了理论支持。1873 年,英国哲学家斯宾塞把生物学的"组织"概念引入社会科学,强调组织是一个组合的系统或社会,并提出了"社会有机体"概念;美国斯坦福大学 W·理查德·斯格特教授把组织理解为"意图寻求具体目标并且结构形式化程度较高的社会结构集合体",①理查德.L·达夫特强调组织的自觉建构性,认为组织是"指这样一个社会实体,它具有明确目标导向和精心施工的结构与意识协调的活动系统,同时又同外部环境保持密切的联系。"②阿兰·斯密德指出"组织是为其成员制定规则、确定它与组织之外的其他成员相互关系的准则的过程。"③可见,组织作为一个社会有机体,不仅有明确的目标,而且这些目标本质上是由多个个体构成的一种集体价值观。

也正是基于这一特点,在现代组织管理活动中,组织,尤其是企业,已经被视为一个道德责任主体,如自 20 世纪 70 年代以来,企业社会责任运动,从股东利益最大化到维护利益相关者利益,再到承担公民责任不断高涨,即是一例证。在此背景下,金融组织管理也被导入了更多的伦理因素,把金融组织建构成一个具有明确道德目标的社会有机体,已经成为金融组织新的管理战略。但是,个体道德何以可能,又如何导入组织之中,并成为一个推动组织道德建设的有效机制呢?

既然组织是个体按照一定结构而组成的集合体,我们不妨从分析不同个体在组织中的角色开始。第一,金融组织的普通从业人员没有很大的联系网络,他们的基本往来对象是与同行和直接的管理者,组织对他们的监管相对较弱,其从事不良行为的声誉损失也很低。这些个体面对道德责任的预期与组织的状况不对称,他们仍遵循多数人的判断意见,也倾向于遵循其直接管理者的预期,缺乏监管和告发其他人的

① [美]W·理查德·斯格特:《组织理论》,黄洋等译,华夏出版社 2002 年版,第 24—26 页。
② [美]理查德.L·达夫特:《组织理论与设计》,王凤彬、张秀萍译,清华大学出版社 2003 年版,第 15 页。
③ [美]阿兰·斯密德:《制度与行为经济学》,刘璨、吴水荣译,中国人民大学出版社 2005 年,第 119 页。

不良行为的责任。当组织遇到棘手的伦理问题时,个体的判断与行为可能是分离的,在一些情况下,他们不认为某种行为是不道德的,只是按照所能够感受到的组织规范去行为而已;而在另一种情况下,尽管他们事实上知道某种行为是错误的,却仍采取不道德的行动。因而,金融组织中的普通从业人员虽然也是构成组织道德系统的一个子系统,但它的角色地位决定了其个体道德对组织道德的影响是非常有限。

第二,金融机构的中层管理者控制了信息传播的渠道,因为他们断开了其下属和高层的联系,具有从事不道德行为的机会;不过,他们也会受到组织的高层管理者、同级的其他管理者和下属的关注。同时,这类个体倾向于要求更多的力量、声誉和责任。因此,在客观上对他们存在的多重监督使之强烈地注重自己的声誉,从而有很强的动机去遵循机构的伦理预期。而且,他们作为介于高层管理者和普通从业人员之间的中间层,对组织的强烈责任感和对自身声誉的维护,其意义不仅在于个体行为,更在于组织内的示范效应,它能启示更多的普通从业人员理解"服从"的道德意义。所以,他们作为个体所具有的道德是组织道德的中坚力量。

第三,金融机构的高层管理者有权使用并控制重要的组织资源,而且,作为组织的价值个体,他们不用面对各种监管和频繁的内部评价,所以,他们比组织的中层管理者和普通从业人员有更多的机会实施不道德行为,并从中获得报酬。高层管理者对金融组织的道德挑战还在于,他们是组织的领导者,是整个组织文化的设计者,也是主要的组织文化的实践者,其个人道德无疑是组织道德的缩影。当高层管理者的道德标准和个人品质整合于组织的管理控制系统,其对组织成员的思维方式和行为方式的影响就是潜移默化的,如果组织中每个成员经过组织道德熏陶从"被动接受"转化为"自觉参与",就达到"无为而治"的控制境界。在组织与外部的关系中,高管的个人道德品质以及个人品质演化出来的组织道德及其扩张将领导组织长期坚持商业伦理准则,社会责任和社会自利,这不仅会激发出组织成员更多的热情与创造性,而且给市场发送了诚信、责任、产品和服务可信赖的信号,管理者的品德也因此成为社会弘扬的企业家(金融家)的职业精神。相反,如果高层管理者在组织目标的设计中,忽略道德目标,就会在具体的决策和管理中出现道德缺位,使组织遭到长期的无效;而这种无效又会进一步约束组织中个体的伦理行为。所以,正如乔治所说:"经理人员负责为公司营造一种道德氛围。除非高层管理者坚持道德的行为,惩罚不道德行为,奖励道德行为,否则公司就会有不考虑其行为的道德性而运作的倾向。"①

因此,在整合多个个体道德判断和共同价值观,形成金融组织道德的动态过程中,一方面,组织中所有个体的道德判断都能够影响组织的道德特征。因为组织的决策和行为最终由个体或个体群进行选择;个体在组织中的角色既要体现他在社会生活中的道德判断,又要反映组织的共同价值取向。"作为既是自然人又是社会人的个体而言,他们会选择同时满足自己个体价值和符合周围其他人的价值行为。"②但是,另一方面,组织中不同个体的道德对组织道德所承担的责任是不同的,其中组织中的管理者负有多种责任。为了使这种责任落实到每个个体,管理者将在吸取个体判断的基础上以组织的名义制定规章制度,并用以指导组织中的个体行为。通过个体的实践磨炼,组织行为规范将演化为组织集体的共同认识和价值原则。随着组织外部环境的变化,包括共同价值观和道德规范的组织学习要受到组织管理层的影响,大量的经验研究证明,管理层的变动往往促使组织制度和行为规范的变化。因此,个体道德对组织道德的作用主要是通过管理者,尤其是高级管理者的道德发挥作用的。金融家对金融组织道德的意义恰如儒家"君子"对社会的意义,基于其权威身份和完美的道德人格,他担当着德礼教化的主要责任。因此,金融个体道德向金融组织的外化要通过金融家精神的培养及其向金融公司治理的渗透来实现。

① [美]里查德.T·德·乔治:《经济伦理学》,李布译,北京大学出版社2002年版,第230页。
② [美]劳伦斯.A·波尼蒙:《会计职业道德研究》,李正等译,世纪出版集团、上海人民出版社2006年版,第62页。

第七章
金融伦理秩序的实现机制
——以中国为例

国际社会一再发生的金融危机证实,金融领域的伦理冲突严重威胁着金融体系的稳定和国家经济安全,建立一种合理的金融伦理秩序也因此构成金融发展的客观要求。为此,一方面要有适应金融发展规律、反映金融内外部各个要素之间相互关系的伦理规则和道德标准;另一方面要形成金融活动的实践精神,包括认识和运用金融的基础价值观,参与金融交易的契约精神、职业精神。但是,金融伦理规则并不必然转化为金融活动的实践精神。换言之,社会一般主体的金融伦理观念和金融活动中实践主体的道德追求不可能完全地自发形成,需要相应的机制予以保证并推动其实现。

第一节　金融伦理的价值引导机制

自银行产生以来,人们就一直在思考金融与经济增长的相互关系。大量的研究表明,金融发展能够促进要素生产力的发展,从而对长期经济增长起到重要的推动作用,并逐步达成共识。然而,金融活动中的贪婪和道德风险引发的金融危机使人们拓展了金融发展的道德认识,即在金融技术化的进程中如何通过正确的价值引导,建立合理的伦理规制,指导金融实践主体的行为。正如本杰明·费里德曼所说:"个人的某些行为特征对经济增长非常重要,一旦这些行为取得了道德地位,它们所导致的伦理就会鼓励人们相应地行动。"①

一、金融发展的价值追问

通俗地说,金融业是买卖金融资产的行业,它的目的是为了赚取利润;但金融的客观功能是实现储蓄向投资有效率地转化。现代金融发展理论的基本路径有两条:一条是通过完善法律、文化等制度安排来增强对投资者的保护,提高对投资者的投资激励;另一条是金融体系内部的技术化和金融创新。在这里,金融发展中的道德因素并没有得到足够的彰显。从美国次贷危机的事实来看,尽管美国建立了完善的金融体系和与之配套的严格的金融法律和法规,华尔街也因此成为世界的金融中心;但法律并不尽善尽美,它可能有漏洞,一旦贪婪和欺诈的"投机金融"操作者抓住了这个漏洞,就通过无休止的风险交易,无休止的投机行为,无限制地放纵风险,诱发金融危机。所以,金融发展史上一直隐含着"怎样发展金融"这一命题的价值取向问题,即价值观问题。

事实上,技术、经济和社会领域的任何发展都蕴含着终极性的价值指向,即在它们追求的直接价值目标背后,总是存在着一个为这些目标提供价值合理性的形而上的价值指向。正是这种价值指向,既反映了理论理性的需要,也反映了实践理性的客观要求。金融是人类社会经济生活的一部分,它对经济的贡献大致经历了三个阶段:即"15 世纪之前货币和信用对经济的推动作用只是'适应性的',……17 世纪以后,银行产业的发展使金融对经济的作用转变为'主动性的'……工业革命以来,金融对经济的作用则转变为'先导性的'"②。这说明,金融对经济的贡献始终以服务经济和社会为基础。从金融的伦理维度来考察,金融发展的价值层面存在功利价值、责任价值和终极价值的差异。

---

① [美]本杰明·费里德曼:《经济增长的道德意义》,李天有译,中国人民大学出版社 2008 年版,第 15 页。

② 王广谦:《经济发展中金融的贡献与效率》,中国人民大学出版社 1997 年版,第 47—49 页。

首先，就价值主体的具体行为而言，金融活动参与者的基本价值目标是一种功利价值，其目的是为了获得一定的利益，而且对物质利益的追求是推动人类社会前进的根本动力。在金融领域，求利的目标加快了金融创新，但追求物质利益既存在度的限制，也存在手段的选择问题。如果过分地追逐暴利就有可能助长金融投机，就有可能使某些个体和机构为了牟取暴利而超越法律和道德的限制。因此，金融市场参与各方的正确价值观是一种合理求利的功利价值，它要求市场的参与者在市场有效运行的条件下通过资产交易而各得其利，各得其所。这种价值观不仅引导市场创造多赢的格局，而且能够促进金融体系长期、稳定和健康地发展。

其次，从经济社会与金融协调发展的需要看，社会不同主体有不同的生活方式和发展模式，它们的目标和追求存在很大差异，并且主体的需求在不断发展变化，这些变化又直接关涉现实利益；而社会金融资源能否满足主体的需求在一定程度上决定主体的发展和现有利益的实现。同时，金融自身的发展必须立足于社会，植根于经济，否则金融就成为无源之水、无本之木。因此，金融发展在任何时候都必须以服务经济为中心，以促进社会发展为己任，以高度的责任感来抓住社会发展的需求机遇，改善金融服务方式，创新金融服务品种，更快更好地促进经济和社会的全面发展。"当大多数公民的心态是在上升的生活水准中形成时，经过一定时间，这种差别会导致社会道德品性的正面发展。"[①]所以，金融发展的责任价值规范是金融与经济和社会发展相协调的价值取向，一旦价值目标扭曲，就会产生两种后果：要么是超越经济和社会的发展阶段和水平，盲目追求金融的发展引起金融泡沫、金融投机乃至金融危机，破坏社会文明；要么是金融的发展落后于经济和社会的发展，造成经济增长缓慢，阻碍社会的进步和人的全面发展。

第三，从人类的终极关怀和形上追求来看，"发展就是提升一切个

---

① ［美］本杰明·费里德曼：《经济增长的道德意义》，李天有译，中国人民大学出版社 2008 年版，第 12 页。

人和一切社会的全面价值。"①金融资源的分配关系到主体整体的、长远的物质和利益需要,金融发展所追求的是经济、社会的发展与人的发展的一致性。穆罕默德·尤努斯创办格莱珉银行,为缺乏抵押资产的穷人提供贷款,从社会底层和人的基本权利出发来推动经济与社会的发展;而科学发展观的提出,则从更高的层次回答了"谁是发展主体"、"为谁发展"的根本性问题。所以,金融发展的终极价值指向表现为认识和把握现代经济系统中金融发展的规律,按照金融业自身运行规律来发展金融,并服务社会和人的发展,达到人的"自由"发展的境界。

二、价值引导的过程

金融发展的价值层面导出了在金融领域建构公正、合理的价值体系和伦理秩序的演进路径。然而,由于功利价值、责任价值和终极价值的差异以及金融活动中激烈的利益冲突,金融发展的价值引导是一个曲折、复杂的过程。从金融活动自身的技术特征和参与者道德认知来看,价值引导作为金融伦理规制的一种实现机制,包括主体对金融发展的价值认知过程、价值评价过程、价值自主过程和信念过程。

1. 价值认知过程

经济社会发展的客观规律是不以人的意志为转移的,但又要通过人的有意识的活动来实现。金融发展的价值哲学其实质就是人们对金融与经济、社会和人的发展的一些根本性问题的认识。不论何种水平的金融发展,都是资金、财富的集散和分配过程。因此,人们对于财富与价值观的关系成为金融全球化时代金融价值哲学的焦点。具体而言,人们对金融发展的价值认识涉及社会主体需要什么样的金融服务?金融市场需要建立怎样的价值观和规范才能保障其价值的实现,用怎样的思想指导金融发展才能保证金融健康、稳定运行并服务于经济社会的发展,等等。在国际上,美国的华尔街人过分追求财富,普遍出现了私欲膨胀、贪婪空虚和心境浮躁的金融投资行为,引发了"安然事

---

① [美]德尼·古莱:《发展伦理学》,高铦、温平、李继红译,社会科学文献出版社2003年版,第8页。

件"、"次贷危机"等一次次金融危机。从表象看,这些事件是上市公司虚假报表欺骗股民和金融机构降低贷款标准所致,其本质正是当代金融发展中金融价值哲学贫困所造成的后果,是金融发展中价值认知的错觉和扭曲。在国内,计划经济时期的社会价值是单一的,金融没有自己的价值目标,只是作为实现政府经济社会发展目标的"出纳"而存在,积累了巨大的金融风险;亚洲金融危机以后,金融业开始强化风险控制,强化自身利益最大化为唯一目标,基层融资业务被边缘化,这又弱化了金融的社会发展目标和社会责任。所以,金融发展的价值认知过程并不是那么简单的,而是曲折和复杂的,甚至可能因金融市场的"异象"而发生认知错觉。

在金融危机席卷全球的背景下,当人们面临共同利益的时候,开始倡导"国际金融峰会",并认同立即展开统一协调行动以应付危机的必要性;当国内区域经济发展不均衡现象凸显的时候,政府提出了金融服务和谐社会的价值指向。凡此种种,都意味着大家认识到金融健康发展的某种价值共性。孔德指出,"认识一致是人类任何真正结合所必需的基础,这一结合又与其他两个基本条件有相应的联系:感情上的充分一致,利益上的某种相通。"①对金融价值哲学的基本认知及其一致性是人们关于金融发展的价值认知的第一步,它为价值评价过程准备了条件。

2. 价值评价过程

金融发展的价值评价是主体在价值认知的基础上,根据某些具体的标准对金融发展的价值取向是否合理、公正和可能的一种基本判断。价值评价的"实然"基础是金融运行的现实。"金融业是个与金钱打交道的行当,自然吸引了为数众多的骗子,业内人士对此当然心知肚明,因而特别强调用信誉和风险控制来保护自己,在这方面甚至比其他行业做得更好。……然而,一旦发生问题,金融企业垮台的速度要比工业

---

① [法]奥古斯特·孔德:《论实证精神》,黄建华译,商务印书馆1996年版,第19页。

企业快得多。这是有原因的,金融业比工业能够更快地创造价值和毁灭价值。例如金融衍生工具,就像炸药一样,在正确使用时非常有益,而落到无能或者不谨慎的人手里时,却能在瞬间造成巨大的损失。"①从整体看,现代金融一方面在形式上以其日益深化的功能和技术化的杠杆手段推动或促进实质经济的发展,并维系着与实体经济的关系,另一方面又在内容上,即各种金融资产价格的变动和财富的聚集速度表现出与实体经济相分离的趋势,社会财富的物质形态不断淡化,财富或资产的虚拟化倾向越来越明显。这种倾向加大了金融风险和金融危机的破坏性,对这个过程的价值评价区别于价值认知过程,一方面是现代金融体系自身的复杂性,另一方面是价值评价表明了主体的价值立场和态度、价值主张和诉求,而不同的价值立场和价值诉求将采取不同甚至相反的评价标准。例如,在应对全球金融危机时,尽管各国均赞同建立全球性金融危机的应急和救助机制,但涉及具体利益关系时,却可能运用不同的标准。因此,只有作为金融活动参与者的价值主体从全局利益出发,遵循金融自身的规律,科学认识金融与经济、社会和人的发展的关系,倡导合理的价值评价标准才能有效地维护金融稳定,达到功利价值、责任价值和终极价值的统一,保证社会的公平和正义。

3. 价值自主过程

如果价值主体以价值认知和评价为基础在思想意识上形成一种价值理想,价值认识和评价就升华为价值主体对"实然"存在的批判性否定和超越,并扎根于主体的内心深处,指挥主体做出思想和行为选择,表现一种价值自主过程;这种选择是自主和自觉的行为,作为认知和评价的积淀,自主选择具有内在性、稳定性和主动性的特征。对金融活动参与者而言,无论是个体、组织还是制定金融发展政策的政府,价值自主过程就是根据金融自身的发展规律选择一种价值观。例如,美洲银行的经营理念是"钱是用来帮助别人的",并在这个理念下发展壮大起

---

① [美]拉古拉迈·拉詹、路易吉·津加莱斯:《从资本家手中拯救资本主义》,余江译,中信出版社 2004 年版,第 67 页。

来。在这里,"钱是用来帮助别人的"就是一种遵循银行业发展规律的自主的价值观选择,它启动了组织内成员和社会各界推动金融发展的良知和热情。招商银行坚持"信誉、服务、灵活、创新"的经营宗旨,把"因您而变,百年招银"作为企业文化和价值选择,在开展业务的同时,注重培养公民的金融意识,把人文关怀整合于银行经营的全过程。

4. 信念过程

价值引导的最终效用是将价值主体的价值理想转化为信念。一般地,信念是人们在社会实践中坚信某种真实的存在并一定会到来的认识和观念。作为观念形态和精神状态的信念是主体情感和意志内在的、最深刻和最高级的表现,也是主体最高层次的观念和追求。金融发展的价值取向反映了金融活动所有参与者的道德观和价值观的总和,它是金融长期稳定发展的精神基石和精神支柱,也是人们进行金融交易的实践精神。当金融主体把金融活动的合理求利和坚持金融的社会责任统一起来,追求金融服务于社会和人的发展的目标成为一种信念的时候,金融主体的理想价值就上升为他们参与金融活动的实践精神。

三、价值引导的基本途径

要在全社会形成现代金融伦理观念和价值体系,使金融伦理规则转化为金融活动的实践精神,必须寻找有效的价值引导途径。一般来说,价值引导的途径有许多,既有社会主导价值观的教化、文化和思想的交流,也有利益关系的谈判和调整。这些途径可以归纳为两个基本的方面:一个是依靠价值主体自身内部的力量推动主体形成自觉的价值追求;另一个是通过价值主体之外的力量,如他人、组织、团体和政府等外部作用来弘扬价值理想,激励和规范主体的价值追求。价值引导途径的两个基本方面是相互联系和相互作用的:依靠价值主体内部力量形成的自觉的价值追求,同样不能缺少外部利益关系的调整;主要依靠外部激励所形成的价值理想最终要内生为主体的信念和行为。针对金融领域伦理冲突的一般归因和转型时期我国金融发展的现实,实现金融伦理秩序的价值引导机制要在以下几个层次展开:

第一,以科学发展的价值原则指导金融发展。科学的金融发展观作为金融发展的价值原则所蕴涵的金融伦理思想集中体现了金融服务于经济和社会发展的价值导向,解析了金融发展、经济增长、社会稳定、贫困消除、平等进步和社会文明提高的价值归路。其一,现代社会结构中,金融已构成了一种社会财富的索取权,存置于不同社会成员(群体)手中的金融资产,始终是现代经济社会中社会财富流动、增值的基本载体和动力,任何一个社会成员或集团、甚至一个国家,只要他拥有了金融资源的配置权,就获得了多倍的支配社会财富的权力和能力,从而在很大程度上决定着一个人(群体)、地区或一个国家的发展。在当前,金融改革和发展要贯彻以人为本的价值哲学,始终把人民的需要和利益作为金融的出发点和落脚点,把金融的社会责任看成是社会发展的重要组成部分,通过改革促进金融发展和创新,满足人民多方面的金融需求,使金融运行的利润最大化与广大人民群众的全面发展统一起来。其二,现代金融体系的创新活动在本质上是通过"虚拟经济"对金融资源的一种开发性配置。"虚拟经济是由马克思在《资本论》中所提出的虚拟资本的概念衍生出来的,主要是指虚拟资本(包括证券、期货、期权等)以金融市场为依托所进行的经济活动,通俗地说就是以钱生钱的活动。"[1]在虚拟经济中,资本的增值往往没有实际的生产过程相对应,只是金融市场波动过程中的价值再分配。这说明,如果金融创新脱离了金融发展的"自然规律",即脱离了它所依存的经济基础和社会初始条件,就会产生对金融资源的非理性使用,引起过度投机甚至金融危机。按照科学发展的价值原则,金融创新要优化融资制度结构,构建多层次融资体系,为各类经济主体提供平等的融资机会,提高金融服务实体经济、服务和谐社会的能力。其三,要在全社会进行金融知识的宣传和普及,揭开长期以来"精英金融"的神秘面纱,强化金融的大众化、平民化意识,强化对中小投资者和弱势金融消费者的保护,倡导金融的社会责任价值。

第二,树立金融市场的先进价值观。物质价值是人类生存和发展

---

① 成思危:《虚拟经济论丛》,民主与建设出版社 2003 年版,第 8 页。

的基础,也是创造和实现精神价值的必要前提。对金融市场参与者而言,合理求利不仅是必要的,而且是保证市场流动性的基本条件,但金融市场作为风险和收益再分配的场所,交易者的求利动机比商品市场更加突出,而过度逐利和投机对市场自身的发展极为不利。如果金融市场参与各方树立了正确的价值观,具备了先进的价值取向,可以抑制参与者的贪婪、投机和欺诈,减少市场的非正常波动,维护市场的稳定和健康发展,并创造多赢格局。金融市场的价值引导要破除参与者过分注重短期利益、眼前利益、超额利益、本位利益的贪婪价值标准,树立追求长期利益的先进价值取向。"内幕交易的不道德性不在于对公司信息的盗窃这一问题上,而在于它对投资公众的损害。"①因而,严厉打击部分机构运用各种非法手段进行内幕交易、操纵股价的行为,可以弘扬金融市场中介机构作为市场经济守护神的义务和价值理想,树立遵守职业道德和职业良心的市场契约精神,保护大众投资者的合理利益。监管机构要承担起金融市场先进价值取向的倡导者,履行公正执法的义务,保障市场的公共利益,引导中小投资者认真分析市场的基本面,从根本上建立起促使他们从事长期投资的信心和信念。

第三,强化金融家的道德责任。金融机构管理和资本市场股权运作在职业上有较高的知识和技术含量,对信用的要求高、风险大,具有强大的外部效应。而风险控制和信誉的建立主要依靠起决策作用的高级管理者,或者说是活跃在金融市场的金融家。熊彼特说过,企业家的创新行为是纯粹意义上的借贷行为,而银行家是资本主义的守门人,足见金融家在金融市场健康运行中的责任。近年来,中国企业界、特别是金融界出现了相当数量的落马高管,他们的履历显示:在初涉金融界时,大都缺失必要的职业素养培训,诸如应对风险的意识、严谨依法的意识、掌管金融的责任意识以及正确的财富意识,最后在接触巨额资产时道德风险泛滥,不仅断送了自己的前程,也给国家造成了无法弥补的损失。金融家的道德责任是多方面的,在价值观的选择上,一方面要求

---

① [美]博特赖特:《金融伦理学》,静也译,北京大学出版社2002年版,第142页。

金融家从全球视野审视我国的金融改革和发展现实,增强社会责任,把金融稳定、风险控制和人民群众的多层次的金融需求放在突出的位置;另一方面,在金融体系内部,要增强道德约束和激励机制,创建一种敬业、诚信的道德文化,使管理者具有一种内在的道德制约和道德规则的自我开发能力,通过强有力的道德文化节约金融交易的成本,构建有效的道德治理结构,维护金融体系的道德规范。此外,要强化金融家的价值调适,坚持精神价值和物质价值的统一。鉴于金融家在金融市场运行中的特殊作用,金融家要将其价值诉求、价值观的合理性和正当性放在社会核心价值体系中进行考量,进行价值调适,以高度的社会责任感和崇高的精神价值引导金融活动中的利益行为。马克思说:"动物只是在直接的肉体的需要的支配下生产,而人甚至不受肉体需要的影响也进行生产,并且只有不受这种需要的影响才进行真正的生产。"[1]金融家的活动应是超越于肉体需要的精神价值生产过程。

第二节　金融伦理的制度强制机制

现代金融体系运行的良好秩序越来越依赖于有效制度安排的保障,从而推动金融领域的社会伦理观念从个体道德修养转向制度伦理的诉求。正如我们已经论述过的,金融制度不只是金融技术发展的自然结果,更是金融实践主体对金融关系所作的"应然"价值判断。从动态的维度来审视,金融伦理秩序是在不断疏通、协调金融活动中的利益冲突过程而逐步实现的。由于金融制度是引导金融资源走向和分配金融市场风险的优先力量,因此,金融伦理规制作为合理规范金融活动利益关系和有效协调利益冲突的方式,需要制度伦理的强制。

一、制度是协调金融伦理冲突的优先力量

制度作为一套规则系统,它规范了人们的行为模式和相互关系,将人们相互之间的利益关系系统化,从而使人们的行为表现为一定的行

---

① 《马克思恩格斯选集》,第 1 卷,人民出版社 1995 年版,第 46 页。

为习惯。在金融领域,伦理冲突反映了不同交易主体的利益冲突,但它的深层次原因是金融发展的公共利益导向问题。为了发挥金融市场引导公共利益的功能,解决金融活动中凸显的利益冲突和伦理困境,必须借助于团体理性或社会理性(包括国际社会的合作)以规范金融体系的运行,而金融制度是现代金融关系中社会理性最主要的表现形式,是协调金融伦理冲突的优先力量。

首先,金融制度为协调金融交易的利益冲突和金融资源配置的社会矛盾提供了强制性的规范标准。制度不同于依靠抽象原则来协调社会利益关系的普遍道德,它的显著特征是规范要求的明确性和具体性,在是与非、善与恶之间有清晰的边界。"制度有两个方面:或者是意见统一的安排或一致同意的构成行为准则的行为方式,或者是界定——清楚明确地承认——个人和集体选择的规制和所有权。"[1]制度规范的这种强制标准不仅为协调利益冲突提供明确的章法和行为模式,也为利益受损者寻求保护或第三方仲裁提供依据。在社会资源的分配中,金融制度安排可以协调金融资源非均衡配置的矛盾。英国国际发展部(DFID)的研究报告指出:"金融部门向穷人提供储蓄服务,使之积累资金,可以满足他们更大规模的融资需求,从而进行预期投资和达到预期支出水平;同时,低收入和不稳定收入群体接触信贷也使他们有能力投资于新技术,诸如更好的机器、工具、原料等或者是教育和健康,这些都将提高他们的生产能力。"[2]在科学发展观的推动下,中国银监会在2007年批准成立了31家新型农村金融机构,其中村镇银行19家,贷款公司4家,农村资金互助社8家,进一步拓宽和引导各类资金流向农村的渠道,在解决农村金融资源短缺方面实现了重大突破。这种强制性的金融制度规范为社会金融资源的合理配置提供了清晰的边界。

第七章 金融伦理秩序的实现机制——以中国为例

---

① [美]丹尼尔. W·布罗姆利:《经济利益与经济制度:公共政策的理论基础》,陈郁、郭宇峰、江春译,三联书店、上海人民出版社2006年版,第93页。

② Department for International Development, 2004. "The Importance of Financial Sector Development for Growth and Poverty Reduction", Policy Division Working Paper, No: PD 030, 4 – 26.

其次,金融制度为金融活动的伦理行为提供稳定的社会预期。制度作为社会理性的反映是以强制的规章形式规范人们之间的相互关系的,它的确定性所彰显的是人类一定行为与相应后果之间直接的因果关系,这种因果关系决定了行为后果的收益损失,并反射在人的意识中以影响人们的行为选择,最后形成习惯性的行为偏好。"个人对限制他们选择集的制度安排有自己的偏好,而且他们对在给定选择集中做出的选择也有自己的偏好。"①因此,金融制度对金融活动中伦理行为的社会预期是以"做了什么,你就怎么样"去告诫金融参与主体哪些是倡导的行为,哪些行为有收益,否则,就要付出沉重的代价。换言之,金融制度一方面鼓励金融交易主体自觉遵守交易规范、减少不确定性和信息不完全可能产生的机会主义行为,并且要那些有意侵害他人或社会利益的金融行为付出代价,从而大大减少破坏金融市场合理利益关系的行为发生。无疑,只有持续的、制度化的激励机制才能最终形成金融市场的合理利益关系,进而达到合理的伦理秩序。另一方面,金融制度对潜在的伦理冲突和矛盾表现为一种预先协调的机制。人的理性是有限的,但人们对金融活动的认识水平会经过意识、经验和逻辑推理等一系列过程不断提高,这在一定程度上增强了金融市场利益冲突的可预见性,从而使得人们可以通过预先的制度安排来化解可能发生的利益冲突;而且,在不成熟的金融体系中,人们对金融伦理冲突的预见性有助于识别和修复现有制度的缺陷,进一步推动金融制度创新,为金融交易的伦理行为提供更加稳定的预期。

第三,金融制度可以对金融领域的不合理牟利行为进行强制制裁。金融活动是现代经济系统中利益冲突最复杂、最激烈的领域,不正当牟利行为的易发率高、危害性大,社会对不正当牟利行为的制裁手段大致有几种情况:一是在监管的空白处,个人的良心、信念起到约束作用,使行为人自律而不为;二是依靠宗教预设的"终极存在",使行为人对不

---

① [美]丹尼尔.W·布罗姆利:《经济利益与经济制度:公共政策的理论基础》,陈郁、郭宇峰、江春译,三联书店、上海人民出版社 2006 年版,第 122 页。

正当利益产生敬畏而不为,发源于宗教的一些伦理投资基金是一个很好的正面例子;三是市场交易的声誉机制对不正当牟利行为的处罚;四是以国家机器为后盾的制度惩治使行为人被迫而不敢为。金融活动中道德自律的形成要依赖于社会一般道德水平的提高,是一个渐进演化的过程;宗教视野的投资基金规模毕竟不大,而且也要通过影响行为人的价值观才能发生作用,市场声誉机制的建立同样需要一个过程。在我国金融体系处于快速成长的时期,金融改革和发展的利益矛盾极为复杂,调整和规范金融领域的不道德行为,构建金融市场的伦理秩序,急需制度的强力支撑。邓小平指出:"制度好可以使坏人无法任意横行,制度不好可以使好人无法充分做好事,甚至会走向反面。"[1]这里的制度"好"与"不好"揭示了制度强制的伦理取向。显然,金融制度对金融活动中不正当牟利的制裁是维护金融市场伦理秩序的根本,因为它运用国家机器的强制手段制裁违法者,这种惩处是直接的、显现的,要么使他们承担巨大的经济损失,要么剥夺违规者的行动自由、政治权利甚至生命。例如,2007 年 1 月 1 日至 2008 年 5 月 29 日期间,北京首放投资顾问有限公司及其法定代表人汪建中,利用其实际控制的账户买入咨询报告推荐的证券,并在咨询报告向社会公众发布后卖出该种证券,实施操纵证券市场的违法行为。于是,中国证监会在 2008 年 10 月做出行政处罚决定,撤销北京首放的证券投资咨询业务资格,对汪建中没收违法所得逾 1.25 亿元,处以等额罚款,并对其采取终身证券市场禁入措施。显然,这种制度制裁是一种事后公正,但它凸显了违法、违规金融活动的成本和风险,体现了维护正当金融交易的社会公平和正义。

二、金融制度规范的基本原则

制度强制作为金融伦理秩序的实现机制必须从金融伦理冲突的现实出发,对现有金融制度安排进行必要的修复、调整并设计出合理的、协调的新制度,这个过程的实质就是金融制度创新。但是,要把握金融

---

[1]　《邓小平文选》,第 2 卷,人民出版社 1994 年版,第 333 页。

关系的价值实质和金融制度创新的尺度,必须明确金融制度规范的基本原则。

1. 自由原则。"自由是一个道德原则,以人类的本性为基础。"① 人类社会中的每个个体,都有自我完善、自我实现的要求;要自我实现,就必须充分发挥与实现自己的潜能,也就必须拥有充分的自由。可见,最大限度地满足人类社会的普遍人生需要,其根本条件是自由。自由作为制度伦理的根本原则指的是一种权利,是以合理的制度安排来赋予和保障公民的自主性、独立性的权利。"自由不仅是评价成功或失败的基础,它还是个人首创性和社会有效性的主要决定因素。更多的自由可以增强人们自助的能力,以及他们影响这个世界的能力。"② 金融制度规范的自由原则作为一种客观的自由所表现的是金融需求主体参与金融交易关系的自主性和平等性,从而引发金融关系中自由的理念和理想。在这个自由的框架下,金融资源的分配不是依赖于已有的财富,而是通过金融制度安排来摆脱"看不见的手"的单向支配,体现每个公民具有平等获取金融资源的权利,反映金融自身健康发展的内在要求,并最终促进人的全面发展。可见,在金融社会,金融制度规范的自由是金融需求主体之间、金融与社会之间的一种关系,它意味着个人真正享有金融资源权利的经济自由,具有承担相应责任和义务的能力。"金融革命在精神的意义上是完全自由的,它使人取代资本成为经济活动的中心。……财富的创造就要归功于技能、思想和勤劳,当然还需要一点点运气。"③ 因此,金融制度规范的自由是维护社会自由最重要的价值尺度,也是开启能力、维护个体自由发展的有力保障。

2. 平等原则。平等是制度伦理的重要范畴,一般地表现为制度在

---

① [美]穆瑞·罗斯巴德:《自由的伦理》,吕炳斌等译,复旦大学出版社 2008 年版,第 328 页。

② [印]阿马蒂亚·森:《以自由看待发展》,任赜、于真译,中国人民大学出版社 2002 年版,第 13 页。

③ [美]拉古拉迈·拉詹、路易吉·津加莱斯:《从资本家手中拯救资本主义》,余江译,中信出版社 2004 年版,第 66 页。

维护人们的社会经济、政治、法律等方面的权利与义务的平等与程序上的机会平等。金融制度安排的平等是每个金融主体参与金融市场活动所享有的基本权利与他人平等以及承担的基本义务与他人平等。拉詹和津加莱斯指出:"贷款要求有抵押,会带来一种不平等。这种不平等不是说如果借款人不能履约,债权人可以索取抵押品,而是说贷款人事先就可以限制贷款,结果是,只有有产者才能得到贷款。……要解决穷人的融资问题,尤其是没有抵押品的穷人的融资问题,必须为金融市场建立一个广泛的制度基础。"①因此,金融市场交易要破除"抵押特权"和"关系特权"产生的不平等,凭借参与主体自己的资源——知识、劳动进行竞争可以获得平等的待遇;每个金融主体参与金融活动的基本权利是建立在不损害他人利益和金融市场秩序基础上的正当求利;每个金融主体承担的基本责任又在于维护正当的个人利益和合理的金融市场交易的安全。另一方面,金融制度的平等强调机会平等。机会平等是指金融活动中没有特权、没有歧视,机会平等之所以是真正的平等,是因为它体现了各类主体进入金融市场的公平和正义。金融制度规范的平等原则要求在广泛的公众参与基础上确立金融活动共同遵守的规则,阿马蒂亚·森指出:"金融危机在东亚和东南亚某些国家的形成,与商业运作缺乏透明性,特别是在核查金融和商业的安排上缺乏公众参与紧密相关。"②通过透明的共同规则保证各个金融主体去平等地争取各项权利、履行相应的责任;在这个过程中,违反规则的应得到相应的惩罚,履行规则的获得相应的权益。

3. 效率原则。金融处于现代市场经济中资源配置的核心地位,它既是资源配置的对象,也规定和引导着其他资源的流向;金融发展过程就是金融要素和其他资源要素不断地相互作用、调整相关主体利益关系的过程。因此,金融制度安排的效率,关键是要看金融资源配置的效

---

① [美]拉古拉迈·拉詹、路易吉·津加莱斯:《从资本家手中拯救资本主义》,余江译,中信出版社 2004 年版,第 10—11 页。

② [印]阿马蒂亚·森:《以自由看待发展》,任赜、于真译,中国人民大学出版社 2002 年版,第 180 页。

率,它不仅包括时间上的连续性、持续性,还包括空间上的均衡性、协调性,即金融资源在不同区域、不同产业、不同企业和不同收入群体之间的均衡协调。同时,金融安全与金融效率是相互联系的,滥用金融资源、损害金融效率是引发金融危机和金融伦理冲突的根本原因,而金融效率又是金融安全的根本保障,只有提高各类金融主体的运营效率才能改进全社会金融资源的配置效率,使金融发展建立在坚实的社会和经济基础之上,确保金融自身的健康、持续发展,解决金融领域的伦理冲突,最终实现金融与社会的协调和人生的完善。

4. 公平原则。金融制度规范的公平包括三层含义:一是纵向的"代际公平"。即当代对金融资源的开发利用应不损害后代满足其金融资源需求的能力,不能只顾眼前利益,不讲长远发展,损害金融的可持续发展,威胁社会和人的发展,这是金融制度伦理的基本要求。二是横向的金融主体间的公平和金融客体间的公平。金融主体间的公平包括各类金融机构、不同金融市场参与者之间的公平准入和竞争;而金融客体之间的公平则主要涉及金融发展的存量结构和增量结构,即如何通过调整存量、改革增量来满足各种金融需求主体对金融资源的有效需求,实现金融资源获得、运用权的公平,这是金融制度伦理的具体要求。三是对投资者、消费者合法权益的公平保护。从金融与经济、社会的协调发展来看,金融发展过程中的公平与效率是相互共生的统一关系,市场准入的公平、金融资源竞争的公平、金融有效需求的公平满足,都会促进金融市场竞争和市场效率,市场竞争和效率的提高又反过来进一步为金融公平提供保证,促进金融自身的健康和稳定发展,这是金融制度伦理的实践要求。

三、金融制度创新的路径

改革开放以来,我国金融体系获得了快速的发展,政府控制的国有金融系统通过不断扩张国有金融产权掌握着巨大的经济资源,在体制内支持经济发展、调整经济结构、维护社会稳定方面发挥了巨大的作用。考虑到政治和社会道德文化的约束,这种金融制度安排在伦理上具有合理性,但金融领域也因此存在着不少问题,潜伏着不少隐患,伦理冲突和矛盾越来越突出,金融需求主体的信用能力分化潜藏着金融伦理秩序和社会秩序问题。因此,在新形势下,必须按照科学的金融发展观和构建和谐社会的要求,通过金融制度创新来理顺金融资源配置的利益关系,解决金融领域的伦理冲突和利益矛盾,推动金融自身的发展和社会稳定。

首先,按照融资权平等的原则,明确社会对金融需求的多样性和差异性。我国是一个发展中的大国,经济发展不平衡,贫富差别比较大,不同社会阶层的信用能力有很大的差别,他们利益诉求进而参与金融市场的要求千差万别。因此,要从满足社会公众的金融需求出发,强调不同群体平等的发展权和融资权,金融服务既要考虑效率又要关注公平,大力发展家庭金融服务和地区金融服务,重点关注家庭金融服务中弱势群体的金融需求、地区金融服务中贫穷落后地区的金融需求。在金融体系内部,按市场化的改革方向,促进竞争,防止金融资源垄断和集中引发的风险,建立和完善有利于金融机构自愿交易、平等竞争的金融环境,使它们在竞争中增强合作,主动开发社会的金融需求。在金融体系外部,通过降低准入门槛、消除包括所有制歧视在内的一切非市场化歧视,纠正弱势群体、中小市场经营主体的金融资源配置失衡的状况;通过扩大金融体系,为社会公众平等地取得资金提供新的渠道,释放社会的潜在金融需求,使金融资源配置更加合理、公平和公正。

其次,通过金融制度安排实现金融自由。金融需求主体的金融自由是一种客观自由,它是相对于有限的金融资源和金融需求主体合理的金融需求而言的,包括自由选择和责任两个层面。哈耶克指出:"只有在个人既做出选择,又为此承担责任的地方,他才有机会肯定现存的价值并促进他们的进一步发展,才能赢得道德上的称誉。"①由于金融资源配置的完全市场自由会引起金融资源配置的市场失灵和金融系统自身的不稳定,因而金融制度安排要依靠市场和政府"两只手"。从金

219

第七章 金融伦理秩序的实现机制——以中国为例

① [英]弗里德里希·冯·哈耶克:《哈耶克文选》,冯克利译,凤凰出版传媒集团、江苏人民出版社 2007 年版,第 56 页。

融资源配置的市场机制看,金融制度安排要降低交易费用和交易风险,通过降低准入限制,发展各种商业性金融形式,即以利润为目标,具有特许性、组织性、公众性和经营性的金融形式;在这里,金融主体的自由是有差别的自由、尊重创造的自由,金融系统按照自身的发展规律获得效率,创造可持续地实现"利润最大化"的经济、社会和资源环境。另一方面,为了控制市场对金融自由的滥用,政府要通过适应性的金融制度安排来满足各类被排斥在商业金融形式之外的金融主体的差异需求,主要包括发展政策性金融、互助性金融和扶贫金融。政策性金融是不以利润为目标,遵循政府意图的指令性、公益性和长期性的金融形式。互助性金融以解决社区内成员在生产和生活中的临时困难、增进社区的信任为目标,是一种群众性、互助性、非盈利性的金融形式,如社区银行、信用社、社区的互助储金会,等等。扶贫性金融是在农村的老少边穷地区,以培养弱势人群的可行能力、推动其发展为目标的公益性、特殊性金融形式,如小额低利率助学贷款,小额免利息就业贷款,等等;通过培育金融资源,合理运用金融手段,扶植弱势群体和贫困落后地区的发展,实现他们的自由发展。

再次,革新公司治理制度,平衡公司内部利益相关者的利益。公司治理结构的本质是利益相关者事后就公司形成的准租金进行分配的谈判机制和制度安排①。在资本市场中,上市公司的股东、管理者、债权人之间及他们每个群体(如股东集团)内部存在不同的利益冲突,需要有效的治理制度。为了平衡公司内部利益相关者之间的利益关系,要从制度上规范上市公司的行为:一是有效控制上市公司利用财务报表造假和不公平关联交易等来实现融资,协调上市公司与其他社会公众股东之间的利益关系和伦理冲突。二是防止上市公司大股东或管理层通过内线交易、变相的 MBO 方式等侵吞上市公司资产、资金,或将上市公司占为己有。三是推进"股权分置"改革,改变大股东或管理者对上市公司的绝对控制权,平衡社会公众股东、大股东、管理者之间的利益

① Luigi, Zingales, 1997. Corporate Governance, *NBER Working Paper*, No. 6309.

关系。

第四,强化金融领域的基础性法律制度建设。金融体系内部的制度安排及其效率需要外在制度的配套,或者称为制度安排的关联性,包括政治法律制度、其他适应性经济制度和社会文化等多个方面,其中法律制度是最直接的、最重要的影响因素。"在一个复杂的大众社会里,内在制度不能排除所有的机会主义行为。"[1]为了克服既有金融制度安排下某些金融主体的机会主义行为,保护金融需求主体的自由选择和责任边界,要按照现代金融市场运行的立法理念,从实现金融服务的机会公平、过程公平和代际公平,促进金融市场规范交易的目标出发,制定和完善金融法律、提高金融执法、司法效率,形成长效机制。根据我国经济发展水平和金融国际化趋势,中短期的基础法律制度建设必须重点考虑以下几个方面:一是信贷获得的公平立法。在美国,为了推进信贷公平,制定了《信贷机会平等法》、《公平信贷报告法》、《公平贷款记录法》等系列法律,要求贷款机构必须做出"肯定的努力"为当地所有的人提供服务,不能将低收入和盈利较小的地区不公正地划分出自己的服务区域,不能因为借款人的年龄、性别、婚姻状况、种族、肤色、宗教信仰或国籍而加以歧视。我国可以借鉴国际经验,加快信贷公平方面的立法,保护各类金融需求主体平等获得融资的权利。二是社区再投资立法。美国的《社区再投资法》对推动社区经济发展和满足中低收入居民的信贷需求起到了积极作用。目前,可以在建立现代农村金融制度的框架内按照社会公平性原则,发展社区、尤其是农村社区的中小金融机构,通过法律强制性地规定金融机构把所吸收的存款中的一部分投放到当地,制约资金外流;同时根据风险与收益、责任与权利对等的原则,通过合理的制度激励金融机构主动支持社区发展。三是政策性金融立法。由于政策性金融在宏观金融资源配置中起着整体性的调控作用,可以利用其特有的直接扶持和强力推进的功能引导金融资

---

　　① ［德］柯武刚、史漫飞:《制度经济学:社会秩序与公共政策》,韩朝华译,商务印书馆 2002 年版,第 132 页。

源合理配置。因而要在现有有关规定的基础上,考虑对政策性金融进行立法,进一步实现政策性金融在促进信贷的产业公平和代际公平中的作用。四是增加社区金融知识教育的立法。在作者相关的一项课题的调查中了解到,金融活动中许多不平等、不自由及不道德行为的发生与金融需求主体缺乏现代金融知识有关,社会上不断发生的非法金融集资欺诈案件更是因为一些金融需求者对金融风险和法规的不理解。因此,要结合社区金融和农村金融制度建设,增加社区金融知识教育的法规,对不同社会群体开展金融理财、风险文化的宣传教育,普及信用知识,建立农村社区的征信评信制度。

第三节　金融伦理的文化提升机制

伦理文化作为人类社会一切伦理现象的总和,它涉及伦理学说、道德规范、伦理行为等相当宽泛的范畴。从发生学的角度来看,伦理文化的演进表现为一种"原源之辨"的动态过程。按照朱贻庭的说法:"'原'即本原、根基,指社会现实的经济关系、社会结构、政治状况及其变革;'源'即渊源、资源,指历史地形成的传统伦理文化(也包括外来的伦理文化影响)。"[①]金融体系是社会经济的核心构成部分,金融伦理文化也是社会伦理文化的一个重要部分。相应地金融活动的实体关系或各个金融主体之间的利益—风险分配关系形成金融伦理文化的"原",而中华民族的传统伦理资源则形成了金融伦理文化构建的"源"。文化对金融发展的影响已越来越受到关注,韦伯在《新教伦理与资本主义精神》就指出文化是经济增长的决定因素,文化变革在资本主义及其制度形成和发展过程中扮演了十分关键的角色。从他的论述中不难"破译"出伦理文化与金融的关系。"由于文化信念的形成是一个渐进的、缓慢的过程,社会变革速度越快,现有的文化信念与新制

---

① 朱贻庭:《中国传统伦理思想史》,华东师范大学出版社 2003 年版,第 526 页。

度所需要的新文化信念之间的缺口越大，文化信念的规范作用也就越弱。"①如此，金融伦理文化常常落后于金融实体结构及其相互关系的变化，就会产生金融发展的"伦理缺口"，这个问题在转型时期我国金融体系快速成长的过程中非常突出。因此，提升金融伦理文化，引导人们在金融活动中合理追求财富，抑制私欲、贪婪和浮躁的金融行为是实现金融伦理秩序不可缺少的机制。

一、再造传统金融伦理的现代价值

任何社会的伦理文化都是在历史中形成的，又在实践中发展、变革和创新。古莱指出："传统的价值体系和本土文化并非智慧或仪式的无效积淀，而是随时间变化的有活力的现实，并继续对人们提供认同感和意义，使之意识到自身是一个变动中的历史舞台上的演员。"②由于传统伦理文化影响着一个民族世代相传的行为模式，因而对传统金融伦理文化进行必要的整合、筛选和价值再造，正是构建现代金融市场伦理文化的成本最低、最有可能成功的路径。我国传统伦理文化博大精深，其中有益于现代金融发展的伦理要素至少有以下几个方面：

第一，金融的自然合理性。金融的自然合理思想是指金融事务天然合于自然、合于人性的本质。传统伦理中"天人合一"的思想认为，人是自然的一部分，与万事万物协调发展，"天、地、人本同一元气，分为三体。"③在金融活动中，"天人合一"实际上是金融合于自然的基础价值观。从现代金融市场的实践来理解，"天人合一"是金融与经济、社会的协调发展；如果人们过度地开发金融资源，一味追求金融资产的泡沫价值，离开实体经济（自然）就会毁灭金融自身、破坏经济。荀子所说的"夫薄愿厚，恶愿美，狭愿广，贫愿富，贱愿贵，苟无之中者，必求于外"。（《荀子·性恶》）表明人们会想方设法去使自己获得利益，变得既富且贵，这是金融合于人性的一种正常社会现象。司马迁在《史

---

① 杨哲英、关宇：《比较制度经济学》，清华大学出版社，2004 年版，第 143 页。

② ［美］德尼·古莱：《发展伦理学》，高铦、温平、李继红译，社会科学文献出版社 2003 年版，第 164 页。

③ 王明：《太平经合校》，中华书局 1960 年版，第 236 页。

记·货殖列传》中也概要而言:"天下熙熙,皆为利来;天下攘攘,皆为利往。""自天子至于庶人,好利之弊何以异哉。"在《大学》里,"欲平天下先理财",说明金融理财事务已经被列为"经世济民"的首要之务。金融合于人性的现实价值及其转化在于,随着全球经济金融化趋势的加强,人们参与金融活动并获得合理的收益是人性的需要,因而金融制度安排要保证人们具有获得金融资源的机会;同时,金融安全成为国计民生的大事,金融管理部门必须对金融运行进行有效的管理和调控,把金融安全放在突出的战略地位,维护金融稳定,以促进经济和社会发展。

第二,义利关系。中国传统伦理文化的主干要求人们"重利轻义"、"见利思义"、"正义谋利"。它反映了传统伦理在义利关系上的基本取向和实践模式。那么,在现代市场经济体系中,金融市场参与主体的交易行为是需要获得合理利益的,即使是针对弱势群体的"扶贫信贷"也是需要盈利的(包括长期性的社会效益);否则,金融机构或企业就不能持续发展下去,金融伦理也就失去了它的物质基础。在孔子的理财思想中,"理财是伦理的基础,理财与伦理是协调的。"①因此,传统伦理的义利关系在现代金融市场中应该进行恰当的转化:在宏观上要强调金融服务于经济、社会的全面、协调发展,把人民利益和国家利益"放在首位"。在企业层面,利与义是统一的,重义并不非要轻利,重利也不会轻义。"义"实际上是企业的长远利益、重大利益,或者可持续的价值创造;"利"就是市场对企业合法利益、合理利益的充分尊重。换言之,现代金融市场中企业的伦理文化导向是以义导利、义利共生、义利统一。在个体层面,"君子爱财,取之有道"是处理义利关系的出发点,"义"是个体参与金融市场的责任,以一个从业者、投资者应有的责任遵循金融市场的道德标准,谋取公平利益、阳光利益和功德利益。

第三,诚信。"诚信"是中国传统伦理的精华之一。但是,传统诚信文化是一种基于"血缘、亲缘、地缘"关系的伦理文化,其根本缺陷

① 陈焕章:《孔门理财学》英文版,岳麓书社2005年版,第94—97页。

是,它的适用范围局限在较狭小的社会经济活动区域;并且,我国计划经济体制下的产权制度又模糊了不同交易主体之间的利益关系,使中国传统诚信文化向现代信用文化的变革受到影响。因此,在发展现代金融体系的过程中,传统的诚信伦理必须转化为现代金融市场的契约性伦理文化:其一,社会对交易主体的信用评价转化为一种具有公共性的社会关系,即诚信是事先没有任何直接或间接关系的人们之间的社会评价;其二,诚信表现为一种遵守制度的行为,它不仅仅依靠道德自律,更多的是法律和制度要求交易主体遵守市场的"游戏规则";其三,反映交易主体诚信的信用信息由专业化的第三方对交易双方进行间接了解、分析和判断;其四,诚信的商业性极为突出,它已构成金融交易主体的一种无形资产、声誉资本,可以为交易主体带来恪守信用的"溢价"或增值。"最大化客户福利是在华尔街上获得收入和利润的最可靠、长期的来源。"①

第四,智勇并举的理性精神。金融理财活动的成功需要一种智勇并举的理性。司马迁在《史记·货殖列传》中记载"夫纤啬筋力,治生之正道也,而富者必用奇胜"。"之陶为朱公","朱公以为陶天下之中,诸侯四通,货物所交易也。乃治产积居,与时逐而不责于人。故善治生者,能择人而任时。十九年之中三致千金,再分散与贫交疏昆弟。此所谓富好行其德者也。"这说明,传统金融伦理思想存在一种理性主义的思维,它强调手段、计算、经验和目标等因素。在金融竞争全球化的背景下,传统智勇并举的理性金融伦理文化具有现实价值,它应转化为金融市场的创新精神,即管理部门应对金融安全问题、金融突发事件的智慧和创新意识,金融机构分析和解决新型信用风险的创新精神,金融从业者开发社会潜在需求、全面满足实体经济需要的开拓精神。

二、培育全社会的现代契约精神

金融活动是现代经济中最复杂的交易关系,"因为金融活动的复

---

① [英]W·迈克尔·霍夫曼等:《会计与金融的道德问题》,李正等译,上海人民出版社2006年版,第246页。

杂多样性,没有任何一种理论层面可以涵盖一切,但金融界有两个共同的特征,即市场交易和金融缔约。"①在很大程度上,金融市场的运行是以金融契约为基础分配金融资源并对金融资产的价格做出评估。随着经济的金融化和金融社会性的凸显,人们对金融契约的认识和尊重上升为一种社会的精神文化形态,表现为一种契约精神,反映了金融发展的社会实践精神。

首先,金融契约的社会化和日常生活化。契约是一个古老而又常新的事物,是指当事人为了明确各自权利关系和实现各自利益而达成的一种协议。作为市场经济中人们最普遍的行为模式,契约与其他伦理形态不同,它是依靠制度化的形式发挥着约束、规范、整合的伦理规制作用。在中国经济市场化的进程中,市场交易过程一方面表现为市场主体各方相互为交易对方提供服务以满足自身利益需求的过程;另一方面又是一个实现社会资源配置的过程;从交易的实质看,这个过程就是市场主体订立和履行契约的过程,而契约形式的广为采用,使契约关系成为市场经济中各个参与主体之间的利益关系最集中、最准确的描述,是主体差异和独特个性的现实反映。随着契约关系向社会生活领域的拓展和渗透,契约已经超越了其自身所涵盖的表面层次的类似法律制度的规范形式,上升为现代市场经济体系中人们的日常生活意识,或者说,上升为一种精神文化形态,即契约精神;这是一种平等、尚法、守信的品格,一种为社会公认的行为准则,是与现代市场经济体系相适应的一种伦理文化。正如前面已经论述过的,金融作为现代市场经济的核心,既是社会资源配置的对象,又是配置其他资源的手段。金融交易的深化和普遍化,一方面为契约精神提供了必然性的实然基础,另一方面又使金融契约发挥出了精神形态的伦理作用,为现代社会的市场伦理构建奠定了基础。

其次,契约在中国传统社会没有得到充分发展。中国传统社会的伦理生态是依靠宗法血缘关系维系的农业社会,具体来说,是"家、国

---

① [美]博特赖特:《金融伦理学》,静也译,北京大学出版社2002年版,第31页。

一体,由家及国"的社会性质与关系结构。这种伦理生态孕育出了人情主义的伦理精神,并作为社会的基本价值取向与精神纽带。在经济交易关系中,契约关系和契约观念"就跟商人阶级一直言微力轻一样";在社会政治领域,契约思想"绝没有形成一种引发历史运动、改变历史进程的系统理论";在伦理精神层面,"契约的思想也没有踏进过哲学和伦理的殿堂。"[①]可见,契约精神在传统的伦理形态中历史地存在"缺口"。

再次,通过传统伦理与现代契约的融合培育契约精神。契约精神的现代意义,使之成为中国发展现代金融体系的必然选择。在社会转型期,由于社会经济行为的功利意识膨胀,金融领域中违背契约的牟利、暴利行为甚为突出,市场契约精神要转化为金融主体的公共理性,需要多个方面的努力:其一,政府、企业(金融企业)与企业中的个体之间要形成制度化、公开化、契约化的平等关系,使人们在以契约规则为标准的市场环境中,培养独立人格,催生和确立现代契约精神;当市场交易主体的合理权益遭到侵犯时,公共权力必须提供及时、有力、可操作和低成本的支持。只有金融市场主体切身感受到公共权力在保障契约实施和维护合理权益的时候,才会主动维护契约的履行,真正领悟到契约精神的真谛,并规范自身的行为。其二,金融契约是基于各个主体自身的需要与权利订立的,其实施的基础是每个参与主体的道德操守,因而每个交易主体的主观诚信是顺利实现契约关系的重要条件。由于金融交易行为的技术特征越来越复杂和专业化,法规制度只能提供一个基本框架,社会伦理文化的演进又具有历史的路径依赖,从而需要将传统伦理精华整合于现代金融契约中,形成金融市场的公共理性。其三,契约精神所蕴涵的自由平等精神、权利义务对等精神、市场规则意识等作为现代市场经济的公共理性和日常生活的价值精神,还必须整合于金融市场主体组织的治理结构和企业文化之中,形成一种尊重契

---

① 何怀宏:《契约伦理与社会正义》,中国人民大学出版社 1993 年版,第 12—13 页。

约、严格按照法律与契约来操作的、内生的文化精神,从而在全社会焕发出遵守市场规则的契约精神。

三、塑造金融从业人员的职业精神

马克斯·韦伯认为,新教伦理产生的勤奋、忠诚、敬业、视获取财富为上帝使命的新教精神促进了美国经济,资本主义精神是披挂着一种伦理而产生的,这种伦理就是工作伦理。"本义上的工作,自在的工作,这是资本的一切合理使用、资本主义企业工作的一切合理安排的先决条件。这种工作不是靠辛勤的劳动挣面包或挣黄金的可怜办法。这种工作不仅高度的责任感必不可少,而且需要一种精神状态,也就是起码在工作时间里摆脱了老问题:如何最便利、最省劲地挣到工资?工作应当这样做,仿佛工作是目的本身,是一种志向。"①因此,工作伦理作为一种职业伦理,只有上升到一个人的志向和信仰的高度,才能使他对自己的职业具有神圣感和使命感,把自己的信仰与工作联系在一起,形成真正的职业精神。从现代职业生涯发展理论的角度看,职业精神包括一个人对职业的价值观、态度以及职业理想、职业责任、职业道德,等等;这些精神要素在很大程度上决定一个人的职业行为、职业水平和工作效率。一旦社会形成了积极的职业精神,它将对企业、组织和整个国家的发展起着巨大的推动作用。

金融是一个特殊的行业,这是由金融机构的性质和证券市场中上市公司的社会影响所决定的。金融机构是经营货币资金和金融商品的高杠杆企业,它的负债范围涉及政府、一般工商企业和分散的社会家庭,其本质是创造信用、供给信用和接受信用;同样,上市公司的股东、债券持有人也相当分散。因而金融影响到社会经济的各个领域和人们生活的各个方面,并且金融领域的系统风险具有传染性。所有这一切都要求金融从业人员具有高度的责任感和很强的专业能力,能够正确认识和处理金融与经济、社会发展的关系、金融系统内不同机构之间的

---

① [法]阿兰·佩雷菲特:《信任社会》,邱海婴译,商务印书馆2005年版,第408—409页。

关系、金融部门与员工的关系、金融部门与客户的关系,具有适应金融发展和大众需要的职业精神,包括职业理想,职业责任,职业能力,职业纪律,职业作风,职业良心,职业荣誉。针对金融从业人员的岗位特征,职业精神的塑造应从两个层次入手。

首先,塑造金融行业经理阶层的职业精神。坦瑞·阿布指出:"经济组织中个人的道德价值观,特别是在企业文化的形成中起到重要作用的领导人的价值观,反映了组织行为。……商业领导人所必需的三个要素是:目标、价值和勇气。"[①]金融行业的各级经理,尤其是高级金融管理者(银行家)的理念、思想、责任和职业能力,是引导金融企业道德行为的真正动力。当这种道德行为与企业文化相互融合以后,就可以上升为组织中每个个体对职业的热爱、崇敬和信仰。"高层的不诚实能够在非常短的时间内渗透一个组织。几个关键职位的人员更迭就可能显著地改变最好和最道德的文化。很明显,关键银行官员的诚实对于防止银行潜在的破产是至关重要的。"[②]概言之,金融行业经理层的职业精神主要表现为开拓精神、创新精神、诚实和实干精神;他们必须具备全球战略意识,能够敏感国际、国内政治与金融波动的关系,洞悉市场环境、敏锐发现市场机会和可能的风险,具有诚实正直的品质、较高的专业技能和职业素质,能帮助顾客做出正确的商业判断。因此,在金融行业塑造经理层的职业精神,一方面要针对金融行业的特点,在全国甚至全球的范围内,按照金融业的经理(金融家)的标准,选择真正有操守、有专业精神和能力的人;另一方面,对于真正有能力和职业操守的经理人,要从制度上保证他们能继续保持操守,提高能力,使他们具有职业经理(金融家)的职业自豪感和职业操守,把对职业的忠诚作为自己一生的信仰。

其次,强化金融行业的职业道德建设。职业道德作为一个以职业

---

① [美]乔治·恩德勒:《国际经济伦理》,锐博汇网公司译,北京大学出版社2003年版,第242页。

② [英]W·迈克尔·霍夫曼等:《会计与金融的道德问题》,徐泉译,世纪出版集团、上海人民出版社2006版,第190页。

责任为核心的综合价值体系,是职业人在职业活动中应当遵循的行为和道德规范。一般而言,职业人在职业活动中为履行职业责任所表现出来的职业观念、职业责任、职业良心等道德现象,都是职业精神的一种反映;可以说,职业道德是一般职业人的职业精神的一种外在表现。金融是高风险、高收益的行业,人类自利的本质缺陷无法监管,因而对金融行业一般员工的职业精神塑造,重点是职业责任感和职业良心的培养,因为"职业良心是从业者在履行职业义务的过程中所萌生的强烈责任感和自我评价行为时的深刻心理体验。它激励人们向善的动机,激励人们选择并坚持正确的道德行为、抑制不道德的动机和行为。"①在具体操作上,主要是通过金融企业制度文化(规则、条例、行为规范)和金融企业道德文化(企业精神、价值观、经营哲学),规范员工的价值取向和职业道德行为,培养员工的团队精神,开启员工的心理认知,强化职业责任。

总之,提升金融伦理文化是驱动金融主体向更高伦理标准演化的内在动力。"由文化决定的预期影响均衡的选择。……文化信念为达到新均衡所要经历的动态调整过程提供了先决条件。"②

第四节　金融伦理的教育疏导机制

道德教育有助于发展个体、组织的道德推理能力并改善社会道德风貌。L·科尔伯格在批判美国20世纪二三十年代流行的品格教育和价值澄清学派,并合理吸收柏拉图、杜威、涂尔干等人的道德教育思想的基础之上,建立了自己的道德发展理论,其道德教育理论是其道德发展理论的拓展和实践。科尔伯格的道德教育理论认为,道德思维是道德判断的基础,因而他主张道德教育的目的是激发儿童(道德主体)的

---

① 郭广银、陈延斌、杨明等:《伦理新论:中国市场经济体制下的道德建设》,人民出版社2004年版,第459页。

② 吴敬琏:《比较》,第2辑,中信出版社2002年版,第181页。

道德思维,发展其道德推理能力,使道德思维发展到更高级的阶段,以促进道德行为的完善。在金融领域,由于金融对经济社会发展的影响日益加深,现代金融市场出现了两个明显的趋势:一个是快速扩张的金融创新更加技术化和专业化,使职业责任伦理更加突出;另一个是金融市场活动的日常生活化,使社会大众具有掌握金融知识、了解金融市场交易规范的强烈需求。因此,要推进人们参与金融活动的道德行为,必须构建学校、社区和职业培训等多层次的金融伦理教育机制。

一、金融伦理教育的重要性

［典型案例分析］

为啥 4 万人上当①

2008 年 3 月 6 日,四川省攀枝花市对"电子黄金投资"案做出一审判决,判处 2 名涉案人员非法经营罪。目前,这起曾盛行近 5 个月、波及四川、江苏、广东、河南等 17 个省市的非法集资大案已经告破。

(一)鼓吹收益相当于银行利率的 135 倍,吸引 4 万人卷入

2006 年 10 月的一天,四川省攀枝花市公安局金融犯罪侦查大队大队长贾凯走进当地农业银行,无意间听见一位老太太向银行工作人员咨询:"农行是不是推出了一种叫'电子黄金投资'的基金产品,收益还挺高?"

"农行从没有开展过这项业务。"营业员断然否定。

这一问一答引起了贾凯的注意。他向老太太仔细询问"电子黄金投资"的信息来源,一场艰苦而细致的侦查由此展开。

无独有偶,12 月,江苏省无锡市刑侦支队也接到了工商局转来的一个有关"电子黄金"的匿名举报线索,称有人利用美国佛罗里达州电子黄金国际集团的网络平台,以"电子黄金投资"为名,从事非法集资活动。

---

① 资料来源:《人民日报》2008 年 3 月 24 日,第 14 版。

　　他们共同提到的"电子黄金投资"从 2006 年 8 月 27 日起出现在网络上。其宣传材料称,"电子黄金币"是以黄金为等价基础的网络货币,只要会员通过网络购买"电子黄金币",就能得到最高达 1.7% 的日回报率,1 个投资周期为 9 个月,总的回报率达 340%。如果介绍他人投资,还能获得被介绍人投资额的 10%—15% 作为介绍佣金。介绍人数一旦超过 7 人,且被介绍人又发展了新会员入会,则还可从再发展的会员处获得投资额 2% 作为奖励。2006 年 10 月间,金融机构一年期存款基准利率仅为 2.52%,"电子黄金投资"的收益相当于当期基准利率的 135 倍。

　　除了许诺高收益,"电子黄金投资"的一个特点是新加入的会员必须经介绍人才能注册,注册后选择投资金额,最低投资金额为 200 个"电子黄金币"。会员必须从介绍人手中购买"电子黄金币"用于首次投资,"电子黄金币"与人民币的比价为 1:8.5。当会员完成投资时,还可将"电子黄金币"按 1:7.7 的比价兑换成现金。

　　高额回报吸引了大量会员,一个看似运作良好的投资网络越铺越大。截至 2006 年 12 月,攀枝花金融犯罪侦查大队已查出全市有 100 余人投资于"电子黄金",投入资金达 200 余万元。在无锡,有 400 余人身陷其中,投入资金高达 707 万元。

　　2006 年 10 月至 12 月间,会员每天都能及时通过"电子黄金投资集团"网站兑换现金,获得回报。但到了 12 月,提出的兑换申请往往半个月都没有回应,网站也经常因为"维护"而关闭。收益可能无法兑现的恐慌让人们不愿持有更多的"电子黄金币",唯一的办法就是加快发展下级,把"电子黄金币"卖给新会员。

　　到 2007 年 1 月,运行近 5 个月的"电子黄金投资集团"网站突然关闭,联系人的电话也打不通了,会员手上的"电子黄金币"成了一串毫无用处的数字。

　　据统计,这起"电子黄金投资"案在全国共发展会员 4 万余名,吸纳会员存款近 2 亿元人民币。

（二）10 万条资金往来明细引出一张巨大的网络传销图

在破获"电子黄金投资"案的过程中，侦查人员遇到了不少新难题。

在"电子黄金投资集团"网站上，会员以编号进行操作，查出投资者的真实身份并不容易。侦查人员花了 3 个月时间查阅了上百人的近 10 万条银行账户资金往来明细，分类梳理，顺藤摸瓜。一张巨大的网络传销图在侦查人员的心中渐渐清晰起来：截至 2007 年 3 月，攀枝花市查获涉案人员近 160 人，涉案金额达 340 万元。

尽管公安机关快速出击，仍有不少人的损失难以弥补。在无锡，市公安局在查明了主要涉案人员的身份后，立即冻结了他们的银行账户，同时立即赶往深圳查询"最终收款人"的账户。可为时已晚，资金被取走，账户已注销。经查，账户的注册信息皆系伪造，汇出资金再难追回。

（三）受害者多为下岗工人、离退休人员

非法集资往往以高额收益为诱饵，有时甚至以贯彻国家政策为掩饰，骗取公众资金。而受害者多为下岗工人、离退休人员。在"电子黄金投资"宣传材料中，一张"银行境外代客理财快速开闸"的剪报引人注意，涉案人员正是借境外投资政策放宽的概念鼓吹投资机会，欺骗缺乏金融知识的下岗工人和离退休人员。无锡市"电子黄金投资"主要涉案人之一蔡文霞就是其中一位。她每月的退休金仅有 1200 元，参加"电子黄金投资"时，一下子就拿出了 2 万元，最后却血本无归。"当初觉得炒股太难了，我们也不懂啊，做这个什么都不用管还能挣钱，而且他们还给我看了文件材料，说是国家鼓励境外投资。"蔡文霞说，"最后才明白天上是不会掉馅饼下来的，没有一本万利的事。"专家认为，当前应对投资者加强金融、法律等知识教育，提高他们辨别非法集资的能力。

近年来，像"电子黄金投资"这样的网络非法集资越来越多，使集资规模和传播范围快速扩张，危害性越来越大，但网络的虚拟性又使现行的法律法规难以将其定性。

网络非法集资的频频出现使网络经营监管的漏洞凸显。据悉，"电子黄金币"曾在数家网站上公开交易，需要者可用现金任意购买。显然，这些网站并未对销售产品者的资质进行严格认定，为网络非法集资加速传播创造了条件。

从金融伦理的角度审视，"电子黄金投资"案具有几个明显的特点：（1）投资机会排斥。案例中受害者多为下岗职工、退休人员或城市中低收入者，他们为了改善生活状况，萌发了参与金融投资并获取收益的强烈需求；但由于小额投融资工具的限制，他们受到一定程度的"投资机会的排斥"，其金融资产保值增值的机会难以得到实现，一旦非法集资者以高回报为诱饵，极容易受骗上当。（2）金融知识排斥。案例中的受害者因受年龄、文化程度的限制，对现代金融知识了解甚少，缺乏金融风险意识，不能认识金融工具的性质，至于一些技术性很强的新型理财产品的投资风险更是几乎一无所知，当非法集资者以高额收益为诱惑推销产品时，他们没有甄别风险的能力，只能被虚高的收益所蒙蔽，最后被犯罪分子剥夺了运用金融资产的"自由"。（3）信息排斥。现代金融市场的交易几乎都借用信息技术和网络平台，而下岗职工、退休人员或城市中低收入者恰恰又是网络技术"文盲"，而集资形式的金融欺诈利用网络开展非法业务，进一步增加了受害群体的识别难度；另一方面，受信息透明度的限制，即使是合法的投资工具，他们也难以做出正确的判断。

事实上，"电子黄金投资"案只是众多非法集资案中的一个典型而已。统计显示，2007年全国公安机关共立非法吸收公众存款和集资诈骗案件2059起，破案2007起，涉案总价值156.5亿元，挽回经济损失15.9亿元。

从学校教育来看，我们的问卷调查显示，我国高等院校的财经专业并不重视学生的金融伦理（或商业伦理）教育。在全国11所高校的333名学生样本中，有56.75%的学生（三年级本科学生、研究生）没有接受任何金融伦理方面的教育，对《证券法》、《会计法》的相关职业道德规范了解甚少；至于金融领域的职业道德畸形化引发的金融机构高层的职务犯罪、金融腐败已为政府和社会各界所关注，无须列举。

这些事实说明,在金融市场化进程中,现代金融体系的成长需要加强金融伦理教育。Hawley 指出:"虽然一般的商业伦理课程包含了一些金融活动的伦理问题,但由于金融活动的复杂性,金融伦理应是金融教育的一部分。"①金融教育作为一种生活技能,无论市场好坏,无论年龄地域,都日益重要。2008 年 11 月 25 日,面对新的金融动荡和危机,吴晓灵在"花旗—《金融时报》金融教育峰会 2008"上强调:"在中国,金融教育项目正在开展,但这些项目相对较新且能到达的人群有限。我们需要通力合作,制定最好的金融教育框架,让金融知识能够为每个人所及和所用,从而帮助中国消费者做出更加明智的财务决策,提高他们的财务独立性和财务水平。"②

二、国外金融伦理教育的理论和实践

道德教育往往源于规范实践主体行为的需要。19 世纪晚期,以单纯追求利润最大化为目标的资本主义社会化大生产出现了一系列社会矛盾,诸如公司丑闻、环境污染、产品质量、工人的健康安全,等等。人们因此开始关注商业组织及其领导者的伦理和道德准则。这个时期,美国建立了第一批商业学校。加利福尼亚大学伯克利商学院的第一份正式公告所列的课程中就有"哲学研究:商业伦理的历史和原则",商业伦理教育开始走进课堂。20 世纪 70 年代末,"经济伦理学"(Business Ethics) 作为一门学科在美国兴起,80 年代中期在欧洲兴盛,90 年代以后逐步走向世界。随着经济伦理学的学科发展,商业伦理教育越来越普遍,不过金融伦理通常是作为商业伦理的一个构成部分而讲授的。整个商业伦理教育的特点可以大致归纳为以下几个方面:

第一,商业伦理的学校教育涉及本科、硕士和博士不同学位层次的学生。20 世纪 50 年代以来,哈佛、哥伦比亚、伯克利、康奈尔、卡内

---

① Hawley, D. : 1991. "Business Ethics and Social Responsibility in Finance Instruction: An Abdication of Responsibility", *Journal of Business Ethics*, 10, 711 – 721.

② http://www. FinancialEducationSummit. org.

基—梅隆和西北大学等一些领先的美国商学院,开始在广义的商业和社会领域开设必修课程,将社会、政治和伦理等非市场环境因素结合到管理学的教育之中,并且产生了一些具有影响力的著作和教科书。随着金融市场和金融机构的发展,金融伦理的学科事务及其学校教育变得非常突出。在20世纪90年代,博特赖特提出了金融伦理的教学模块,并出版《金融伦理学》一书,确定了金融伦理的基本框架和学科定位。[1] 在英国,学校的商业伦理教育贯穿于全部商学课程,教学的内容模块按照研究生和肄业本科学生最后一个学年分层次进行分离式教育。不过,欧洲大陆与美国在商业伦理课程设计的方法上存在较大的差异(参见表7-1)。

表7-1　美国与欧洲大陆商业伦理课程方法的差异[2]

	美国	欧洲大陆
谁对商业活动中的伦理行为负责?	个体	通过集体的社会控制
谁是商业伦理的关键要素?	企业	政府、商业协会、企业协会
伦理行为的关键方针是什么?	企业的伦理原则	企业谈判的法律框架
商业伦理的关键问题是什么?	个体决策情况下错误行为和不道德	构建企业框架的社会问题
主要的利益相关者管理方法是什么?	利益相关者的价值	多维度的利益相关者方法

第二,金融职业伦理的正式教育主要是CFA和MBA教育。按照Charlton在1998年对教学课程的分析,CFA候选人的知识和能力范围可以具体划分为10个专业课程领域:伦理和职业标准、数量方法、经济学、公司财务、财务报告分析、衍生工具分析、固定收益证券分析、股权

[1]　John R. Boatright, 1998. "Teaching Finance Ethics", *Teaching Business Ethics* 2: 1-15.

[2]　Andrew Crane and Dirk Matten, 2004. "Questioning the Domain of the Business Ethics Curriculum, "*Journal of Business Ethics* 54: 357-369.

投资分析、选择性投资分析和组合管理,金融从业者应该具备这些知识、技能和能力①。在这里,伦理和职业标准成为金融教育首要的知识和能力指标。MBA 教育中的商业伦理教育无论是课程的内容还是教学方法、应达到的要求均呈现出一种不断加强的趋势。华盛顿伦理资源中心(Ethics Resource Center, Washington, DC)和 L. Jones Christensen 等学者的调查报告显示②:(1)1988 年美国商学院商业伦理课程的主题是单一的商业道德问题,而 2006 年《金融时代》排序的全球 50 所顶尖商学院 MBA 课程的伦理教育内容拓展到企业在社会的伦理功能或企业的社会责任和企业的可持续管理,即最小的环境破坏、最大化资源保护的代际可持续性问题;(2)在全球 50 所顶尖商学院的 MBA 课程中,伦理教育的重要性得到强化,84.1% 的学院强制要求学生选择伦理、企业社会责任、企业可持续性三个方面的一个或一个以上的课程,并且有 25% 是卓越(stand-alone)课程,而 1988 年则只有 5% 的 MBA 项目进行单独的伦理课程,卓越课程增加 5 倍;(3)伦理教育得到相应的机构支持,教学方法、手段不断完善,有 65.9% 的学院建立了与伦理、企业社会责任、企业可持续性教学相关的中心,运用浸没技术(immersion techniques)等新的教学手段突出实践教学。

第三,公众金融伦理教育的核心是通过金融教育改进个人和家庭的金融行为。在理论逻辑上,公众的合理金融行为受制于其对金融知识的了解和掌握程度,因而公众金融教育有助于提高他们的金融知识和金融文化修养,增强获取信息的能力,改变个人金融管理实践的行为。美、英、加拿大、澳大利亚等金融体系发达的国家重视公众金融教

---

① Charlton, W. T. 1998. "Course Tracking Along Professional Designations: The Chartered Financial Analyst Track." *Financial Practice & Education*, *Spring/Summer*, Vol. 8, Issue 1, 69 – 82.

② Lisa Jones Christensen, Ellen Peirce, Laura P. Hartman, W. Michael Hoffman and Jamie Carrier, 2007. "Ethics, CSR, and Sustainability Education in the Financial Times Top 50 Global Business Schools: Baseline Data and Future Research Directions, " *Journal of Business Ethics _ Springer* 2007 DOI 10. 1007/s10551 – 006 – 9211 – 5.

育和相关研究。其中美国的公众金融教育有比较明显的特点①:(1)公众金融教育的重要性被提升到社区稳定和发展的高度。公众的良好金融教育和修养可以为他们自己和家庭做出好的财务决策,增加个人和家庭的经济安全及福利,使家庭能够保证孩子的教育,从而为社会提供合格的劳动力;同时,养老保险制度的改革需要个人对未来的生活做出财务安全计划,而金融教育将增加个人对退休储蓄的责任感。(2)公众金融教育的内容比较广泛,包括增加公众的金融见识,帮助公众了解货币、资产管理、银行、信贷、保险和税收等相关问题;树立货币、资产管理和风险分散的基本观念;提高公众制定、实施和评估个人及家庭财务决策的能力,引导公众根据家庭收入、家庭情况和资产水平进行合理的储蓄、投资和消费支出。(3)公众金融教育的实施机构形式多样,涉及社区组织、学校(社区学院)、宗教团体、中介机构和政府部门,它们针对不同的消费者群体开展各种类型的金融教育项目,尤其突出的是,公共政策强调为低收入群体构建资产。例如,Individual Development Accounts(IDAs)是专门为弱势群体(低收入家庭、高中教育和微小企业)的教育设计的公共政策,以帮助他们建立相应的金融财富。(4)公众金融教育的社会和经济效果评估。

由于金融市场的动荡不安和金融丑闻频发,金融体系发达国家的金融伦理教育在不断改进,但依然存在许多问题。一方面商业伦理课程的设计、教学主要依据学生道德发展的阶段假说,其科学性存在诸多争议;另一方面,金融知识和素质教育的效果评估相当困难,从而很难得出恰当和有效的教育政策措施。

三、提高我国金融伦理教育效果的路径

好的教育可以引导人的优良行为,这是一个没有争论的命题。柏拉图早就说过,"如果要问好的教育是什么,答案很简单,教育使人变

---

① Hogarth, Jeanne, 2006. "Financial Education and Economic Development," paper presented at the G8 International Conference on Improving Financial Literacy. http://www.oecd.org/dataoecd/20/50/37742200.pdf, 1−33.

好,而好人具有良好的行为。"在金融市场化改革进程中,国民的金融知识、金融素质、专业技能和金融道德教育逐渐得到政府、高等学校和有关管理部门的重视。早在 1997 年,中国人民银行编写了《领导干部金融知识读本》,这本书对增强领导干部的金融知识和防范金融风险意识起到了积极作用。随着我国金融业的全面开放,在温家宝总理关于"加强和普及金融教育"的号召下,2007 年,中国人民银行又编写了《金融知识国民读本》,这是为金融走近普通百姓、探索先进金融道德文化建构的新尝试。

但是,如何提高公民金融知识和金融道德教育的效果一直是一个存在争议的课题。针对我国金融体系的快速成长和转型时期社会道德文化变迁的复杂环境,金融伦理教育应建立"两条线路—三个层次"具体架构,形成社会化的教育新机制。

所谓"两条线路",一是以提高公众金融素质为基础的发展能力教育,二是以培育职业操守为基础的专业技术教育;前者强调金融行为的道德理性及其社会习俗化,后者强调专业人员的职业责任及其实践。

公众金融素质是他们理性地参与金融活动和提高自己道德行为能力的基础。理性主义道德教育理论表明,只要人们通过道德认知,达到一种道德理性,就可以按照道德规范去行为,实现道德水平提升的目标,苏格拉底关于"美德即知识"的观点就是一个典型代表。由于金融素质教育是一项系统的社会工程,涉及广泛的公众利益,其对象的广泛性和知识的专业性决定了推进该项工作的长期性、层次性和实用性。从我国目前的实际出发,以提高公众金融素质为基础的发展能力教育应该包括以下三个层次:

(1)扶贫与金融可行能力建设相结合的社会弱势群体教育。经济、文化落后或地理位置偏僻的边缘化群体、收入水平低的贫困群体,通常都缺乏基本的金融知识和获得、运用金融资源的能力。面向社会弱势群体的金融教育应贯穿于扶贫实践中,以取得实效。一是通过普及金融知识提高他们对金融信用的认识,唤醒他们利用金融工具改变贫困状况的意识,使他们认识到利用金融信用的基本条件是诚信道德。

二是发展多样化的普惠式微型贷款,给弱势群体提供必要的资金支持,帮助他们脱贫,提高他们运用金融的能力和建立初步的金融财富,使他们在金融实践活动中激发对金融信用的道德情感、形成道德心理。三是结合新农村建设和国家区域统筹发展战略,通过招募教师、金融专业的志愿者队伍,提高边远地区金融从业人员的素质,使他们成为社区内金融教育的稳定力量;通过发展中介组织、非政府组织,建立面向弱势群体的金融教育机构。

(2)理财价值观与信用道德习惯化相结合的青少年教育。一个人在青少年时期形成的价值观会带入成年期,让青少年正确认识金融信用关系的本质,掌握基本的理财技能,树立正确的理财价值观,使之认识到年轻时金融资产选择的后果是十分重要的。调查数据表明,我国有近70%的中学生买东西不会"货比三家";81%的中学生买东西没有目的性和计划性;上海团市委组织的调查中发现上海92.8%的青少年存在乱消费、高消费、理财能力差的问题;93%的学生缺乏现代城市生活能力的基本经济常识、金融常识,不清楚 ATM 机、银行卡等现代金融产品。[①] 试想,一个金融文盲是不可能理解金融信用关系的道德含义和实践责任的,金融诚信道德也不可能演化为新的社会习俗。因而有必要通过多部门合作创新青少年金融教育的内容,提高教育效果:一方面,金融部门要定期开展中、小学校金融素质教育师资培训,壮大中、小学学生金融素质教育队伍;另一方面,要根据中、小学学生在不同学习阶段的教学内容,将金融素质教育、青少年道德教育融合于具体的教学中,并运用"教学游戏"、教学实践等活动,激发青少年的学习兴趣。

(3)增加居民财产性收入与理性理财行为相结合的主流金融消费者教育。近年来,随着收入的提高,我国居民理财意识全面觉醒,投资需求日益旺盛。与此形成反差的是,主流金融消费者(投资者)的金融

240

---

① 刘明康:《开启银行之门》,2007 年 11 月 15 日刘明康在北京市八中讲课稿。http://www.cbrc.gov.cn

知识匮乏,个人信用观念和风险意识比较淡薄,风险承受力较差,非理性投资行为比较普遍,不仅容易引发金融欺诈,而且影响公众享受现代金融的便利,甚至还可能影响社会的和谐和稳定。因此,按照十七大报告提出"创造条件让更多群众拥有财产性收入"的要求,应加强主流金融消费者的金融教育,引导人们正确认识金融信用的本质,科学运用金融工具,有效规避市场波动的风险。一是通过金融教育提高消费者个人财务能力,并引导他们形成合理的财务习惯和理财规范。二是将主流投资者教育与社会保障改革结合起来,建立社区教育机制。Annamaria Lusardi 对美国人口的研究表明:"金融知识匮乏与缺乏储蓄和退休计划是密切相关的。"①在社区范围内,建立对主流金融消费者的教育制度,增强他们理解、使用和识别新金融产品的风险的能力,使他们规划好晚年的金融安全和舒适生活,真正实现个人金融投资的价值关怀。

金融从业人员的职业操守和专业技能教育的核心是培养他们在金融实践中的责任伦理,包括三个层次:其一,普通高等学校的金融专业教育要融入金融伦理教育。现有金融、财务、会计等专业教育不仅要创新教学理念、教学内容、教学手段,更要结合具体教学章节内容,将金融伦理理念融入金融专业教学,使学生树立正确的金钱价值观,信用道德观和职业责任伦理观,倡导金融交易的诚信意识,理性投资意识。其二,职业教育要强化职业道德和责任伦理。在 CFA、CPA、MBA 等后续教育中,把职业伦理方面的培训和教育放在突出的位置,改变现有"商业伦理"课程设置分量偏轻甚至缺失的局面;同时,职业教育中的"伦理"关照,不能只作为一种商业环境来关注,而应成为被教育对象本身必须具备的一种职业素质和道德推理能力,使职业伦理真正内化为他们的具体行为。其三,金融从业人员的岗位教育主要是针对具体金融业务内容的伦理培训,并将其行为规范整合于绩效评价之中。

---

① Annamaria Lusardi, 2008. Household Saving Behavior: The Role of Financial Literacy, Information, and Financial Education Programs, *NBER Working Paper* No. 13824, 1–43.

结束语
唤醒金钱背后的良心

阿马蒂亚·森在《以自由看待发展》一书中十分敏锐地发现,哈耶克的无意造成后果的思想与他的理性主义改革主张"完全不是敌对的。事实上,正好相反。"①他认为,哈耶克把斯密关于富人"受到一只看不见的手的指导,去促进一个并非他本意想要达到的目的"的观点描述成"对所有社会科学对象的深刻洞见",其原因不在于它说出了某些后果是无意造成的这样一个简单事实,而在于它揭示了因果分析可以使无意造成的后果被合理地预期到。在这里,阿马蒂亚·森所说的"因果分析"是指对经济和社会的理性思考,他认为通过这种理性思考"可以注意那些并非有意造成的、但由于体制性安排而引起的后果,而且特定的体制安排可以因为注意到各种可能产生的、无意造成的后果而获得更准确的评价。"②

正是在此意义上,我们需要对现代金融秩序进行理性思考,发现金融背后的因果关系。正如恩格斯所说:"经济学所研究的不是物,而是人和人之间的关系。"③金融作为现代经济的核心,不仅决定着一个人的既有财富,也决定着他的未来财富基础,金融把人与人之间的关系从同代延伸到了下代;金融制度不仅是关于金融资源的安排,也是一种权

---

① [印]阿马蒂亚·森:《以自由看待发展》,任赜、于真译,中国人民大学出版社2002年版,第258页。
② 同上书,第258页。
③ 《马克思恩格斯选集》,第2卷,人民出版社1995年版,第44页。

利的安排,而且这种权利可以从经济领域扩展到政治和社会生活各领域;金融交易所反映的也不是简单的资金供给关系,还是人与人之间相互依赖和信任的关系;金融机构不仅是个体为着某种目的而建构的共同体,也是一种使个体"脱域"以完成社会任务的工具;金融个体既是自觉自为的主体,又是被嵌入既定金融制度、金融市场和金融组织之中的客体,其个体德性作用于,也受制于客观的金融秩序。

金融背后的这些因果关系表明,金融活动是物的要素和伦理要素相统一的过程。我们关于金融的理性思考不应建立在个人利益最大化这个经典的"理性人"假设基础上,而应建立在更广泛的信息基础上,要运用带有社会责任感以及正义意识的理性来思考人类的金融活动。事实上,这种理性对于具有社会性的人类并不陌生,人类关切自身利益,但也能够想到家庭成员、邻居、同胞和世界上其他人们。亚当·斯密关于"不偏不倚的旁观者"的思想试验,向我们揭示了促使高尚的人在一切场合和平常人在许多场合为了他人更大的利益而牺牲自己利益的,不是人性温和的力量,也不是造物主点燃的仁慈之火,而是"一种在这种场合自我发挥作用的一种更为强大的力量,一种更为有力的动机。它是理性、道义、良心、心中的那个居民、内心的那个人、判断我们行为的伟大的法官和仲裁人。"①在斯密看来,良心作为不偏不倚的旁观者,已经存在于人心中。我相信这种判断,也认为人类只有借助于良心,才能注意到无意造成的后果,并谨慎对待金融活动以尽量减少对人类社会的损害。

但是,随着金融理论的模型化、金融工具的工程化、金融市场和金融机构与现代科技的全面融合,金融本身所具有的价值立场被忽视了,人的良心被遮蔽了,呈现在面前的就只是一个个追求自利的理性人,直到金融危机的爆发,人们才恍然大悟地意识到这种对道德良心的忽略正是祸起之源。这正好应验了斯密在《天文学史》中一段有趣的评论:

---

① [英]亚当·斯密:《道德情操论》,蒋自强等译,商务印书馆 1997 年版,第 165 页。

"一件事物,当我们很熟悉而且天天看到它时,虽然它是那么伟大而美丽,但它只是给我们留下一个很不强烈的印象;因为既无惊奇,亦无意外之处,来支持我们对它的赞赏。"①所以,面对金融领域习以为常的贪婪、自私和欺诈,我们需要唤醒金钱背后的良心。

这种良心首先直接表现为金融个体的诚信、节制和责任等德性,它要靠个体自身的道德修养习得和存养。然而,在一个"关系"社会中,金融领域的良心不仅是个体良心,更是社会良心。如果个体良心是个体内在的心灵秩序,那么,决定这种秩序的是整个金融环境的伦理秩序。因此,建立一种正义、效率、和谐的金融制度,完善公开、公平、公正的金融市场规范,形成以共生和尊严为目标的金融机构价值,才是唤醒金融良心、建立合理金融秩序的根本出路所在。

面对 2008 年席卷全球的金融危机,我们对金钱背后的良心呼唤也许如同鲁迅的呐喊。他感叹"假如一间铁屋子,是绝无窗户而万难破毁的,里面有许多熟睡的人们,不久都要闷死了,然而是从昏睡入死灭,并不感到就死的悲哀。现在你大嚷起来,惊起较为清醒的几个人,使这不幸的少数者受无可挽救的临终的苦楚,你倒以为对得起他们么?"我们当然不想对不起他们,但正如鲁迅所说,"几个人既然起来,你不能说决没有毁坏这铁屋子的希望。"②自金融危机爆发以来,从各国政府到金融机构、从机构投资者到社会大众,正在开始的反思和纠错,让我们看到了毁坏铁屋子的希望。

是的,金融行业的贪婪和欺诈是令人窒息的铁屋子,屈从于它,虽然可以避免就死的悲哀,但它是以永远的死去为代价的。然而,起来毁坏铁屋子,虽然要遭受欲活不能的痛苦,但它至少给人重生的希望,这种毁灭是"创造性的毁灭"。

---

① Adam Smith, "History of Astronomy", in his Essays on Philosophical Subjects(London: Cadell& Davies, 1795) ; republished, edited by W. P. D. Wightman and J. C. Bryce (Oxford: Clarendon Press, 1980) , p. 34. 转引自[印]阿马蒂亚·森:《以自由看待发展》,任赜、于真译,中国人民大学出版社 2002 年版,第 263 页。

② 鲁迅:《鲁迅杂文全集》,河南人民出版社 1994 年版,第 129 页。

参考文献

一、中文文献

《马克思恩格斯全集》,第3、4、30卷,人民出版社1995年版。

《马克思恩格斯全集》,第44卷,人民出版社2001年版。

《马克思恩格斯全集》,第46卷,人民出版社2003年版。

《马克思恩格斯选集》,第1、2、3卷,人民出版社1995年版。

《列宁选集》,第2卷,人民出版社1995年版。

《邓小平文选》,第2卷,人民出版社1994年版。

〔古希腊〕亚里士多德:《尼各马科伦理学》,苗力田译,中国人民大学出版社2003年版。

〔英〕亚当·斯密:《道德情操论》,蒋自强等译,商务印书馆1997年版。

〔英〕洛克:《政府论》,瞿菊农等译,商务印书馆2005年版。

〔英〕霍布斯:《利维坦》,黎思复、黎延弼译,商务印书馆1985年版。

〔德〕黑格尔:《法哲学原理》,范杨、张企泰译,商务印书馆1961年版。

〔德〕黑格尔:《精神现象学》,贺麟、王玖兴译,商务印书馆1979年版。

〔德〕康德:《道德形而上学原理》,苗力田译,上海人民出版社2002年版。

〔德〕康德:《实践理性批判》,韩水法译,商务印书馆2003年版。

　　[德]西美尔:《货币哲学》,陈戎女等译,华夏出版社 2007 年版。

　　[德]马克斯·韦伯:《经济与社会》,林荣远译,商务印书馆 2006 年版。

　　[德]马克斯·韦伯:《新教伦理与资本主义精神》,于晓、陈维纲等译,陕西人民出版社 2006 年版。

　　[美]罗尔斯:《正义论》,何怀宏、何包钢、廖申白译,中国社会科学出版社 1988 年版。

　　[美]罗伯特·诺齐克:《无政府、国家和乌托邦》,何怀宏译,中国社会科学出版社 1991 年版。

　　[法]埃米尔·涂尔干:《社会分工论》,渠东译,北京三联出版社 2000 年版。

　　[美]弗兰西斯·福山:《信任——社会道德与繁荣的创造》,李宛蓉译,远方出版社 1998 年版。

　　[德]诺贝特·埃利亚斯:《个体的社会》,翟三江、陆兴华译,译林出版社 2008 年版。

　　[美]乔治.H·米德:《心灵、自我与社会》,赵月瑟译,上海译文出版社 2008 年版。

　　[德]彼得·科斯洛夫斯基:《伦理经济学原理》,孙瑜译,中国社会科学出版社 1997 年版。

　　[印]阿马蒂亚·森:《以自由看待发展》,任赜、于真译,中国人民大学出版社 2002 年版。

　　[印]阿马蒂亚·森:《伦理学与经济学》,王宇、王文玉译,商务印书馆 2000 年版。

　　[英]弗里德里希·冯·哈耶克:《自由秩序原理》,邓正来译,北京三联书店 1997 年版。

　　[英]弗里德里希·冯·哈耶克:《哈耶克文选》,冯克利译,凤凰出版传媒集团、江苏人民出版社 2007 年版。

　　[美]博特赖特:《金融伦理学》,静也译,北京大学出版社 2002 年版。

[英]安德里斯.R·普林多、比莫·普罗德安:《金融领域中的伦理冲突》,韦正翔译,中国社会科学出版社2002年版。

[孟加拉]穆罕默德·尤努斯:《穷人的银行家》,吴士宏译,北京三联书店2006年版。

[美]罗伯特.J·希勒:《金融新秩序:管理21世纪的风险》,郭艳、胡波译,中国人民大学出版社2004年版。

[美]拉古拉迈·拉詹、路易吉·津加莱斯:《从资本家手中拯救资本主义》,余江译,中信出版社2004年版。

[美]查尔斯.R·莫里斯:《金钱、贪婪、欲望:金融危机的起因》,周晟译,经济科学出版社2004年版。

[美]丹尼尔·豪斯曼、迈克尔·麦克弗森:《经济分析、道德哲学与公共政策》,纪如曼、高红艳译,上海译文出版社2008年版。

[美]罗伯特·所罗门:《伦理与卓越——商业中的合作与诚信》,罗汉、黄悦译,上海译文出版社2006年版。

[美]诺曼.E·鲍伊:《经济伦理学——康德的观点》,夏镇平译,上海译文出版社2006年版。

[美]里查德.T·德·乔治:《经济伦理学》(第五版),李布译,北京大学出版社2002年版。

[美]道格拉斯.C·诺思:《理解经济变迁过程》,钟正生等译,中国人民大学出版社2008年版。

[美]道格拉斯.C·诺思:《经济史中的结构与变迁》,陈郁、罗华平译,三联书店1994年版。

[日]青木昌彦:《比较制度分析》,周黎安译,上海远东出版社2001年版。

[美]科斯、哈特、斯蒂格利茨:《契约经济学》,李风圣译,经济科学出版社1999年版。

[英]肯·宾默尔:《博弈论与社会契约》,第1卷,王小卫、钱勇译,上海财经大学出版社2003年版。

[美]富兰克林·艾伦、道格拉斯·盖尔:《比较金融系统》,王晋斌

等译,中国人民大学出版社 2002 年版。

[美]乔纳森.H·特纳:《社会学理论的结构》,吴曲辉等译,浙江人民出版社 1987 年版。

[英]J.L·汉森:《货币理论与实践》,陈国庆译,中国金融出版社1988 年版。

[美]马丁·舒贝克:《货币和金融机构理论》,王永钦译,上海三联书店、上海人民出版社 2006 年版。

[美]詹姆斯·布坎南:《财产与自由》,韩旭译,中国社会科学出版社 2002 年版。

[美]丹尼尔.W·布罗姆利:《经济利益与经济制度:公共政策的理论基础》,陈郁、郭宇峰、江春译,上海三联书店、上海人民出版社2006 年版。

[英]W·迈克尔·霍夫曼、卡姆、费雷德里克、佩利特:《会计与金融的道德问题》,徐泉译,上海人民出版社 2006 年版。

[美]劳伦斯.A·波尼蒙:《会计职业道德研究》,李正等译,世纪出版集团、上海人民出版社 2006 年版。

[法]奥古斯特·孔德:《论实证精神》,黄建华译,商务印书馆1996 年版。

[美]穆瑞·罗斯巴德:《自由的伦理》,吕炳斌等译,复旦大学出版社 2008 年版。

[美]查尔斯.L·坎默:《基督教伦理学》,王苏平译,中国社会科学出版社 1994 年版。

[美]丹尼尔·豪斯曼:《经济学的哲学》,丁建峰译,世纪出版集团、上海人民出版社 2007 年版。

[美]约瑟夫·熊彼特:《经济分析史》(第 1 卷),朱泱译,商务印书馆 1991 年版。

[美]约翰.W·巴德:《人生化的雇佣关系:效率、公平与发言权之间的平衡》,解格先、马震英译,北京大学出版社 2007 年版。

[美]W·理查德·斯格特:《组织理论》,黄洋等译,华夏出版社

248

2002 年版。

　　[美]理查德. L·达夫特:《组织理论与设计》,王凤彬、张秀萍译,清华大学出版社 2003 年版。

　　[美]阿兰·斯密德:《制度与行为经济学》,刘璨、吴水荣译,中国人民大学出版社 2005 年版。

　　[美]本杰明·费里德曼:《经济增长的道德意义》,李天有译,中国人民大学出版社 2008 年版。

　　[英]马尔科姆·卢瑟福:《经济学中的制度》,陈建波、郁仲莉译,中国社会科学出版社 1999 年版。

　　[美]德尼·古莱:《发展伦理学》,高铦、温平、李继红译,社会科学文献出版社 2003 年版。

　　[美]埃里克·尤斯拉纳:《信任的道德基础》,张敦敏译,中国社会科学出版社 2006 年版。

　　[美]帕特里夏·沃哈恩:《亚当·斯密及其留给现代资本主义的遗产》,夏镇平译,上海译文出版社 2006 年版。

　　[美]弗兰克. J·法伯兹等:《金融市场与机构通论》,康卫华译,东北财经大学出版社 2000 年版。

　　[德]施泰恩曼、勒尔:《企业伦理学基础》,李兆雄译,上海社会科学院出版社 2001 年版。

　　[美]戴维. L·韦默:《制度设计》,费方域、朱宝钦译,上海财经大学出版社 2004 年版。

　　[美]乔治·恩德勒编,《国际经济伦理》,锐博慧网译,北京大学出版社 2003 年版。

　　[美]罗纳德. I·麦金农:《经济发展中的货币与资本》,卢骢译,上海三联书店 1988 年版。

　　[美]劳伦斯. A·波尼蒙:《会计职业道德研究》,李正等译,世纪出版集团、上海人民出版社 2006 年版。

　　[美]斯金纳:《超越自由与尊严》,王映桥、栗爱平译,贵州人民出版社 1988 年版。

[美]萨拜因:《政治学说史》(下),盛葵阳、崔妙因译,商务印书馆1986年版。

[法]阿兰·佩雷菲特:《信任社会》,邱海婴译,商务印书馆2005年版。

[德]柯武刚、史漫飞:《制度经济学:社会秩序与公共政策》,韩朝华译,商务印书馆2002年版。

[德]米歇尔·鲍曼:《道德的市场》,肖君等译,中国社会出版社2003年版。

[美]彼得德.F·鲁克克:《管理——任务、责任、实践》,孙耀君等译,中国社会科学出版社1987年版。

[日]松下幸之助:《经营者365金言》,潘祖铭译,军事译文出版社1987年版。

[美]威廉·詹姆士:《实用主义》,陈羽纶、孙瑞禾译,商务印书馆1979年版。

[美]L·科尔伯格:《道德发展心理学:道德阶段的本质与确证》,郭本禹等译,华东师范大学出版社2004年版。

郭广银、杨明:《应用伦理的热点探索》,江苏人民出版社2004年版。

郭广银、杨明等:《伦理新论:中国市场经济体制下德道德建设》,人民出版社2004年版。

郭广银:《伦理学原理》,南京大学出版社1995年版。

曾钊新、李建华:《道德心理学》,中南大学出版社2002年版。

唐凯麟:《西方伦理学名著提要》,江西人民出版社2004年版。

万俊人:《道德之维》,广东人民出版社2000年版。

朱贻庭:《中国传统伦理思想史》,华东师范大学出版社2003年版。

姚遂:《中国古代金融思想史》,中国金融出版社1994年版。

陆晓禾、金黛如:《经济伦理、公司治理与和谐社会》,上海社会科学院出版社2005年版。

曾康霖、蒙宇:《核心竞争力与金融企业文化研究》,西南财经大学出版社 2004 年版。

王广谦:《经济发展中金融的贡献与效率》,中国人民大学出版社 1997 年版。

马非百:《管子轻重篇新诠》,中华书局 2004 年版。

张雄、鲁品越:《中国经济哲学评论》,社会科学文献出版社 2005 年版。

汪丁丁、韦森、姚洋:《制度经济学三人谈》,北京大学出版社 2005 年版。

唐凯麟、陈科华:《中国古代经济伦理思想史》,人民出版社 2004 年版。

慈继伟:《正义的两面》,北京三联书店 2001 年版。

罗能生:《产权的伦理维度》,人民出版社 2004 年版。

成思危:《虚拟经济论丛》,民主与建设出版社 2003 年版。

吴敬琏:《比较》,第 2 辑,中信出版社 2002 年版。

王曙光:《经济转型中的金融制度演进》,北京大学出版社 2007 年版。

叶世昌、潘连贵:《中国古近代金融史》,复旦大学出版社 2001 年版。

陈国进:《金融制度的比较与设计》,厦门大学出版社 2002 年版。

曾康霖:《金融学教程》,中国金融出版社 2006 年版。

甘绍平:《应用伦理学前沿问题研究》,江苏人民出版社 2002 年版。

北京奥尔多投资研究中心:《金融系统演变考》,中国财政经济出版社 2002 年版。

韦森:《经济学与伦理学》,上海人民出版社 2002 年版。

韦森:《经济学与哲学》,世纪出版社集团、上海人民出版社 2005 年版。

黄运成等:《证券市场监管:理论、实践与创新》,中国金融出版社

2001 年版。

刘仁伍、吴竞择:《金融监管、存款保险与金融稳定》,中国金融出版社 2005 年版。

魏杰:《现代金融制度通论》,高等教育出版社 1996 年版。

范恒森:《金融制度学探索》,中国金融出版社 2000 年版。

费孝通:《乡土中国·生育制度》,北京大学出版社 2002 年版。

战颖:《中国金融市场德伦理冲突与伦理规制》,人民出版社 2005 年版。

徐艳:《伦理与金融》,西南财经大学出版社 2007 年版。

潘英丽、吉余峰:《金融机构管理》,立信会计出版社 2002 年版。

王淑芹等:《信用伦理研究》,中央编译出版社 2004 年版。

王珏:《组织伦理》,中国社会科学出版社 2008 年版。

甘培根、林志琦:《外国金融制度与业务》,中国经济出版社 1992 年版。

王廷科:《现代金融制度与中国经济转轨》,中国经济出版社 1995 年版。

沈洪涛、沈艺峰:《公司社会责任思想起源与演变》,上海人民出版社 2007 年版。

杨哲英、关宇:《比较制度经济学》,清华大学出版社 2004 年版。

王明:《太平经合校》,中华书局 1960 年版。

何怀宏:《契约伦理与社会正义》,中国人民大学出版社 1993 年版。

应奇、刘训练:《第三种自由》,东方出版社 2006 年版。

苏宝荣:《〈说文解字〉今注》,陕西人民出版社 2000 年版。

《诸子集成》,中华书局。

《周礼正义》第四册,中华书局 1987 年版。

鲁迅:《鲁迅杂文全集》,河南人民出版社 1994 年版。

杨明、张伟:"也谈社会公共伦理",《道德与文明》,2008 年第 3 期。

杨明："伦理文化视角中的宗教"，《江苏社会科学》，2006 年第 4 期。

杨明："社会主义市场经济条件下的道德体系建设"，《道德与文明》，2002 年第 4 期。

唐正东："基于经济学视角的现代性批判及其哲学意义——以马克思'伦敦笔记'为例"，《哲学研究》，2006 年第 12 期。

陈元："加快金融发展，服务和谐社会"，《人民日报》，2007 年 1 月 8 日第 14 版。

邓学衷："金融伦理研究新进展"，《经济学动态》，2008 年第 10 期。

田霖："金融排斥理论评介"，《经济学动态》，2007 年第 6 期。

杨方："诚信内在结构解析"，《伦理学研究》，2007 年第 4 期。

宋希仁："谈谈信用与诚信"，《北京行政学院学报》，2004 年第 6 期。

宋希仁："论伦理秩序"，《伦理学研究》，2007 年第 9 期。

潘敏："商业银行公司治理：一个基于银行特征的理论分析"，《金融研究》，2006 年第 3 期。

李维安、曹廷求："商业银行公司治理——基于商业银行特殊性的研究"，《南开学报》（哲学社会科学版），2005 年第 1 期。

彭定光："制度运行伦理：制度伦理的一个重要方面"，《清华大学学报》（哲学社会科学版），2004 年第 1 期。

国纪平："过度创新与金融风暴"，《人民日报》，2008 年 11 月 5 日。

姚遂："中西古代金融思想比较初探"，《中央财政金融学院学报》，1995 年第 3 期。

丁瑞莲："金融发展的伦理基础"，《山西财经大学学报》，2006 年第 6 期。

韦正翔："金融伦理的研究视角——来自金融领域中的伦理冲突的启示"，《管理世界》，2002 年第 8 期。

陈伟中："道家三宝与平民理财文化"，《理财者》，2004 年第 3 期。

张雄:"货币幻象,马克思的历史哲学解读",《中国经济哲学评论》,2004 年货币哲学专辑。

汪丁丁:"资本概念的三个基本维度",《中国经济哲学评论》,2006 年资本哲学专辑。

谢平、陆磊:"金融腐败:非规范融资行为的交易特征和体制动因",《经济研究》,2003 年第 6 期。

唐名辉、丁瑞莲:"中国儒家传统金融伦理思想初探",《管子学刊》,2007 年第 2 期。

陆晓禾:"经济伦理学与马克思的资本理论",《毛泽东邓小平理论研究》,2007 年第 10 期。

冯云、吴冲锋:"论科技与金融在世界经济系统演变中的作用",《软科学》,2000 年第 2 期。

天蔚:"金融的道德律",《证券市场导报》,1996 年第 9 期。

[德]彼得·科斯洛夫斯基:"伦理经济原理与市场经济伦理",《学术月刊》,2007 年第 10 期。

劳伦·扬、葆拉·莱曼、詹纳·麦格雷戈、戴维·坡莱克:"他们的黄金降落伞成色有多足",《商业周刊》中文版,李正宁译,2008 年第 1 期。

二、英文文献

Bowie, R. Edward Freeman, 1992, *Ethics and agency theory: an introduction*. Oxford University Press, USA.

Chen Huan-chang, 2005, *The Economic Principles of Confucius and His School*, Chang Sha: Yue Lu Press.

Hans Jonas, 1984, *The Imperative of Responsibility: In Search of an Ethics for the Technological Age*, Chicago: University of Chicago Press.

Jackall, R, 1988. *Moral Mazes: The World of Corporate Managers*. New York: Oxford University Press.

Milton Friedman, 1992, *Capitalism and Freedom*, University of Chicago

Press.

Andrew Crane and Dirk Matten, 2004, "Questioning the Domain of the Business Ethics Curriculum", *Journal of Business Ethics* 54: pp. 357 - 369.

Annamaria Lusardi, 2008, "Household Saving Behavior: The Role of Financial Literacy, Information, and Financial Education Programs", *NBER Working Paper* No. 13824, 1 - 43.

Barth, J. R. , Caprio, G. Jr. and R. Levine, 2003, "Bank Supervision and Regulation: What Works Best?", *Journal of Financial Intermediation*, forthcoming.

Bernasek, A. 2003, "Banking on social change: Grameen Bank lending to women", International *Journal of Politics, Culture and Society*, 116(3): pp. 369 - 385.

Brickley, J. A. , Smith, C. W. , Zimmerman, J. L. , 2002, "Business Ethics and Organizational Architecture", *Journal of Banking and Finance* 26: pp. 1821 - 1835.

Charlton, W. T. 1998, "Course Tracking Along Professional Designations: The Chartered Financial Analyst Track", *Financial Practice & Education* 8(1): pp. 69 - 82.

C. J. Cowron, 2002, "Integrity, responsibility and affinity: three aspects of ethics in banking", *Business Ethics: A European Review*11(4).

Danielle S. Beu, M. Ronald Buckley, 2004, "Using Accountability to Create a More Ethical Climate", *Human Resource Management Review*14: pp. 67 - 83. Jackall, R, 1988, *Moral Mazes: The World of Corporate Managers*, New York: Oxford University Press.

Department for International Development, 2004, "The Importance of Financial Sector Development for Growth and Poverty Reduction", *Policy Division Working Paper*, PD 030: pp. 4 - 26.

Dobson, John, 1997, "Ethics in finance II", *Financial Analysts Journal*, Jan/Feb, pp. 15 - 25.

参
考
文
献

Edward J. Kane, 2008, "Regulation and Supervision: An Ethical Perspective", *NBER Working Paper* No. 13895, 1 – 31.

Edward J. Kane, 2001, "Using Deferred Compensation to Strengthen the Ethics of Financial Regulation", *NBER* Working Paper: No. 8399: p . 7.

Finnerty J. , 1988, "Financial Engineering in Corporate Finance: An Overview", *Financial Management*, 17(4): pp. 14 – 33.

Forte, A. , 2004, "Business Ethics: A Study of the Moral Reasoning of Selected Business Managers and the Influence of Organizational Ethical Climate", *Journal of Business Ethics* 51(2): pp. 167 – 173.

Hadlock Houston and Ryngaert, "The Role of Managerial Incentives in Bank Acquisitions", *Journal of Banking and Finance*, Vol. 23, 1999.

Hawley, D. , 1991, "Business Ethics and Social Responsibility in Finance Instruction: An Abdication of Responsibility", *Journal of Business Ethics* 10: pp. 711 – 721.

Hogarth, Jeanne, 2006, "Financial Education and Economic Development," paper presented at *the G8 International Conference on Improving Financial Literacy*, http: // www. oecd. org/ dataoecd/20/50/37742200. pdf, 1 – 3.

Hoggarth, G. , Reis, R. , Saporta, V. , 2002, "Costs of Banking System Instability: Some Empirical Evidence", *Journal of Banking and Finance* 26: pp. 825 – 855.

Houston and Ryngaert, 1994, "The over gains from large bank mergers", *Journal of Banking and Finance*, Vol. 18.

H. Shefrin and M. Statman, 1992, "Ethics, Fairness, Efficiency, and Financial Markets", *The Research* Foundation of Institute of Chartered *Financial Analysts*, Virginia, 4 – 6.

Iulie Aslaksen and Terje Synnestvedt, 2003, "Ethical Investment and the Incentives for Corporate Environmental Protection and Social Responsibility", *Corporate Social Responsibility and Environmental Managment* 10: pp. 212 – 223.

James A. Brickley, Clifford W. Smith Jr. Jerold L. Zimmerman, 2002, "Business ethics and organizational architecture", *Journal of Banking & Finance*26: pp. 1821 – 1835.

James S. Ang, 1993, "On Financial Ethics", *Financial Management/* Autumn, pp. 32 – 59.

Jacquelyn B. Gates, 2004, "The Ethics Commitment Process: Sustainability Through Value-Based Ethics", *Business and Society Review* 109(4): pp. 493 – 505.

John m. Stevens, Steensma, Cochran, 2005, "Symbolic or substantive document? The influence of ethics codes on financial executives' decisions", *Strategic Management Journal,* 26: pp. 181 – 195.

John R. Boatright, 1998, "Teaching Finance Ethics", *Teaching Business Ethics* 2: pp. 1 – 15.

John R. Boatright, 2000, "Conflicts of Interest in Financial Services", *Business and Society Review* 105(2): pp. 201 – 219.

Kenneth S. Bigel, 2000, "The Ethical Orientation of Financial Planners Who Are Engaged in Investment Activities: A Comparison of United States Practitioners Based on Professionalization and Compensation Sources", *Journal of Business Ethics* 28: pp. 323 – 337.

Lev Baruch, 1988, "Toward a Theory of Equitable and Efficient Accounting Policy", *The Accounting Review* 63(1): pp. 1 – 22.

Lisa Jones Christensen, Ellen Peirce, Laura P. Hartman, W. Michael Hoffman and Jamie Carrier, 2007, "Ethics, CSR, and Sustainability Education in the Financial Times Top 50 Global Business Schools: Baseline Data and Future Research Directions", *Journal of Business Ethics* _ Springer DOI 10. 1007/s10551 – 006 – 9211 – 5.

Luigi Guiso, Sapienza, Zingales, 2004, "The role of social capital in financial development", *The American Economic Review,* June, pp. 526 – 556.

Luigi, Zingales, 1997, "Corporate Governance", *NBER Working Paper*

参
考
文
献

No. 6309.

Lynn Sharp Paine, 1994, "Managing for Organizational Integrity", *Harvard Business Review*, March – April.

Margaret. Gagne, Joanneh. Gavin, and Gregory J. Tully, 2005, "Assessing the Costs and Benefits of Ethics: Exploring a Framework", *Business and Society Review* 110(2): pp. 181 – 190.

Mark S. Schwartz, Meir Tamari, Daniel Schwab, 2007, "Ethical Investing from a Jewish Perspective", *Business and Society Review* 112(1): pp. 137 – 161.

McDevitt, R. and J. Van Hise, 2002, "Influences in Ethical Dilemmas of Increasing Intensity", *Journal of Business Ethics* 40 (3): pp. 261 – 274.

N. Kreander, R. H. Gray, D. M. Power and C. D. Sinclair, 2005, "Evaluating the Performance of Ethical and Non-ethical Funds: A Matched Pair Analysis", *Journal of Business Finance & Accounting*, 32(7) & (8): pp. 1465 – 1493.

O. C. Ferrell, 2007, "Managing the Risks of Business Ethics and Compliance", *University of New Mexico Anderson Schools of Management, Working Paper*, 1 – 18.

Paul Webley, Alan Lewis, Craig Mackenzie, 2001, "Commitment among Ethical investors: An Experimental Approach", *Journal of Economic Psychology* 22: pp. 27 – 42.

Quinn, D. P. , and T. M. Jones, 1995, "An Agent Moral View of Business Policy", *Academy of Management Review* 20: pp. 22 – 42.

Quentin R. Skrabec, 2003, "Playing by the Rules: Why Ethics are Profitable", *Business Horizons*, September-October, 15 – 18.

Ralph Chami, Thomas F. Cosimano, Connel Fullenkamp, 2002, "Managing Ethical Risk: How Iinvesting in Ethics Adds Value", *Journal of Banking & Finance*26: pp. 1697 – 1718.

Refik Culpan and John Trussel, 2005, "Applying the Agency and

Stakeholder Theories to the Enron Debacle: An Ethical Perspective", *Business and Society Review* 110(1): pp. 59 − 76.

Robert F. Bruner, 2006, "Ethics in Finance", *Working Paper* UVA-F-1503, University of Virginia, pp. 1 − 18.

Schwert, William, 1983, "Size and Stock Returns, and Other Empirical Regularities", *Journal of Financial Economics*12: pp. 3 − 12.

Sen, Amartya, 1993, "Money and Value: On the Ethics and Economics of Finance", *Economics and Philosophy* 9: pp. 203 − 227.

Statman, M. , 2000, Socially Responsible Mutual Funds. *Finacial Analysts Journal* 56: pp. 30 − 38.

Stephen D. Potts and Ingrid Lohr Matuszewski, 2004, "Ethics and Corporate Governance", *Ethics and Corporate Governance* 12(2).

Steven Shavell, "Law versus Morality as Regulators of Conduct, forthcoming", *American Law and Economics Review*, http: // lsr. nellco. org/ Harvard/ olin/ papers/ 340.

Øyvind Bøhren, 1998, "The Agent's Ethics in the Principal-Agent Model", *Journal of Business Ethics*17: pp. 745 − 755.

Zakri Y. Bello, 2005, "Socially Responsible Investing and Portfolio Diversification", *The Journal of Financial Research,* Spring, pp. 41 − 57.

参
考
文
献

后　记

本书是在我的博士论文基础上修改而成的。

最初对金融活动的伦理关注,只是觉得既然伦理是一种实践理性,而金融领域又存在着诚信缺失等伦理问题,就想把金融与伦理结合起来应该是一个不错的研究方向。真正进一步促使我继续思考金融伦理问题的,应该是"金融发展的伦理规制"于2004年和2005年分别获得湖南省社科基金项目和国家社科基金项目立项。此时我不仅备受鼓舞,而且深感责任在肩。于是,2006年我进入南京大学以后,隐约有一个想法,那就是把博士论文和这两项课题一并考虑。后来,在我的博士生导师杨明教授和中南大学同事李建华教授的启发下,逐步厘清了博士论文和课题各自的研究重点:前者侧重形上分析,初步建构金融伦理的研究框架;后者侧重实际运用,具体探索对金融进行伦理规制的可能性、必要性和可操作性。

读博三年间,我虽奔走于学校、单位和家庭之间,但没觉得疲惫,倒从每次转换中获得继续前行的动力和愉悦的情感体验。就在我的论文即将付梓时,我更加深念和感谢一路来给予我指引、帮助和关注的人们。

首先我要感谢我的博士生导师杨明教授。三年里,杨老师对我学业上和风细雨般的启迪,生活上的理解和关心,无不呈现他的智者之虑和师长之风。杨老师年轻,但思想深刻,对治学和为人之道的独到见地常常令我钦佩不已。在以后的学术研究中,我会铭记伦理学应"顶天立地"的学术使命。从小论文到学位论文的写作,都凝结着导师的心血和智慧,一个"谢"字难表心中的感激。

我还要特别感谢郭广银教授。郭老师学识广博,为人宽厚谦和,她所带领的南京大学伦理学团队,师生之间在学术上互切互磋,同学之间在学业、工作和生活上彼此鼓励和促进,让人感到大家庭般温暖,我很庆幸自己是其中一员。三年里,郭老师对我学业上的信任一直激励我不懈努力,对我生活上细致入微的关心令我十分感动,从中我也进一步领会了为师之道。感谢张晓东教授,在我论文写作中,他以敏锐的学术眼光启迪了我的思想。感谢赵华老师和郭良靖老师,从她们身上我明白了做一名优秀知识女性所应有的诚朴、勤奋和智慧品格。

感谢南京大学的张异宾教授、赖永海教授、唐正东教授、顾肃教授、洪修平教授、姚顺良教授、从丛教授。他们精彩的授课使我受益匪浅。感谢南京大学商学院的赵曙明教授和陈传明教授,他们以广博的胸怀接纳我进入他们的课堂,他们的授课和讨论开拓了我的研究视野。

感谢中南大学李建华教授多年来给予我的指导、帮助和关心。作为我国伦理学界颇有影响的学者,他以开阔的学术视野和开明的学术思想在专业研究上影响着我;作为单位的领导,他时常询问我的学习和科研情况,并鼓励和支持我积极参与国内学术交流活动。在我读书期间,我的同事吕锡琛教授、刘立夫教授、高宏天教授、左高山教授、陈力祥博士、周谨平博士、冯粤博士和彭立静博士替我分担了辅导和管理硕士的部分工作,他们的学术观点也激活了我的灵感,在此一并感谢! 我的单位中南大学承担了我的全部学费,使我学无后顾之忧,在此对单位的支持表示感谢! 这本书能顺利出版,还要特别感谢中南大学应用伦理研究基地的资助。

在我的人生路上,还有一种特别重要的精神力量,那就是家的温暖。我女儿听话、懂事、能干、成绩优异,一直是我的骄傲和精神动力。我爱人不仅以他的学识开启我,以他的出色成绩激励我,还默默承担了辅导孩子、料理家务等琐碎之事。深深感谢我的家人!

在我国,金融伦理研究尚在起步之中,本书仅为抛砖引玉之作,我将以虔敬之心接纳读者的共鸣、同仁的商榷和贤达的赐教。

丁瑞莲

于长沙,2009 年 10 月

261

后记

责任编辑:张伟珍
装帧设计:肖 辉
版式设计:程凤琴

图书在版编目(CIP)数据

现代金融的伦理维度/丁瑞莲 著. -北京:人民出版社,2009.12
(伦理学研究书系·经济伦理)
ISBN 978-7-01-008206-6

Ⅰ.现… Ⅱ.丁… Ⅲ.金融市场-伦理学-研究 Ⅳ.B82-053

中国版本图书馆 CIP 数据核字(2009)第 161841 号

现代金融的伦理维度
XIANDAI JINRONG DE LUNLI WEIDU

丁瑞莲 著

人民出版社 出版发行
(100706 北京朝阳门内大街166号)

北京新魏印刷厂印刷 新华书店经销

2009 年 12 月第 1 版 2009 年 12 月北京第 1 次印刷
开本:710 毫米×1000 毫米 1/16 印张:17
字数:240 千字 印数:0,001-3,000 册

ISBN 978-7-01-008206-6 定价:33.00 元

邮购地址 100706 北京朝阳门内大街 166 号
人民东方图书销售中心 电话 (010)65250042 65289539